教育部哲学社会科学重大课题攻关项目（项目号：15JZD025）
教育部人文社会科学基金（项目号：17YJCZH013）
天津市哲学社会科学规划课题（项目号：TJSRQN17-001）　共同资助
住房和城乡建设部科技计划项目（项目号：2018-K2-020）

存 量 发 展 期
旧城区更新方法

曾坚　田健　曾穗平 等著

中国建筑工业出版社

图书在版编目（CIP）数据

存量发展期旧城区更新方法／曾坚等著. —北京：中国
建筑工业出版社，2020.4
ISBN 978-7-112-24667-0

Ⅰ.①存… Ⅱ.①曾… Ⅲ.①旧城改造 Ⅳ.① TU984.11

中国版本图书馆CIP数据核字（2020）第035937号

责任编辑：刘　静
书籍设计：锋尚设计
责任校对：王　瑞

存量发展期旧城区更新方法
曾坚　田健　曾穗平 等著
＊
中国建筑工业出版社出版、发行（北京海淀三里河路9号）
各地新华书店、建筑书店经销
北京锋尚制版有限公司制版
天津翔远印刷有限公司印刷
＊
开本：787×1092毫米　1/16　印张：19　字数：462千字
2020年6月第一版　　2020年6月第一次印刷
定价：**69.00元**
ISBN 978-7-112-24667-0
（35096）

　　本书是曾坚教授主持的教育部哲学社会科学重大课题攻关项目（项目号：15JZD025），曾穗平副教授主持的教育部人文社会科学基金（项目号：17YJCZH013）、天津市哲学社会科学规划课题（项目号：TJSRQN17-001），以及田健高级规划师主持的住房和城乡建设部科技计划项目（项目号：2018-K2-020）资助下完成的研究成果。书稿由天津大学建筑学院曾坚教授领衔的研究团队共同完成，在经过研究扩展、凝练总结和修订完善后结集出版。

　　全书追溯了旧城更新理论与实践的历史发展脉络，对比了中西方旧城更新历程与特点，总结了当前旧城更新领域的新技术、新思潮与新理论，并结合我国旧城更新发展新形势与新需求，建构了适应于存量发展新时期的旧城区可持续更新方法体系，分别从旧城更新触媒理论与多方共赢目标、存量空间现状评价和定量分析、旧城区综合安全防护、老旧建筑多元改造提升、旧城区风热环境改善等多元角度诠释旧城区可持续更新的内涵、技术方法和操作流程，为新时期下我国旧城更新领域存量空间更新路径设计、存量空间品质提升、存量空间资源盘活提供技术支撑，为我国旧城区完成从城市建造走向城市经营的发展模式转变、实现旧城区可持续更新和永续发展的目标指明方向。

　　参与本书撰写的主要作者包括：天津大学建筑学院教授、博士生导师曾坚，天津城建大学副教授、硕士生导师曾穗平，天津市城市规划设计研究院高级规划师田健，天津大学建筑学院博士研究生沈中健、罗紫元，天津大学建筑学院硕士研究生李晶晶、韩东松、王正、胡铮等人。各章节具体分工如下。

　　第1章"绪论"，由田健、曾坚等撰写，从旧城更新理论与实践的历史发展脉络梳理出发，对比中西方旧城更新历程与特点，总结当前旧城更新领域的新技术、新思潮与新理论，并结合我国旧城更新发展新形势与新需求，建构适应于存量发展新时期的旧城区可持续更新方法体系框架。

　　第2章"基于触媒理论与多方共赢目标的旧城区可持续更新方法"，由田健、曾穗平等撰写，从更新时序设计与公共利益维护角度出发，在旧城更新中引入城市触媒理论，改变传统城市更新方法中单一目标导向问题，将公共利益维护与更新建设顺利实施相结合，提出实现共赢目标的契机和规划技术方法，并结合实践解析更新时序设计流程及多方共赢目标实施保障机制。

第3章"基于现状评价和定量分析的旧城区可持续更新方法",由曾坚、李晶晶等撰写,从存量资源评估和定量分析方法角度出发,介绍全方位、多角度的存量空间现状评价内容及相应的技术方法,解析存量空间现状评估之于旧城区可持续更新的基础性作用原理,并通过引入定量化分析方法,建构全面、客观的数据获取与分析方法,以及旧城区存量评价指标体系。

第4章"基于综合安全防护的旧城区可持续更新方法",由曾坚、韩东松、田健等撰写,从城市综合安全提升角度出发,全面、系统地梳理我国旧城区安全特征与典型问题,从城市街区、街道、建筑、管理等多个维度解析旧城区安全防护原理,建构基于综合安全防护的旧城区可持续更新方法,并结合实践提出不同空间层面的安全防护设计与实施策略。

第5章"基于老旧建筑多元改造提升的旧城区可持续更新方法",由曾坚、王正、胡铮等撰写,从存量建筑改造角度出发,解析老旧建筑的安全防灾与文化场所精神延续等多元需求,提出老旧建筑多元改造和提升的任务与方向,其中包含针对多元建筑灾种的老旧建筑防灾改造方法、基于文化传承和场所精神延续的老旧建筑空间改造策略等内容。

第6章"基于城市风环境改善的旧城区可持续更新方法",由曾穗平、曾坚等撰写,从旧城区风热环境与生态空间改善角度出发,建立旧城区风环境优化评价标准,从空间肌理、街道布局、建筑组合等多元尺度构建旧城区风环境分析与优化方法,并结合典型旧居住区风环境分析提出具体的空间优化策略及空间改造时序设计,为旧城更新实现风环境优化目标提供理论支撑和实践指导。

书稿在编订过程中,天津大学建筑学院博士研究生沈中健、罗紫元,硕士研究生黄颜晨、崔玉昆、王越、王晨、郭海沙、李志强等同学做了大量文字编撰、修改和图纸绘制工作,在此表示诚挚的谢意。

全书由曾坚教授负责总体框架建构、书稿修改与审定工作。由于结集和出版较为仓促,书中必定存在不足和错误之处,还请广大的同行和读者批评、指正。

课题组

2020年2月

目录

第 1 章

绪论

1.1 旧城更新的研究基础与研究动态综述

1.1.1 国外旧城更新研究综述

工业革命始于欧美，西方现代城市的发展经历了一个相对完整的过程，通过回顾和梳理国外城市更新实践历程及其理论发展变迁，对解决我国当代城市所面临的极为繁重和复杂的更新问题与任务具有重要的借鉴意义。

1. 国外旧城更新发展历程简述

现代城市的雏形缘起于18世纪工业革命，西方国家旧城更新历程从工业革命之后发展至今已有200多年的历史。不同学者对西方国家旧城更新历程进行划分，从不同角度出发，得出不同的划分结果。例如，Roberts P等依据阶段政策类型，将西方国家旧城更新历程划分为五个时期[1]；于涛方等从城市地理学角度，把西方国家旧城更新历程划分为三个时期[2]；李建波等根据理论指导思想，把西方国家旧城更新历程分为两个主要阶段[3]；王如渊等根据旧城更新的动力机制在不同时期的变迁，将西方国家旧城更新历程划分为三个时期[4]。

笔者在上述学者研究成果的基础上，为方便研究工作，将西方国家旧城更新历程划分为三个时期，其中第三时期又可细分为五个阶段（表1-1）。

（1）时期1（西方工业革命至19世纪末）

近代城市产生和发展源自产业革命，城市在其发展过程中又伴随着不断的自我更新。产业革命以来，欧美各大工业城市人口骤增，引发城市畸形增长，市区地价高昂，建筑拥挤，密度过高，居住条件恶化；由于土地私有，工厂盲目建设，工业用地布局杂乱无章，厂区外围是简陋的工人住宅，河岸、海滨被厂房码头分割占据；居住条件两极分化，城市布局混乱，车辆骤增、交通拥堵；城市环境污染严重。

这一时期旧城更新的首要目标是改善城市布局、提高居住环境品质、完善基础设施条件。由于旧城更新刚刚起步，其内容和手段较为单一，主要限于物质空间改善、建筑等单一目标的更新。拿破仑三世时期（1853~1870年）的巴黎奥斯曼改造，是这一时期的典型案例。改造既有改变城市结构布局的功能要求，又有改善市容、装点帝都的艺术要求。这项宏伟的工程，通过拓宽顺直道路形成"大十字"干道和两大环路，并将道路、广场、绿地、水

① Roberts P，Sykes H. Urban Regeneration: A Handbook[M].London: Sage Publications，2000.

② 于涛方，彭震，方澜. 从城市地理学角度论国外城市更新历程 [J]. 人文地理，2001，16（3）:41-43.

③ 李建波，张京祥. 中西方城市更新演化比较研究 [J]. 城市问题，2003（5）:68-71.

④ 王如渊. 西方国家城市更新研究综述 [J].西华师范大学学报（哲社版），2004（2）:1-5.

面、林荫带和大型纪念性建筑物组成完整的统一体，并对沿街建筑高度、立面形式做详细规定。巴黎改建还在全市范围内建成完善的公园绿地系统和给排水管网系统，并开办了城市公交系统，巴黎被誉为当时世界上最美丽、最近代化的城市。

国外旧城更新发展历程　　　　　　　　表1-1

时期与阶段划分		更新内容	特点	主要代表案例
时期1：西方工业革命至19世纪末		建筑等单一目标的更新、市政设施和居住环境的改善	物质空间更新、规模宏大	19世纪后期法国巴黎奥斯曼改建、俄国圣彼得堡旧城改建
时期2：20世纪初至第二次世界大战		市政设施和居住环境的改善、大城市的疏解	注重立法、采用区域角度	1918年芬兰大赫尔辛基规划
时期3：第二次世界大战后至今	阶段1：20世纪40年代末至70年代	第二次世界大战后大规模推倒重建、住宅条件的改善	物质空间更新、大规模旧城改造	英国大伦敦规划、法国勒·哈佛重建、波兰华沙重建
	阶段2：20世纪70～80年代	解决城市中心衰退问题、注重社会发展	物质空间更新为主、兼顾社区更新	法国巴黎德方斯、美国纽约罗斯福岛、英国伦敦巴比坎中心
	阶段3：20世纪80～90年代	旧城更新开发政策的转变、CBD的更新	市场开发主导、注重经济增长目标	美国巴尔的摩内港区开发、英国伦敦道克兰地区更新
	阶段4：20世纪90年代～21世纪初	城市社会、经济、自然和物质空间环境全面持续改善	多目标综合更新、可持续发展	英国伯明翰中心区更新改造、英国格拉斯哥城市更新
	阶段5：21世纪初至今	提升城市竞争力、可持续发展、社区功能单元发展	多目标综合更新、多方参与的开发机制	英国卡的夫城市复兴、伦敦城市复兴

（2）时期2（20世纪初至第二次世界大战）

这一时期在"田园城市"理论和区域视角的影响下，城市规划工作者在城市更新领域对大城市普遍采取疏解的策略。城郊居住区和卫星城的建设有效地缓解了城市拥挤，城市更新理论也有了长足的发展，1933年的《雅典宪章》指出，城市的种种矛盾是由大工业生产方式的变化及土地私有引起的，并对城市绿地、交通、历史建筑和城市功能分区都进行了详细的阐述。1918年伊利尔·沙里宁根据有机疏散理论制定的大赫尔辛基规划，是这一时期发展新城、改建旧城的典型案例。他把城市看作一个有机体，把城市人口和工作岗位分散到可供合理发展的离开中心的地域上去[1]，把工业从中心疏散出去，在赫尔辛基周边建设半独立城镇，控制城市进一步扩张。

（3）时期3（第二次世界大战后至今）

这一时期随着经济全球化和产业结构重构，西方国家许多传统产业城市面临转型，城市物质空间衰败，城市更新实践活动十分丰富，根据其内容和策略的变化可以大致分为五个阶段。

阶段1：城市重建（20世纪40～70年代）。第二次世界大战后，欧洲城市开始大规模重建工作。但巴洛克式的城市改造使得空间单调乏味，缺少人文关怀，同时中心区地价飞涨，

---

① 沈玉麟. 外国城市建设史 [M]. 北京：中国建筑工业出版社，1989.

城市向郊区扩散，钟摆交通现象出现，内城衰败。贫民窟的清理并未解决根本问题，只是使其从中心区迁移到内城边缘。

阶段2：城市更新（20世纪70～80年代）。这一阶段规划是通过对城市问题的反思，开始解决中心区衰落的问题，将邻里复兴和社会发展作为重要目标。伦敦巴比坎中心更新是一个典型案例。这里一度将经贸区与居住区严格隔开，使得白天人满为患，晚上空无居民，治安问题突出。更新建设使该地区成为兼作大型文艺活动和生活居住的综合金融商务中心，它将音乐厅、剧院、图书馆、画廊和餐厅等置于一个城市综合体内，并将艺术街区和居住小区穿插设计，同时还在附近规划了商业街、完善了开放空间系统，使得该地区活力十足。

阶段3：城市再开发（20世纪80～90年代）。该阶段的显著特点是开发策略的转变，由政府主导转为市场主导、公私合营、多方参与。私人资本逐渐增加、社区自发更新兴起，更多关注重点项目和功能空间的置换①。伦敦道克兰地区更新比较典型。道克兰地区在19世纪曾经是极为繁华的港口，20世纪60～70年代以来，由于市场的变化、全球产业结构的调整，港口走向衰败。1981年，政府成立伦敦道克兰城市开发公司（LDDC），作为道克兰城市开发的主体，该公司的目标是有效利用土地和建筑物，鼓励工商业发展，创建一个更有吸引力的环境，确保优质的住房和社会服务设施以鼓励人们在此工作和居住②。政府投资起到了抛砖引玉的效果，到1998年，公共部门投资18.6亿英镑，吸引私人投资77亿英镑，充分调动了各种融资渠道，取得了可观的经济和社会效益，实现了该地区的更新目标。

阶段4：城市再生（20世纪90年代～21世纪初）。在可持续发展思想影响下，旧城更新目标趋于综合，实现经济、社会、环境效益的统一。这一时期文化导向型更新比较有代表性，在此以英国格拉斯哥城市更新为例。20世纪80年代之前格拉斯哥旧城更新重点在于改善居住条件、疏解中心密度，结果旧城中心被遗弃，变得更加破败。苏格兰发展机构逐渐意识到单纯地改造旧房子并不能有效复兴城市，衰败的根本原因在于产业经济的衰落，在后工业时代，其历史文化资源都有着很高的内在价值并应该将其发掘出来，因此投入了相当多的资金、人力、物力用于历史文化设施的修复和建设，通过文化引导的旧城改造更新提升城市形象，使其成为更加吸引人们来居住、工作、游乐的地方③。结果格拉斯哥建成为"欧洲文化之都"，从一个工业城市成功转型成为苏格兰的文化商务中心。

阶段5：城市复兴（21世纪初至今）。当前倡导的城市复兴，是对城市再生概念的延伸，更加强调社区文化建设、政府与私营资本合作开发、多方共同参与博弈和综合的可持续发展的更新目标。英国的伦敦复兴计划和卡的夫复兴规划是当前进行的城市复兴的典型实例。

2. 国外旧城更新理论发展及其趋势

从工业革命至今，伴随着旧城更新实践的发展，西方城市更新理论也发生了深刻变化，经历了单一目标的物质空间更新、人本主义思潮和可持续发展与城市复兴思潮等阶段（表1-2）。

---

① 阳建强，吴明伟. 现代城市更新 [M]. 南京：东南大学出版社，1999.
② 王欣. 伦敦道克兰城市更新实践 [J]. 城市问题，2004（5）:72-79.
③ 董奇，戴晓玲. 英国"文化引导"型城市更新政策的实践和反思 [J]. 城市规划，2007（4）:59-64.

国外旧城更新理论的发展　　　　表1-2

	阶段	特征	理论	代表人物	主要观点
物质空间更新理论	工业革命至19世纪末	大型工业城市更新	伦敦模式	克里斯托弗·仑	建筑更新考虑其经济、政治职能
			巴黎模式	奥斯曼	整体城区更新、现代化工业城市
			田园城市	霍华德	城乡一体、乡村式城市
	19世纪末至第二次世界大战	卫星城、卧城疏导中心城市	田园城市	Montague Barlow	政府负责、人口疏散、平衡经济
			卫星城理论	泰勒	分散中心城市人口和经济
			有机疏散	伊利尔·沙里宁	建设半独立城镇，缓解中心城市
	20世纪50～60年代	大规模推倒重建	巴洛克式规划理论	柯布西耶	大规模重建、轴线、宏伟的气势
人本主义思潮	20世纪60～70年代	反思、否定巴洛克式	渐进式更新、小规模改造	简·雅各布斯	小而灵活的规划、社区网络和文脉的延续
可持续发展与城市复兴思潮	20世纪70年代至今	内城复兴	社区建设与公众参与	赫鲁	区域、社会、文化和公共政策研究，更新过程和社会网络更新
			可持续发展	芒福德	注重城市长期发展
			改造与历史价值保护	亚历山大	保护环境、对历史保护区新建筑进行严格控制

　　西方旧城更新理论在20世纪60年代之前，一直深受以物质形体规划为核心的城市规划理论影响，这一时期主要有霍华德田园城市理论、泰勒的卫星城理论、伊利尔·沙里宁的有机疏散理论，以及柯布西耶否定现有城市、追求宏伟风格的城市重建理论。

　　由于大规模改造缺少弹性，对城市多样性和发展的连续性造成破坏，并使内城衰败，从20世纪60年代开始许多学者进行了反思和批判。人本主义思潮回归主流，小规模、渐进式更新被提倡，具有代表性的有简·雅各布斯的《美国大城市的死与生》、柯林·罗和弗瑞德·科特的《拼贴城市》、芒福德的人文关怀思想、舒马赫的《小的就是美的》等。

　　20世纪70年代以来，随着可持续发展思想的提出，城市复兴的思潮逐渐涌现出来。这一时期以复兴城市中心为特征，强调社区更新、公众参与、历史价值的保护等，体现了旧城更新目标的多元化，同时在开发机制上谋求政府、开发商、社区、规划师和其他学者共同参与合作，鼓励私人资本介入，旧城更新理论更趋多元化。

国内旧城更新理论的发展　　　　表1-3

时期	背景	开发主体	主要内容
20世纪90年代以前——小规模物质形体空间更新时期	城市建设以生产为目标	政府	危房改造、改善基础设施条件
20世纪90年代以来——多目标快速更新时期	土地开发进入市场化轨道	多元主体	物质空间更新和整体功能结构调整

1.1.2　国内旧城更新研究综述

我国的城市化进程是空前的，城市空间迅速扩展的同时，旧城区更新的任务也变得日益重要。通过梳理国内旧城更新历程并与国外进行比较，有利于认清我国当前旧城更新面临的现实问题，并根据我国自身特点，寻找研究的焦点和问题解决的途径。

1.国内旧城更新历程简述

新中国成立以来，我国的旧城更新历程按照更新内容和更新运作机制的不同，可以大致分为两个时期：20世纪90年代以前主要是政府主导下的，以危房改造、基础设施升级为主要内容的小规模物质形体空间更新时期；20世纪90年代以来转变为引入市场的多种动力机制，以物质空间更新和整体功能结构调整为内容，涉及社会、经济、文化、环境的多目标快速更新时期。

从中华人民共和国成立到20世纪90年代之前，我国城市建设以生产为目标，旧城更新的指导思想是充分利用旧城空间，更新内容主要是危房改造、改善基础设施条件，方法是填空补实。这样，旧城开发强度不断增加，加剧了旧城空间品质的恶化。这一时期旧城更新的开发主体是政府，由于财力有限，更新规模一般较小，更新目标和内容较为单一。

20世纪90年代以来，随着土地开发进入市场化轨道，旧城更新的开发主体日趋多元化，多种资金渠道为大规模快速更新改造创造了条件。同时，城市经济结构和产业结构的战略调整、新区建设为旧区转移工业疏解人口使得旧城更新的动力机制变得复杂和多样。这一时期的旧城更新已不再局限于危房改造和改善基础设施的单一目标，而是要解决旧城中交织存在的物质性、结构性和功能性衰退等多种复杂问题，实现社会、经济、环境等方面的综合更新目标。上海新天地更新改造、北京什刹海历史文化保护开发、上海苏州河滨水区更新、深圳华强北地区更新，都是这一时期典型的实践案例。

2.国内旧城更新理论发展及其趋势

与西方相比，国内的城市更新研究起步较晚。改革开放以来，随着经济的快速发展，我国步入快速城市化阶段，作为空间资源重组和城市发展调节工具的城市更新活动也蓬勃开展起来。国内的旧城更新实践虽然还处于物质更新阶段，以追逐土地价值为目标，但受到西方城市更新理论影响，我国旧城更新理论研究已经开始转变为追求更加综合的目标。例如，"城市再生"理念看重的是城市发展与城市政策的过程性，认为应以系统的方法解决城市问题。"城市复兴"理论则将城市看作整体，更新政策应实现城市经济、社会、物质环境和自然生态等方面的持续改善。

与西方完成城市化后的城市更新进程不同，我国城市更新与城市化过程并进，因此既面临着旧城发展所出现的功能性衰退、结构性衰退和物质老化等问题，又要面对快速城市化带来的城市膨胀、人口剧增和经济社会结构性变革等复杂情况。国内学者已经认识到当代城市规划与城市设计所对应的两种研究路径的分异，对城市更新组织形式和机制的研究是一种公共政策意义上的城市规划研究路径，而对某些微观课题的研究，如居住空间更新、旧工业建筑更新利用等，则是一种城市设计的研究路径。城市规划研究路径对城市更新影响更为深远，充分利用城市规划的公共政策属性对更新问题进行更深入的剖析，为解决旧城更新过程中越来越复杂的多方利益矛盾冲突带来契机。由此，近年来国内针对旧城更新各方利益冲突和博弈的研究逐渐活跃起来，这其中有对城市更新的利益共同体模式的研究，有对旧城更新中主体和客体特点分析与各种利益冲突类型的研究等。

此外，国内很多学者还结合旧城更新实践，从其他不同的角度进行了有益探索，如从规划编制的角度，研究更新开发控制图则的编制、更新单元划分和强制性内容的规定；从组织模式的角度，探讨各部门协调合作、社区自治和公众参与；从时间维度探讨更新的过程性、阶段性更新的意义等（图1-1）。

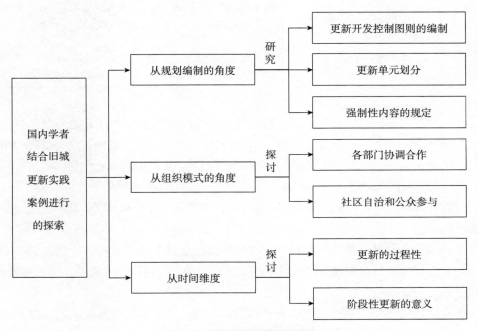

图 1-1　国内学者相关探究图示

1.1.3　中西方旧城更新历程比较：经验借鉴与现实选择

1. 中西方旧城更新历程比较及相关经验借鉴

我国旧城更新历程同西方发达国家相比，具有较强的特殊性和复杂性（表1-4）。

首先，城市发展阶段有很大不同。当代西方国家的城市更新是在城市走完从兴起、发展到成熟的完整历程后开展的，其城市化进程早已完成，人口规模、城市结构比较稳定，旧城更新只是城市自我完善和提高的过程。我国则处于高速城市化进程之中，城市功能布局、产业结构急剧调整，人口迅速增加，旧城既需要改善自身的基础设施条件和空间品质，又需要适应城市发展新的需求，这些都为旧城更新带来更为复杂和困难的问题。

其次，中西方经济社会环境不同。西方旧城更新是在长期成熟的市场经济体制下运作的，由政府牵头、市场主导、公私资本合作的更新模式得以顺利开展。而在我国，长期以来受到政府主导的计划经济体制影响，城市更新的内生动力受到一定的限制，虽然当前我国市场经济正逐渐走向成熟，更新模式正由单一的政府主导转向多样化的社会推动和参与，但年轻的模式、不完善的制度和政策使得更新过程易走向极端，从而出现各种问题。

中西方旧城更新比较和现实选择 表1-4

项目	城市发展阶段	经济社会环境	民众思想状况
西方旧城更新	城市化进程已经完成，城市空间、社会结构稳定	长期的市场经济体制，资本运作、政策保障成熟	公众参与深入人心，维权意识强烈，主动参与更新
中国旧城更新	快速城市化，功能布局、产业结构急剧变化，新旧区二元结构出现	逐渐向市场体制转轨，制度和政策不完善	处境被动或不合作，缺少参与更新的积极性和渠道
经验借鉴与现实选择	采取区域视角，兼顾经济发展、社会安定和文脉传承	完善市场主导的旧城更新制度策略，鼓励多渠道融资	宣传公众参与，搭建沟通平台，强化规划师的桥梁作用

此外，中西方民众思想状况不同。西方发达国家自20世纪70年代开始公众参与的规划思想便广泛被市民接受，市民参与更新、维护自身权利的意识比较强烈，这些情况与我国大不相同，因此在我国一方面要加强公众参与的宣传力度，另一方面规划师更需要从市民利益出发，在更新过程中维护城市公共利益。

通过梳理国外旧城更新实践和理论发展历程，并结合我国当前发展的具体情况，有如下经验值得借鉴。

（1）旧城更新必须由单纯的物质空间改善转为促进城市经济发展、社会进步、文脉传承、满足城市整体功能结构需要等多目标的综合性更新。要确保公共利益，保证更新效率、公平和目标的统一。

（2）从区域角度用战略的眼光正确处理旧城更新中保护与发展的关系。大拆大建是对文脉和社群的破坏，但过于保守全盘保留不仅妨碍经济发展，也会使旧城成为没有灵魂和生气的"空壳"。

（3）由多种动力机制和开发主体组成有效的更新开发和管制模式，更新方式趋于弹性化、多样化。旧城更新既不是由单纯政府主导的福利性工程，也不应该是单纯由市场来主导的以追求经济利益最大化为目的的纯商业开发。在城市更新过程中，政府、开发商和社区民众的目的不尽相同，但各方共同组成了促进更新的合力，只有充分发挥各自角色和作用，才能取得理想的更新效果。

（4）城市特色营造十分重要。西方城市复兴过程中主打文化特色牌，使得城市在面临全球化进程时保持自身的特色和吸引力，我国当前城市发展的主调是"快"和"变"，城市的历史保护和文脉传承遭受巨大挑战，现代化建设使得地方特色缺失、风貌趋同，旧城区特色的保护和营造显得尤为重要。

2．当前国内旧城更新的焦点问题与现实选择

我国土地开发向市场化转轨以来，各地方政府为加快旧城更新步伐，吸引开发商投资热

情，往往降低准入门槛，常常来不及进行统一规划，并对开发商修改已有规划指标等行为一再让步。开发商为追求经济利益的最大化，不顾城市长远发展目标，造成了一系列问题，严重损害了公共利益。例如，①旧城中区位好、拆迁成本低的土地迅速被瓜分，而更新难度大、真正需要开发的地块却无人问津；②由于住宅开发资金周转快、回报高，市场运作偏重于住宅项目，致使城市功能单一，配套服务设施不足；③文化和历史元素常被忽视，更新建设导致文脉破坏；④不同地块的更新活动各自为政，导致城市空间无序，公共设施空间系统混乱；⑤过高追求土地开发强度，使得开放空间不足、开发强度超出交通和基础设施承载能力、环境品质较低等（图1-2）。

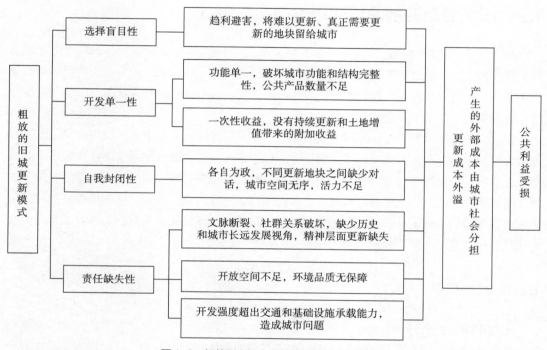

图 1-2　粗放型市场主导的旧城更新产生的问题

当前，由于制度和政策不完善而形成的粗放的市场导向型更新模式，是导致以上问题集中出现的根源。此类旧城更新的案例普遍存在，以广州滨江东地块更新为例，该地块原是广州的综合城市片区，经过十几年的开发，现已成为被高层住宅建筑占据的纯居住片区，滨江岸线这一珍贵的城市公共空间资源几乎全部私有化，城市公共开放空间和配套服务设施明显不足，开发商在获取短期高回报的同时严重损害了城市公共利益。20世纪90年代后期以来，上海大动迁致力于更新黄金地段，政府的退让、开发商的无序开发使得中心区建筑高度和容积率失控。可见，旧城更新已成为捍卫市民公共利益和城市可持续发展目标的重要战线，成为政府、开发商、市民利益博弈的关键场所，如何既能保证市场导向和开发商的积极性，又能维护城市公共利益，成为当前我国旧城更新的一个焦点问题。

我国的城市发展以整体社会运行体制的急剧转型为背景，各种社会力量的博弈成为这个时代的重要旋律，中国已经进入"利益博弈时代"[①]。我国的旧城更新早已不再是政府唱独角戏，或者规划师自由发挥其想象力的舞台，而是社会各方利益关注的焦点和进行博弈的竞技场。在这个复杂的利益博弈关系中，能够做到在一个具体的旧城更新规划和设计体系中，将参与更新的各方联系到一起，并可以就旧城空间资源重新分配的方案同各方进行讨价还价的组织者和行动者，便是具备专业技能的城市规划师。充分发挥规划师的作用，从规划设计和规划协调的角度解决市场主导的旧城更新问题，是当前我国旧城更新一个值得研究的方向和十分有意义的现实选择。

1.2 旧城更新的前沿研究理论与实践

与西方国家的城市相比，我国城市发展起步较晚，前期发展较慢，后期城市化发展迅速。我国目前处于城市更新与城市化过程并进的特殊状态，在大量的西方城市更新案例的基础上，我国政府与学者正积极探索适应我国城市更新与城市化过程并进状态下的城市更新方法与发展策略。

经过大量的文献整理可以发现，我国目前旧城更新受到西方城市更新历程影响，借鉴西方旧城更新经验，并与时代更新理念相结合，处于多方面的大融合发展状态。在目前的旧城更新过程中，应全面考虑城市社会、经济、自然和物质空间环境等内容，大力提倡可持续发展、生态绿色理念、本土性等时代思想，政府部门、专业人员、公众、媒体等多方参与。在国家政策支持的基础上，我国政府部门与学者正推动一个多元化、全方位、多方参与的，与时代思想相结合并着眼于长远发展的城市更新体系。

1.2.1 社会科学

旧城更新与社会科学关系密切。若是以社会可持续性视角来探讨城市更新问题，其核心将与传统的城市空间改造有所不同，主要内容在于如何体现社会公平、社会资本和基本需求这三大要素，并在此基础上形成合理的研究框架。并注重公共政策目标预期未能充分达成的现象，解析城市更新中尚未被系统认知和充分重视的"负效应"，从而实现开放治理体系构建，引导各方参与主体效用函数与社会效用函数保持一致，并完善有效纠错机制。同时基于实践中涉及公共利益时被动参与、涉及个人利益时激烈参与、总体参与渠道少的情况，以价值观为突破点，确立"自存与共存平衡"的价值观，并对我国旧城更新公众参与提出优化建议。

1.2.2 历史文化街区保护

历史文化街区作为旧城的重要组成要素，有其独特的价值与更新方法。有学者对北京南

---

① 孙立平. 中国进入利益博弈时代（上）[J]. 经济研究参考，2006（2）：8.

锣鼓巷展开研究，探讨历史文化街区中城市功能转型、整体活力复兴的现象，并形成了相关评估体系以衡量城市再生规划的实际效用，其中主要包括历史文化街区实际中的使用主体在更新过程中的参与程度、对历史文化街区整体风貌形象和未来发展定位的认可程度，以及对相关规划建设成果的满意程度等内容。同时考虑到历史文化街区的独特性以及其在城市发展中的记忆性和象征性，在对其进行更新方向考虑时，应将城市历史、城市文化、城市风貌、城市肌理等要素进行重点研究。此外，面对不同的历史文化街区应当在评价时有着不同的侧重点，更多从当地历史文化出发构建相关评价因子，并合理运用模糊评价法等多类评价方法以增强其科学性。

1.2.3 价值评估与保护更新

如何对旧城更新主要内容进行合理评估，并以此作为保护更新内容的基础与前提，是理性规划的重要步骤。有学者借助于统计分析法等量化手段，在相关的城市更新保护规划中对各类影响因子进行确定，同时赋予合理权重以实现准确的价值评估，从而引导下一步的保护更新规划。此外也有学者以"地—物"概念为旧城更新问题的核心，认为通过合理评价旧城中"地—物"的空间价值、明确相关更新规划展开的可行性，将有助于后续规划的实施（图1-3）。或是基于混合遗传算法优化选址模型，构建改造潜力、改造迫切度、公平度三个目标函数，在兼顾效率与公平的情况下确定城市更新优先改造项目的选址。也有学者结合实际规划项目，对旧城更新中的再开发问题投以关注，主要是围绕旧城建设用地情况进行研究，认为应对其进行全方位的评定以作为后续研究基础，并在保护更新上以优化存量、统筹增量为核心理念。与此同时，城市更新应当以相关规划，尤其是上位规划内容为参考，并对可更新区域有着相应的开发潜力评价，这主要通过一定的潜力评价体系进行具体评分来实现。

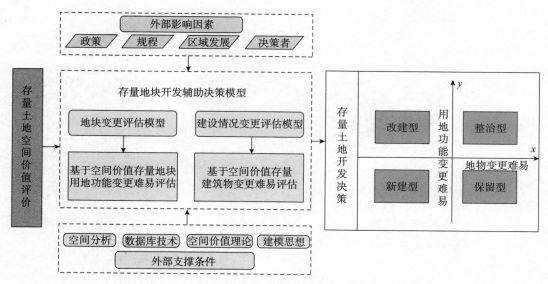

图1-3 基于"地—物"变化关系的空间价值评估模型
（资料来源：周鹤龙. 地块存量空间价值评估模型构建及其在广州火车站地区改造中的应用[J]. 规划师, 2016, 32（2）: 89-95.）

1.2.4 制度设计

随着经济社会进入新常态，城市更新也逐渐从旧的"自上而下"式的政府主导转为政企合作运营，从土地扩张转变为土地价值深耕，从而促进社区发育，形成"自下而上"的城市修补模式。此外，在城市治理的视角下对旧城更新中的特征进行解析，从利益分配、主体互动及项目建设实施三方面对旧城更新进行分类并概述不同类型的主要特征，重新定位各方角色在旧城更新中的地位与作用，通过构建"利益分配模式—多元主体互动—建设项目实施"的分析框架，解析相关更新模式及主要特征，对现有的政府、市场与社会关系进行了重新认识。类似的还有结合供给侧结构性改革，在存量土地规划的规划技术上基于土地"供需平衡"的角度开展总量测算；在规划方式上注重"补短板"，划定多元化的存量政策区，释放城市新动能；在实施操作上，由政府主导向"协同共治"转变，构建面向实施的存量空间治理体系（图1-4）。

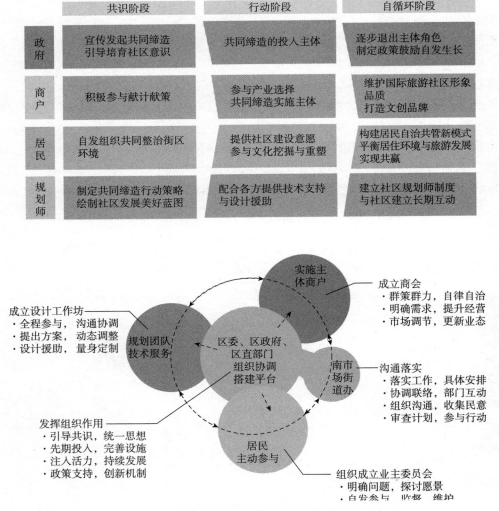

图1-4　从政府主导到"协同共治"路径示意

（资料来源：刘笑，刘治国，王丽丹，等. 供给侧结构性改革背景下沈阳旧城存量土地规划实践[J].规划师，2017，33（6）：19-25.）

1.2.5　技术方法

通过多类新兴软件不断与规划相结合，可进一步弥补旧城更新中数据、评价等内容的不足，也成为旧城更新研究的重要前沿方向。例如，借助ArcGIS和空间句法等软件，对城市旧城区现状空间进行分析评估，得出更新规划所应重点改造的部分，并对规划后的方案进行评价，以指导更新规划方案的设计与实施（图1-5）。又如，通过对实地调研流量与百度航拍图获取的流量数据对比、POI数据、房价数据的综合深入挖掘，以空间句法模型为核心，在城市和街区多尺度进行数据驱动的空间建模，在数据化模型的支持下支持设计方案的前期决、中期选择与优化过程。再如，使用互联网某LBS平台人口分时活动密度数据，叠加百度

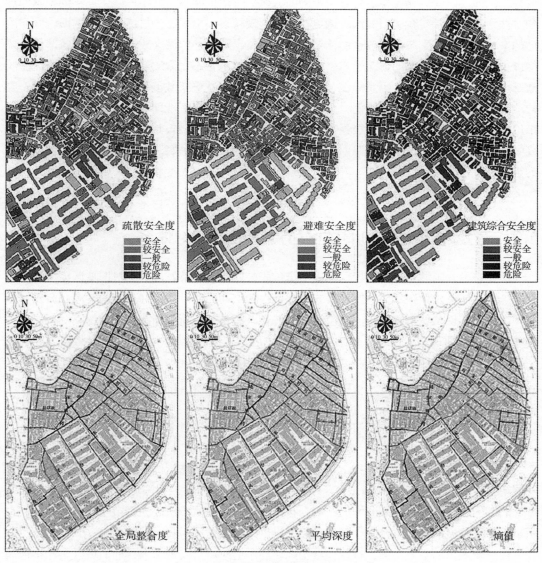

图 1-5　西沽地区 GIS 与空间句法分析

（资料来源：董君，高岩，韩东松.城市安全视角下的旧城有机更新规划——以天津西沽地区城市更新为例[J].规划师，2016，32（3）：47-53.）

POI，通过非监督分类和非负矩阵分解的方法，从而反映出相关区域的用地功能以及人群在其中的活动状况，以数据为媒介体现城市空间的发展与使用情况，这对于传统的存量规划研究是一种极大的补充。微观层面则有运用小气候模拟软件ENVI-MET作为直观展示小气候水平的辅助手段，以温度、相对湿度、风速、太阳辐射四种气候要素为基础进行模拟，以此为城市更新的指导策略。

1.2.6 新兴理论

在理论方面，近几年涌现了大量从不同视角、不同领域探讨旧城更新方式与方法的研究成果。例如，姚新涛在《生态化导向下的旧城区微改造策略》一文中，以生态学的基本原理和方法为基础，针对我国旧城区改造更新的发展现状，提出生态化目标导向下的旧城区微改造的策略，构建了生态化微改造的体系和相关策略，对以往旧城区改造的单一建筑节能模式加以更改，从物质层面的建筑生态化微改造、基础设施生态化微改造、交通系统生态化微改造三个方面系统化论述。冯秉旭在《基于地域文化的旧城更新城市设计方法研究》中以宁夏盐池县旧城区更新改造规划为例，强调了地域文化在旧城更新规划中的重要作用。并通过城市设计方法这一研究视角，将极具地域特色的各类文化要素融入其中，以求在旧城更新中始终保持当地文化特色。朱晓乐以西安顺城巷为例，以"城市触媒"理论为基础对旧城区更新的策略进行了研究。

1.3 存量发展时期的旧城区可持续更新理论体系

近年来，我国城市发展阶段已经由增量扩张转向增存并行发展。面对旧城区庞大的存量空间体量，如何设计存量空间发展模式、提升存量空间品质、盘活存量空间资源、激发存量空间活力，实现从城市建造走向城市经营的转变，将是关系新时期我国城市健康、有序、可持续发展的重要课题（图1-6）。在我国城市发展逐步进入存量时代、城市存量发展面临转型的关键时期，需要重构旧城区更新方法体系，以人民为中心，尊重既有的街区空间风貌、居民生活就业、历史文化传统、自然生态要素，实现旧城区可持续更新和永续发展的目标。

1.3.1 我国城市发展逐步进入存量时代

伴随着社会经济发展步入新常态，经济增速趋缓，产业结构优化升级，我国快速城镇化发展阶段也相应告一段落。经过三十多年的快速城镇化发展，我国城市建成区范围不断拓展，旧城区存量空间体量不断增加，提升存量空间的发展质量已成为城市空间实现健康、有序、可持续发展的关键内容，我国城市正逐步进入存量发展时代。

伴随着城市的不断发展，有些存量空间功能不适应城市发展需求，如旧城区工业用地需要逐步退出；有些存量空间安全隐患突出、环境品质严重不足，如"城中村"和部分旧社区；有些存量空间配套设施短缺，如学校、医院、公共交通设施等。各类存量空间面临着多

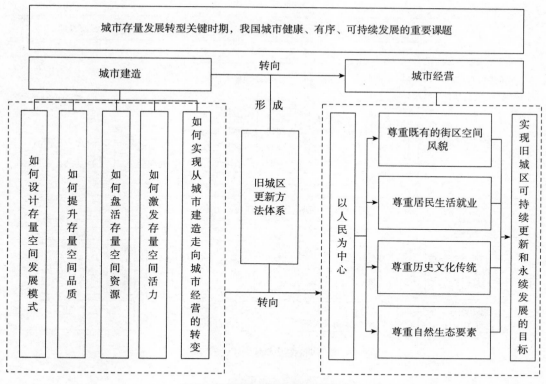

图 1-6　新时期旧城更新方法体系图示

样化的更新发展诉求，存量时代的城市更新要求目标更加精细、方法更加多元、研究更加深入，城市更新工作也进入一个新的时代。

1.3.2　存量发展新时期旧城更新的任务与方向

在快速城镇化发展时期，我国旧城更新更强调存量土地的再开发，以迅速实现功能革新、提升空间品质。在城市更新实施的可行性方面，往往建立在经济收益满足的基础上，关注城市更新拆迁及建设成本与土地开发收益的关系；在旧城区更新的空间效果方面，由于建设成本普遍较高，开发强度往往较大，且与新城区空间风貌相似；在居民社会构成方面，更新前后的居民人群构成会发生较大变化，部分原居民迁出，能够承受高居住成本的人群大量进入，原有的生活与就业平衡被打破。

在存量发展新时期，以存量空间更新为主的城市规划建设行为需要更加理性，审慎对待既有的街区空间风貌、居民生活就业、历史文化传统、自然生态要素，存量空间更新不再是单一的城市建设行为，而是综合考虑旧城区社会、经济、文化、生态、空间风貌以及实施过程、管理运营等多元问题的行动体系。

因此，存量发展新时期旧城更新规划建设的任务与方向是更加注重维护居民公共利益，关注更新的过程性与持续性，增强更新规划的可实施性；更加尊重旧城区现状的存量空间、原居民生活就业体系，注重现状评估和科学定量化分析；更加强调城市安全，消除存量空间

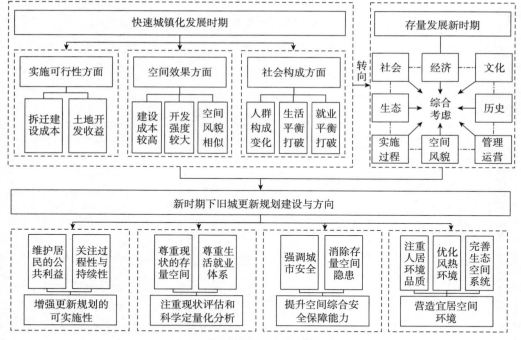

图1-7　新时期旧城更新规划建设与方向图示

安全隐患，提升旧城区空间综合安全保障能力；更加注重人居环境品质，通过优化旧城区风热环境、完善蓝绿生态空间系统，营造宜居空间环境。建立适应于存量发展新时期旧城更新任务与方向的新规划方法理论体系，是实现旧城区可持续更新发展的迫切要求（图1-7）。

1.3.3　旧城区可持续更新方法体系构成

　　根据存量发展新时期旧城更新的任务与方向，旧城区更新应当向着更加综合、科学、生态、具体的方向发展，所形成的旧城区可持续更新方法体系应涉及更新时序设计、公共利益维护、存量资源评估、定量分析方法、城市综合安全、存量建筑改造、旧区风热环境与生态空间改善等方面。本书从上述方面逐一入手，剖析每一方面的更新机制和原理，结合新的理论思想，建构可操作、易推广的旧城区可持续更新方法体系。

　　在更新时序设计与公共利益维护方面，本书第2章将通过介绍"基于触媒理论与多方共赢目标的旧城区可持续更新方法"，在旧城更新中引入城市触媒理论，改变传统城市更新方法中单一目标导向问题，实现公共利益维护与更新建设顺利实施相结合，为参与城市更新的各方实现共赢目标提供契机和可操作的规划技术方法，并结合实践解析更新时序设计流程及多方共赢目标实施保障机制的建构方法。

　　在存量资源评估和定量分析方法方面，本书第3章将通过介绍"基于现状评价和定量分析的旧城区可持续更新方法"，全方位、多角度地介绍存量空间现状评价内容及相应的技术方法，解析存量空间现状评估对旧城区可持续更新的基础性作用原理。同时，通过引入定量化分析方法，建构全面、客观的数据获取和分析方法，以及旧城区存量评价指标体系，提升存量空间现状分析评价的客观性和对更新规划设计的支撑力度。

在城市综合安全提升方面，本书第4章将通过介绍"基于综合安全防护的旧城区可持续更新方法"，全面、系统地梳理我国旧城区安全特征与典型问题，从城市街区、街道、建筑、管理等多个维度解析旧城区安全防护原理，以此为基础建构基于综合安全防护的旧城区可持续更新方法，并结合实践提出不同空间层面的安全防护设计与实施策略。

在存量建筑改造方面，本书第5章将通过介绍"基于老旧建筑多元改造提升的旧城区可持续更新方法"，解析老旧建筑的安全防灾与文化场所精神延续等多元需求，提出老旧建筑多元改造和提升的任务与方向，其中包含针对多元建筑灾种的老旧建筑防灾改造方法等。

在旧区风热环境与生态空间改善方面，本书第6章将通过介绍"基于城市风环境改善的旧城区可持续更新方法"，建立旧城区风环境优化评价标准，从空间肌理、街道布局、高度分区、建筑组合等多元尺度构建旧城区风环境分析与优化方法，并结合典型旧居住区风环境分析提出具体的空间优化策略及相应的空间改造时序设计，为旧城区更新改造行动结合风环境优化目标提供理论支撑和实践指导。

第 2 章

基于触媒理
论与多方共
赢目标的旧
城区可持续
更新方法

2.1 旧城更新中实现多方共赢目标的必要性与可行性

2.1.1 旧城更新中的利益博弈

由于旧城更新开发的过程就是参与更新的各方进行博弈的过程，所以通过分析旧城更新中各种开发主体类型、各利益主体之间的利害关系和利益博弈类型，有助于寻找到旧城更新的合理目标和实现目标的途径。

1. 旧城更新中开发主体及开发模式类型

当前我国的旧城更新中存在着政府、开发商和社区个人三种开发主体，根据开发主体的不同，可以有以下几种开发模式。

（1）政府主导的更新模式

该模式是指整个更新项目由政府直接组织，国有企业负责实施，政府是该项目的甲方，负责规划并与承担更新任务的国企签订开发合同，属于行政行为。政府确定更新范围、更新期限，办理划拨用地等相关建设手续，协调各建设单位之间的矛盾，帮助解决负责更新的国企（乙方）开发过程中出现的问题，监督开发实施过程并组织验收。乙方负责拆迁建设、筹集资金等。开始于1988年的广州金花小区更新项目是这种模式的典型实例。

由于承担更新任务的国企是由政府控制的非独立经济主体，因此政府是实际的更新主体，承担更新的责任和风险。在这种模式下，旧城更新的巨额成本要由政府和国企承担，在经济上要付出沉重代价，而更新带来的成果却由社区和少数个人享有。政府的更新行为所产生的外部成本被社会分担，该模式导致政府角色错位。

（2）市场主导的更新模式

该模式是指由政府出让旧城土地，由开发商按照规划要求进行拆迁和建设，是一种商业行为。由于开发商是自负盈亏的经济实体，所以追求自身利益的最大化便在所难免。开发商往往选择区位极佳的黄金地段开发，回避拆迁难度大、真正需要更新的地段；功能上则青睐于回报率高的住宅开发，导致配套服务设施不足；此外，对文脉传承、城市整体空间结构、社群关系和空间环境等方面都不重视，严重损害了城市公共利益。政府由于急于完成旧城更新任务，在资金方面依赖于开发商，因此在开发过程中会对开发商提供各种优惠政策。该模式导致旧城更新的外部成本被城市分担。

（3）社区自主更新模式

该模式是由社区居民自发对社区进行更新。但该模式中由于居民自身筹集资金能力有限，且不同权属下的居民很难形成一个整体，更新活动缺少组织和领导，所以无法大规模开展，只能简单地对建筑及其外部环境进行一些修补。

（4）混合更新模式

政府为解决旧城更新资金问题，同社区、单位和居民合作开发，但由于产权关系不明确，目标不一，很难实施。公共空间领域权属模糊，因更新带来的商业收益增额和房价增额分配不明，单位以及居民间投资比例不易确定，私人业主虽然产权清晰，但其将旧城更新视为政府行为，存在着"搭便车"的想法。最终，政府为实现更新目标要承担绝大部分成本，政府投资带来个人获利，这便造成了更新成本的外溢（图2-1）。

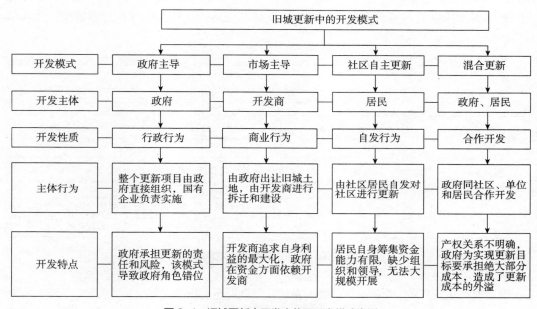

图2-1　旧城更新中开发主体及开发模式类型

可见，单一主体的更新模式不免产生问题。我国现阶段旧城更新规模大、速度快，必须充分利用市场资金，而政府则充当着组织协调和保护城市公共利益的关键角色。因此，由政府牵头、市场主导、多方共同参与，成为当前旧城更新发展的必然趋势。

2. 旧城更新中的利益博弈类型

由于是多方参与，所以会产生多种利益博弈。根据不同利益主体之间的关系，可以将利益博弈大致划分为三类（图2-2）①。

（1）规则性博弈

利益博弈双方在开发规则和条件上进行博弈，如政府和开发商之间。政府要制定更新规则，提出旧城开发条件，从而引导、约束开发商的更新开发建设。与此同时，开发商为追求利益最大化，试图不断突破

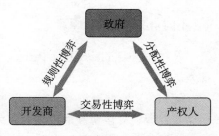

图2-2　不同利益主体间的利益博弈类型

① 任绍斌. 城市更新中的利益冲突与规划协调 [J]. 现代城市研究，2011（1）：12-16.

更新规则，迫使政府在开发条件上作出让步。

（2）分配性博弈

利益博弈双方就公共利益的分配方案展开博弈，如政府和更新社区、产权人之间。政府作为城市管理者，会从全局的角度考虑公共利益的分配，而社区和产权人则是从本集体和个人利益出发，争取尽可能多的公共利益分配。

（3）交易性博弈

利益博弈双方在市场经济框架内讨价还价，完成交易，如开发商和产权人之间。由于地位的不均衡和信息的不透明，加之政府往往支持开发商，这种交易性博弈常表现为强买强卖，产权人利益得不到保障。

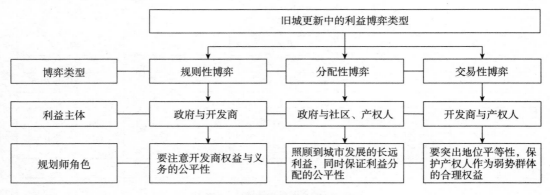

图2-3 旧城更新中的利益博弈类型

规划师在这些博弈中扮演着协调者的角色。规划师不能按照自我的理想行动，而是通过积极同各方磋商、了解各方诉求，针对不同的博弈类型采取不同的方法和原则。对于政府和开发商之间的规则性博弈，在制订更新规则和设计方案时，要注意开发商权益与义务的公平性，在保证城市公共利益的同时，给予开发商合理的物质补偿；对于政府和产权人之间的分配性博弈，要从全局利益出发，照顾到城市发展的长远利益，同时保证利益分配的公平性，不同社区、产权人之间不可厚此薄彼，政府不可以公谋私；对于开发商和产权人之间的交易性博弈，要突出地位平等性，保护产权人作为弱势群体的合理权益，从专业角度充当其谈判的代言人。

2.1.2 旧城更新利益博弈理论与实践探索

1. 不同角度下的理论探索

针对我国当前旧城更新中出现的问题和利益博弈，很多学者从不同角度出发进行了有益探索。

例如，从旧城更新中各方利益冲突和博弈的角度，有学者指出创建利益共同体，以产权为纽带，以将外部更新成本内部化为目标，使政府、开发商和社区居民共担风险、共享收益，产权人将房屋面积折合入股，与开发商按股分红[1]；还有学者总结了不同利益主体各自

---

[1] 王桢桢. 城市更新的利益共同体模式 [J]. 城市问题，2010（6）：85-90.

的行为范式，并以上海为例，指出更新中博弈行为"没有引发彻底的结构性变动，但仍然对社会变革与发展具有推动作用"，地方政府在城市更新建设中要做到"形式民主"[①]。

又如，从阶段式、可持续更新的角度，有学者对更新对象、更新期限、更新时机和更新程度进行了详细研究，指出"比较劣势大、空间范围小，且空间的开放程度和公共程度高的地方应优先改造"，同时为避免二次更新造成浪费，更新要符合城市整体空间结构的发展，要制定阶段更新计划，有助于更新的灵活性，避免盲目性，还可以实现资金的滚动使用[②]。

再如，从更新规划编制的角度，有学者对旧城更新规划标准的制定进行了研究，在对国内各大城市更新标准对比的基础上，从"城中村"、旧工业区、居住区和商住混合区分类提出深圳旧城更新标准，同时还提出容积率奖励的相关措施[③]。

以上这些研究为解决我国当前市场主导下旧城更新的系列问题打下了良好的理论基础（图2-4）。

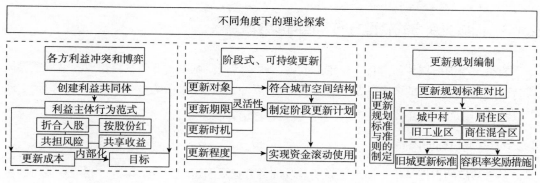

图2-4 不同角度下的理论探索

2. 更新项目实例：成就与不足

在理论探索的同时，大量的旧城更新实践也在摸索中前进，并暴露出一些问题。

例如，广东省2009年出台了"三旧改造"政策文件，即从"旧城镇、旧厂房、旧村居"向"新城市、新产业、新社区"转变，拉开了全省新时期旧城更新的帷幕，通过编制详细规划来划分单元，制定有针对性的更新模式，规划中包含强制性内容，如用地性质、开发强度、公建配套规模和位置等。"三旧改造"还制定了实施保障策略，即拆迁安置方案、分期实施原则、公建配套同步实施策略和相关协调机制。广东省的"三旧改造"工程，在规划编制、组织模式、实施策略等方面都加强了对公共利益的保障，取得了不错的效果；但对更新地块内公共设施用地规定过于死板，"一刀切"的规定使得不同地块间公共空间资源不足或浪费，整体城市结构难以协调。

重庆南滨路更新改造项目十分注重更新的阶段性和过程性，通过公共空间的营造提升城市空间活力，聚集人气，时机成熟后再开发住宅。公共空间也是逐步推进，先开发餐饮、酒

① 王春兰. 上海城市更新中利益冲突与博弈的分析 [J]. 城市观察，2010（6）:130-141.
② 张其邦，马武定. 空间—时间—度：城市更新的基本问题研究 [J]. 城市发展研究，2006（4）:46-52.
③ 贺传皎，李江. 深圳城市更新地区规划标准编制探讨 [J]. 城市规划，2011（4）:74-79.

吧街等大众化的、相对低端的服务功能，2005年南滨公园建成后，南滨路逐渐进入第二个生命周期，一个更为高端的游憩商务区正在形成。该实践项目证明有步骤、有条理地打造公共空间对完成旧城更新任务的重要意义。

深圳城市更新年度计划的编制紧紧围绕更新单元制度，对维护公共利益进行了有益的尝试。在此之前，市场开发主体与政府在规划阶段就公共配套设施、开发强度等问题讨价还价，严重影响了更新进度并损害了公共利益。以更新单元制度为基础的更新年度计划，将公共利益的落实作为市场准入的重要条件，通过先行落实公共利益捆绑要求为规划编制和更新效率的提升创造了条件[①]。

以上旧城更新实践为我国旧城更新由粗放的市场导向型更新模式，向多方合作和共同获益的新更新模式转变提供了有益的尝试。但在实践过程中由于缺少系统的理论指导，存在一些不足，没有形成完善的、具有可推广意义的更新模式和体系。

2.1.3 旧城更新方式转型方向：走向多方共赢

要解决当前旧城更新过程中出现的问题，就要转变旧城更新方式，将粗放的市场主导模式转变为市场主导下的多方参与、各方利益得到保障和达成平衡的模式，这里的关键是实现多方共赢的目标。

1. 多方共赢目标的内涵

多方共赢的目标是指，旧城更新所涉及的各方在更新过程中经过博弈，利益都能得到保障。通过更新，政府规划建设意图得以实现，旧城功能置换、结构转变、交通和环境等更新目标顺利完成；开发商实现合理的盈利，从投资、建设到回报，整个项目流程完成顺利；社区实现复兴，空间重新充满活力，公共配套服务齐全，基础设施条件、环境品质明显提升，市民公共利益得到保障。在此过程中，城市社会文化发展实现平稳过渡，文化脉络得以传承和进一步发扬，社群网络没有破坏，城市处在持续、良性发展的轨道上。

多方共赢目标的关键内容是，寻找解决开发商获利与维护城市公共利益的矛盾的途径。开发商作为自负盈亏的经济主体，追求自身利益最大化是其首要目标，尽管出于对企业发展和与政府长期合作的考虑，会让渡一部分利益以树立形象和口碑，但由于动力不足，不足以维护城市公共利益。只有设计一种旧城更新机制，使得开发商在该机制下可以从公共产品开发、环境品质提升等维护公共利益的行为中获得收益，才能真正实现共赢的目标。

2. 实现多方共赢的契机：土地经济外部性[②]

实现多方共赢的目标看似困难，但确有其契机，那就是利用土地的经济外部性。土地开

① 刘昕. 城市更新单元制度探索与实践 [J]. 规划师，2010，26（11）:66-69.
② 经济外部性又称经济活动外部性，是一个经济学的重要概念，指在社会经济活动中，一个经济主体（国家、企业或个人）的行为直接影响到另一个相应的经济主体，却没有给予相应支付或得到相应补偿，便出现了外部性。经济外部性也称外部成本、外部效应或溢出效应（spillover effect）。

发具有经济外部性，无论政府、开发商还是产权人在对土地进行开发的过程中，会对其周边地块的土地利用情况、土地价值产生影响，这种影响不能通过市场进行交易。其中一些影响有利于提升城市空间活力、促进周边土地升值，是为正外部性；一些则会给周边土地使用带来不便，降低周边地价，是为负外部性。

由于城市土地具有经济外部性，开发商的土地开发收益便不局限于某一局部地块内。地块内市政设施、公共服务设施和开放空间等公共产品的开发，以及空间结构、开发强度按照规划进行的有序建设，会为地块及其周边很大范围带来额外收益和持续回报。通过设计旧城更新机制，使这种额外收益和持续回报转变为现实，这样既不挫伤开发商投资建设的积极性，又可以保障公共利益。

3. 实现多方共赢的途径：可持续更新策略

要利用土地的经济外部性以实现多方共赢，就必须坚持阶段式更新，着力设计旧城更新的过程。能够带动周边发展的公共产品应先行开发，公共产品由于种类差异、对后续建设影响力和作用机制不尽相同，所以开发顺序也会有所不同。通过新的旧城更新机制的引入，变单一开发模式为公共产品主导的多元复合开发模式，变一次性资金回笼和短期高回报模式为阶段更新、有序建设和持续回报模式，是旧城更新实现多方共赢目标的有效途径，本书将其称为可持续更新策略。

可持续更新策略主要包含两部分内容：一是旧城更新规划方案的设计，包括更新的对象、内容和步骤；二是更新方案实施保障策略的制定。规划方案的设计是可持续更新策略的灵魂，方案要体现规划的过程性，具备高度的灵活性和可操作性，这就需要引入新的规划设计理念，创新设计思路；实施保障策略的制定是可持续更新策略的基石，用以确保更新规划方案取得理想的效果。本书将在第4章和第5章分别就更新规划方案的设计和更新方案实施保障策略的制定进行详细阐述（图2-5）。

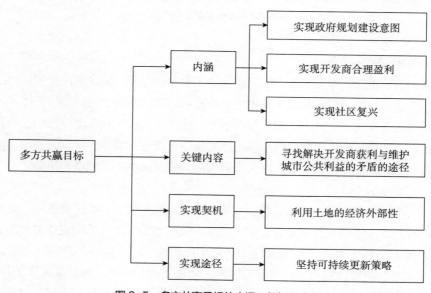

图 2-5　多方共赢目标的内涵、契机及途径

2.2 更新触媒理论与多方共赢目标

2.2.1 体现过程性的设计思路

城市有如一个动态发展的有机生命体，在其发生、发展的过程中，会受到诸多因素影响而出现很多不确定性，这种不确定性和永恒发展的状态决定了城市规划包括旧城更新，绝不是描绘终极蓝图，而是根据现有发展条件和更为宏观的战略发展目标，为城市制定每一阶段的空间发展计划，以及实现这些计划所需的步骤和过程，其中针对可能出现的各种影响因素制定可变的弹性调节机制，这就是体现过程性的设计思路。可持续更新策略重要内容之一就是要实现设计思路由目标性向过程性转变。

1. 可持续更新设计的要点

可持续的更新设计方案应突出更新地点的选择、时机的把握和过程的安排这三个方面要点（图2-6）。

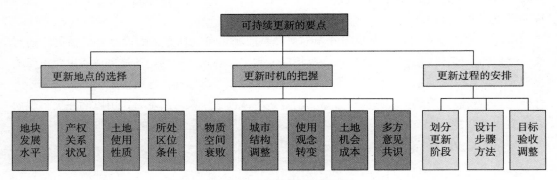

图2-6 可持续更新要点框架

（1）更新地点的选择

旧城区中需要更新的空间很多，但更新的地点有先后之分，最先解决迫切需要更新的地块，并且先更新的地块可以带动后来更新的地块发展，这就体现了更新的可持续性。什么地方应最先得到更新呢？笔者认为，地块发展水平、地块内产权关系、地块使用性质及所处区位是关键因素。如果一个地块同其他地块相比发展明显滞后，地块内产权关系简单明确，即更新成本较低，地块的公共性和开放度又相对较高，那么该地块应当率先更新。

（2）更新时机的把握

影响更新时机的因素很多，如建筑、环境等物质空间衰败，影响正常使用；城市空间结构调整，已有功能不能满足城市发展方向，尤其在我国当前这一影响因素非常突出；人们需求的改变，如人们对住宅的偏好从20世纪90年代以前的"小厅大卧"转而追求宽敞明亮的大客厅；土地开发的机会成本，随着城市发展，地块蕴藏着某种功能开发带来的潜在价值，有学者指出，最理想的旧城再开发的时机是当再开发之后的土地地租与再开发之前的土地地租的差额等于再开发的成本之时①。

如果上述影响因素同时存在，在一次更新中可予以解决，那应该是最好的更新时机。此外，由于旧城更新是一个多方博弈的过程，当政府、开发商和待更新社区的居民就开发活动达成共识时，此时的更新效益为最好，这也是把握更新时机应当考虑的内容。

（3）更新过程的安排

更新过程的安排是可持续的更新设计方案的核心环节，我国当前正处于快速城市化发展的阶段，旧城更新应该是大规模的全局性改造还是小规模渐进式更新，不可一概而论，要视具体情况而定，但不管采用哪种更新方式，都应该制定阶段性的更新计划，设计出每个阶段的更新目标和实现目标的步骤、方法，同时每一阶段都要对更新目标的实现情况进行验收，如果出现新的影响因素和变化，要对下一阶段的更新过程安排做出相应调整。这种灵活的、富有弹性和适应性的更新规划方案才会切实可行，才能有利于旧城区中存在的问题得到长期有效解决。

2. 可持续更新的特点与触媒②的引入

可持续更新的特点是更新顺序有先后，旧城更新是一个连续的过程。要做到"连续"，就必须考虑不同更新项目之间的关联性，本书在第3章提到，利用土地的经济外部性，先期更新开发的项目，主要为某些活跃的公共产品对后续更新建设会产生影响，这同时也是在解决市场主导下的能够维护公共利益的更新方案的可操作性问题。合理的公共产品种类的选择、位置的确定和空间设计将对旧城更新的后续发展具有较强的促进作用，这就好比在化学反应中选择合适的触媒，可以有效改变反应速率、控制反应方向和最终产品的构成。合理选择和设计公共产品以及旧城区更新开发的过程成为更新成功的关键，在旧城更新中引入城市触媒理论，将为这一关键问题的解决提供新的思路和有效途径。

2.2.2　城市触媒理论

1. 理论核心内容

城市触媒理论是20世纪末由美国城市规划师韦恩·奥图（Wayne Attoe）和唐·洛干（Donn Logan）在《美国都市建筑：城市设计的触媒》一书中提出来的。城市触媒，又称城市发展催化剂，是由城市（产生触媒的实验室）所塑造的元素，反过来可以促进城市持续与渐进发展。一项城市发展相关政策的实施或一个开发项目的落实都会影响城市的发展，从而促进或抑制某一特定的城市片区发展进程，当一个建设项目能够对周边空间建设活动产生积极影响时，便可以称该项目为城市触媒，其目标是"促进城市结构持续与渐进的改革，最重要的是它并非仅是单一的最终产品，而且是一个可以刺激和引导后续开发的重要因素"③。

---

① 丁成日. 中国城市土地利用，房地产发展，城市政策 [J]. 城市发展研究，2003（5）:58.

② 触媒，是生物学和化学中的概念，又称催化剂，根据国际纯粹化学和应用化学联合会1981年定义，是一种能提高化学反应速率而本身结构不发生永久性改变的物质。

③ ［美］韦恩·奥图，唐·洛干，美国都市建筑：城市设计的触媒 [M]. 王劭方，译. 台北：创兴出版社，1994.

城市触媒理论的核心内容是在市场经济体制和价值规律的作用下，通过城市触媒的建设，促使相关功能集聚和后续建设项目的连锁式开发，从而对城市发展起到激发、引导和促进作用（图2-7、图2-8）。城市触媒理论的本质是一类自下而上的局部发展、整体联动的设计理论，是在市场经济框架下为城市建设带来积极影响的开发模式。城市触媒理论存在的条件是市场经济体制，只有在该体制下，城市触媒才可以充分发挥对城市建设的促进和引导作用。

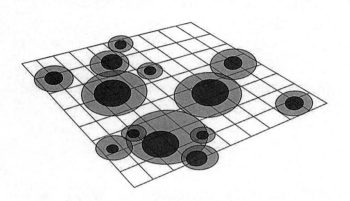

图 2-7　触媒理论概念示意

（资料来源：根据参考文献[19]整理.）

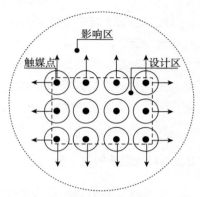

图 2-8　城市触媒对周边地块影响示意

（资料来源：洪亮平.城市设计历程.北京：中国建筑工业出版社，2002.）

城市触媒的表现形式是多种多样的，可以是单栋建筑也可以是建筑群组，可以是小尺度的文化街区也可以是大型城市综合体，可以是点状的交通枢纽也可以是线状的商业街，可以是实体的建筑空间也可以是虚实结合的自然开放空间。其共同特点是能够聚集人气，提升环境品质，满足市民公共需求。城市触媒在解决复杂的城市更新问题、实现旧城更新方式转变中将发挥重要作用（图2-9）。

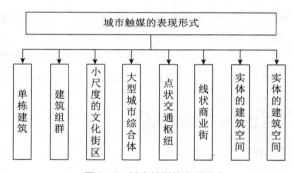

图 2-9　城市触媒的表现形式

2. 国内外研究成果及实例

城市触媒理论在国内外有广泛的研究和应用，主要集中在城市触媒的概念、形式和触媒对城市建设产生的影响等方面，并对单一触媒空间如城市综合体、会展中心等有详细的实例研究。

有学者以广州国际会展中心为例，研究了会展中心作为城市触媒对城市建设的影响作用[①]。广州国际会展中心选址在琶洲，其发展远落后于城市中心区，2002年会展中心一期工程竣工后，其周边房地产开发活动迅速升温。而自2007年起，随着保利世界贸易中心等若

---

① 罗秋菊，卢仕智. 会展中心对城市房地产的触媒效应研究——以广州国际会展中心为例 [J]. 人文地理，2010（4）:45-49.

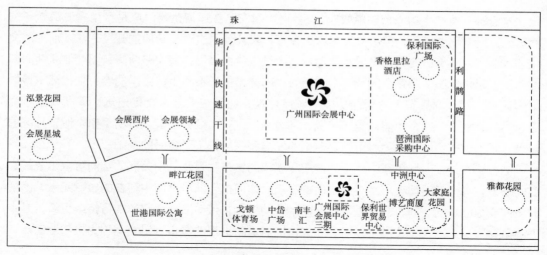

图 2-10　广州国际会展中心对周边地块开发的影响
（资料来源：根据参考文献[21]整理）

干个大项目进入，琶洲中心商务区便已初具规模，会展中心商圈不断成熟，影响不断扩散，其带来的巨大商务居住需求使得外围住宅开发十分迅速（图2-10）。同时，研究指出了会展中心对房地产开发的影响呈现出明显的随距离增加而衰减的规律。

　　还有学者以澳大利亚达令港为例，研究了城市综合体作为城市触媒所产生的时间累积效应[①]。1984～1988年是建设的第一阶段，该阶段以多个政府投资的大型公共项目为主，以发展历史文化相关的服务设施来吸引游客，并带动了周边酒店、办公、住宅开发建设。1996～1998年是第二阶段，由于一期开发中政府投资的公共项目产生的触媒效应，私人资本纷纷涌入，以达令公园等为代表的公共项目开发规模远超第一期，大大刺激了周边地区土地开发。研究同时还对触媒的时间累积效应的激活效应（短期）和持续效应（长期）进行了分类阐述（图2-11）。

　　另外，有学者以我国台湾地区台南市海安路和英国泰特现代艺术博物馆为例，研究了文

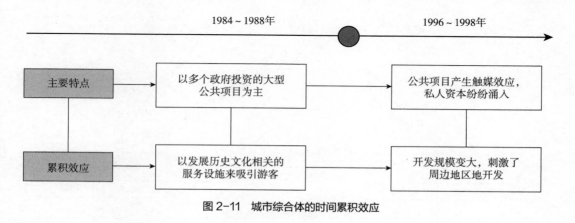

图 2-11　城市综合体的时间累积效应

---

① 　陈旸，金广君，徐忠. 快速城市化下城市综合体的触媒效应特征探析 [J]. 国际城市规划，2011（3）:97-104.

化艺术资源开发产生的城市触媒效应①。台南市海安路在运河昌盛时原是台南府城最繁华的商贸区，后来逐渐衰败，但历史文化底蕴深厚，设计者通过三个阶段的开发，注入前卫的文化艺术形式，将街道变为艺术展示的舞台，大量人流被吸引，海安路两侧新旧产业和新商圈共同发展起来，激活了整个区域的空间活力；同样，位于泰晤士河南岸的泰特现代艺术博物馆的建设，使原本只有大片居住功能的城市片区，通过注入艺术文化建筑，逐渐聚集了商业、办公、餐饮等综合功能，交通状况、环境品质也有了很大改善，带动了整个城市片区的复兴。以上这些案例研究为城市触媒理论的发展和应用打下了良好的基础。

笔者认为，在旧城更新中，不同性质和规模的城市触媒及其相关联的空间可以组成触媒空间系统，对更新活动会产生更为全面的影响。如何挖掘旧城空间中存在的禀赋元素，激活有条件成为触媒的空间，并通过触媒空间系统的架构，带动旧城区整体的可持续更新，是本书的研究重点。本书将这类可以引导和加快旧城更新进程的城市触媒空间称为更新触媒。

3. 更新触媒作用机制研究

更新触媒的公共属性和对旧城空间后续建设的激发作用，既顺应了城市和社区的发展需求，又给了开发商更为广阔的利益空间和持续的回报模式，从而使更新过程中的参与主体各方均受益（图2-12）。

首先，更新触媒作为多元综合的公共产品，自身具有较强的活力和吸引力，其空间形态和功能的多样性、使用的全时性使得人流、物流、信息流在这里集聚，从而带动周边市场活跃和土地升值。例如，美国拉斯维加斯的弗里芒特街为恢复昔日繁华，由市政府和八家业主

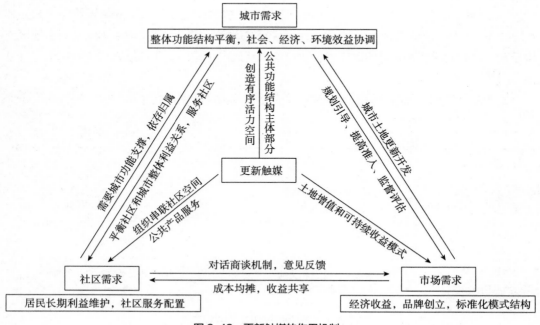

图 2-12　更新触媒的作用机制

---

① 李衡. 触媒理论指导下的混合社区研究 [D]. 天津：天津大学，2008.

联合开发了一个新时代城市广场，通过现代多媒体技术打造成都市剧场，该项目对场所的成功塑造吸引了大量的游客和居民，为业主带来巨大的经济效益，弗里芒特街游乐场和酒店的营业额上升37%并纷纷扩建，不断增长的市场需求使更新范围进一步扩大[①]。

其次，更新触媒具有社会、文化等综合价值。更新触媒可以满足市民多样化的社会需求，提供高效的生活方式和相当规模的就业岗位；可以强化地方文化符号，塑造场所精神，传承文化脉络。更新触媒增强了旧城区居民的归属感和认同感，成为旧城持续发展、空间永葆活力的精神动力。例如，上海新天地改建项目保留了具有文化意义的石库门里弄建筑，并且延续原有里弄街区的空间肌理，改善环境品质，将居住置换为与当地文脉不相冲突的休闲商业、餐饮、艺术品展销和演播厅等，使之成为时尚和品位的场所。在"新天地"品牌效应的影响下，周边土地开发活跃，卢湾区成为文化艺术的聚集地，带动了整片区域的更新发展。

最后，更新触媒具有较强的选择性和引导性。不同类型的更新触媒会对特定的城市功能产生促进作用，这种有选择的促进作用表现为功能聚集和功能补充两方面。功能聚集表现为相同类型功能借助更新触媒带来的人气，聚集在一起共享客流，提升整体竞争力；功能补充表现为和更新触媒相互补、相关联的功能，在触媒周边形成差异化发展，如在交通枢纽型触媒周边，餐饮、商业和旅馆会有所集聚，而在文化会展型触媒周边，酒店、商务办公和文化娱乐设施相对多一些。更新触媒的选择和引导作用，使旧城功能和空间结构得以自发、渐进地变化和提升。

由此可见，引入更新触媒是城市、社区和开发商各方利益的共同诉求，在旧城更新中应用城市触媒理论创新设计思路、建立起可持续更新策略的方案设计框架是可行的。

2.3　引入更新触媒的旧城区更新设计方法

合理地选择更新触媒是完成可持续更新方案设计框架的第一步，是组建触媒空间系统和进行空间设计的基础。而对更新触媒进行分类和分级，则有助于根据旧城空间不同区位地块的具体禀赋选择恰当的更新触媒，明确更新触媒在触媒空间系统中的具体职责和作用，从而使旧城更新方向可控、更新触媒发挥出理想效应。

2.3.1　更新触媒的分类与分级

1．更新触媒的分类

更新触媒种类的划分可以有不同标准，如依照触媒所处区位的不同、触媒对后续建设影响时效的差异等，本书则根据主要依据可持续更新方案设计框架的需要，按其主导功能的差异进行划分，如表2-1所示。

---

① 蒋涤非. 城市形态活力论 [M]. 南京：东南大学出版社，2007.

依据不同主导功能的更新触媒类型划分 表2-1

类型	业态分布	空间特征	作用机制
中心商务型	商务办公空间为主，辅以零售、娱乐和餐饮等	业态分布具有明显的垂直空间划分，开发强度和建筑密度较大	通过提供公共服务提高居民生活质量、增强地块竞争力
文化会展型	博物馆、会展中心为核心，辅以会议、公寓和游憩设施	空间形态的地域特色明显，和开放空间结合紧密	通过吸引人流和特色空间打造提升周边地价
休闲商业型	零售商业为主，辅以娱乐、餐饮和文化休闲	空间尺度宜人，有较长的沿街界面和变化的空间层次	通过汇聚客流提升人气和周边地块活力
专业市场型	职能专一的市场功能，周边结合办公、酒店公寓	靠近交通干道，用地面积和建筑密度较大	通过吸引物流、客流提升周边尤其商业地块价值
开放空间型	开放空间为主，结合零售商业、娱乐和餐饮	和周边空间结合，有良好可达性，开发强度很小	通过提升环境品质增强地块吸引力
交通枢纽型	各类交通设施，周边结合商业、办公、酒店公寓	结合交通设施的城市综合体，以及集散广场结合的大型开放空间	交通枢纽自身带来的巨大客流吸引各种服务设施集散

不同类型的更新触媒对旧城空间后续发展的作用不同、所需区位条件不同，需要根据更新地块具体条件和不同种类更新触媒各自的特点进行选择。有些种类的更新触媒可以结合在一起，如文化会展型与休闲商业型、交通枢纽型与中心商务型等，这样功能复合度更高，可能产生更强烈的带动作用。

2. 更新触媒的分级

根据更新触媒服务范围的差异，可以将更新触媒分为两级：一是城市级更新触媒，服务范围为城市片区，有些规模较大和特色明显，可以作为城市对外交流的名片，其功能复合程度较高，对旧城空间后续更新有更强的带动作用；二是社区级更新触媒，其服务范围为所在社区和邻近周边社区，作用是提升社区生活质量，促进社区层面的更新发展。

不同级别的更新触媒尽管服务范围不同，但都是触媒空间系统的有机组成部分，是完成旧城更新所不可缺少的，它们在不同层面上发挥着各自的作用，促进旧城更新全面、高效地进行（表2-2）。

更新触媒的分级 表2-2

分级类型	服务范围	带动作用
城市级更新触媒	城市片区	功能复合程度较高，带动旧城空间后续更新
社区级更新触媒	所在社区及周边邻近社区	提升社区生活质量，促进社区层面的更新发展

2.3.2　更新触媒选择原则

在充分了解旧城区禀赋资源并对更新触媒进行分类和分级的基础上，可以根据旧城区的整体空间发展需要和每个地块的具体情况，选择合适的更新触媒。更新触媒的选择应满足以下几点要求。

（1）更新触媒的类型和位置应符合城市整体空间规划

我国自20世纪90年代以来很多城市更新的低效率就表现为，更新建设不遵守整体空间发展方向，导致出现资源浪费和重复更新现象。旧城区是城市空间的有机组成部分，触媒的选择要做到和城市整体空间结构相结合，这将为触媒开发建设提供良好的基础设施条件和市场支撑，为后续建设打开便利之门。

（2）更新触媒应具备良好的可达性

触媒的公共性要求使其作为一个相对开放的生命体而存在，只有充足的人流、物流、信息流通畅便捷地从这里输入和输出，更新触媒才可以生存并永葆活力。因此，对于更新触媒来说，便利的交通条件是必不可少的。

（3）不同类型更新触媒有着各自的特殊要求

例如，文化休闲类型的更新触媒，需要有地域文化积淀和较高的开放空间环境品质；专业市场类型的更新触媒，对交通性干道、快速交通有较强依赖；大型商业街区或中心商务型的更新触媒，需要中心区位和合理的辐射半径，等等（图2-13）。

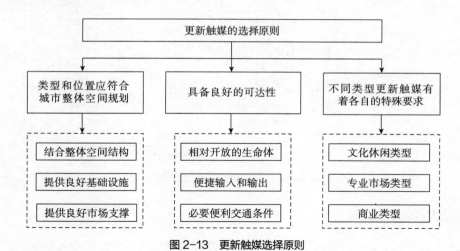

图 2-13　更新触媒选择原则

2.3.3　更新触媒空间系统设计方法

1．更新触媒空间系统组成

选定更新触媒之后，可以对触媒空间系统进行具体设计。触媒空间系统是一个点、线结合的系统，包括更新触媒点及其影响通道。

（1）更新触媒点

不同规模、不同类型的多个更新触媒在旧城区中的空间布局形式是呈点状散布于各地块中，故将其称为更新触媒点，以区分于同样具备触媒效应的其他空间形式。更新触媒点内容复杂，对其影响通道空间乃至整个旧城区更新建设具有决定意义，是触媒空间系统设计的核心部分。

（2）更新触媒的影响通道

更新触媒对旧城更新建设的影响具有梯度衰减性和方向性两个特点。所谓梯度衰减性，是指更新触媒对其周边地块信息和产品流动、市场分配、投资取向及土地价值变化产生的影响，从空间角度由近及远逐渐衰减；所谓方向性，是指如果把更新触媒产生的影响比作一种热量，那么它会沿着良性热导体的方向向外传递。本书将这样的"良性热导体"称作更新触媒的影响通道，一般为线性空间，主要沿道路和开放空间展开。通道空间可以有效减缓更新触媒影响力的衰减，实现不同触媒空间之间的联动，从而可以使更新触媒发挥更大效应。因此，打开更新触媒的影响通道，将各级更新触媒连成整体，是完成可持续更新方案设计的重要内容（图2-14）。

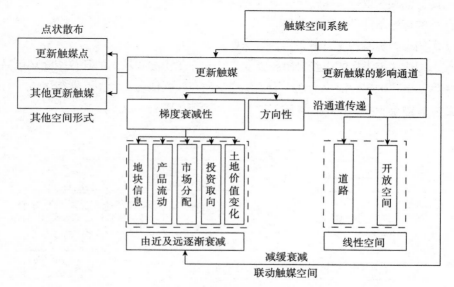

图 2-14　更新触媒空间系统的组成

2. 更新触媒点的空间设计

触媒空间系统的设计内容包含两个方面：一是更新触媒点的功能构成和空间形态设计，二是联系各更新触媒的通道空间设计。

更新触媒点的功能构成和空间形态不仅决定了通道空间的具体形态，也会对其周边触媒点产生影响，其设计与实施成功与否是可持续更新策略能否顺利进行的关键。因此，更新触媒点的设计应满足以下几点要求。

（1）可识别性

更新触媒点应有鲜明的主题和特色，成为所在地块的灵魂和复兴的主要契机，城市级更新触媒可以成为城市窗口和地理坐标。较强的可识别性不仅可以增加本地居民的归属感和凝聚力，也可以吸引外部人流，增加地块活力。

（2）联动效应

功能选择应与其他更新触媒点互为补充，协同共振，并与周边地块功能相衔接，互动发展。只有做到和地块功能相契合并与周边更新触媒相呼应，更新触媒点才能正常生长和发展起来，才能最大限度地发挥其带动和影响作用。

（3）文脉传承

要尊重地域文化脉络，充分挖掘旧城空间的禀赋资源。更新触媒点只有传承当地文化特色，才会有旺盛的生命力，才能实现旧城区发展的连续性，打造文化名片已成为当今国内外城市发展和复兴的主要手段之一。

（4）功能复合化

围绕更新触媒点的主导功能，复合更多的关联功能，确保使用人群的多样化和空间利用的全时性。功能复合化为多种城市活动和事件的发生创造了机会，是提升地块活力的重要途径，参与复合的各项功能也会因为彼此间的互相作用而变得更加有活力，如商务办公、会展等功能会因为零售商业的进入而增加使用的便利度，零售商业则可以借助商务办公、会展带来的人流得到更高的回报。

（5）空间多样化

通过空间变化增强更新触媒点的趣味性，吸引人流、保证空间活力。多样化的空间设计不仅不会造成空间浪费，还会因为空间活力的提升而大大增加其土地价值。空间多样化与功能复合化是紧密结合的。

（6）公共性与人本主义

作为公共产品的更新触媒点应具有较强的开放性，充分考虑到不同人群的使用需求，促进人的交往，空间尺度也要人性化，并与开放空间紧密结合。

3. 通道空间设计

通道空间作为更新触媒点的沟通桥梁和黏合剂，其设计要充分结合更新触媒点的功能和空间形态设计，并同时考虑其对周边地块更新发展的带动作用。通道空间的设计要确保更新触媒点之间良好的机动车和步行可达性及舒适度，空间界面应当连续完整。功能选择主要对更新触媒点起到承接和补充作用，一般服务于邻近社区，如沿街零售商业、餐饮娱乐、酒店公寓、医疗和文化体育设施等，具体选择视其连接的更新触媒点的类型而定，开发强度一般随着与更新触媒点距离的增加而逐渐减小。通道空间设计往往伴随线性开放空间设计，与城市开放空间系统相耦合（图2-15）。

4. 可持续更新规划方案设计流程

综上所述，可以得出在触媒理论引导下的可持续更新策略的空间方案设计流程，该流程包括以下三部分（图2-16）。

（1）旧城区资源禀赋调查研究和更新触媒的选择

可持续更新策略的空间方案设计是建立在对旧城区资源禀赋深入调查研究的基础上，这其中包括旧城区历

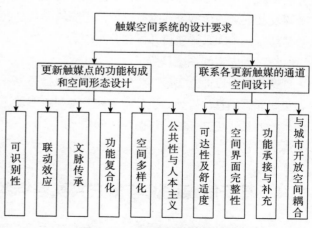

图2-15　触媒空间系统的设计要求

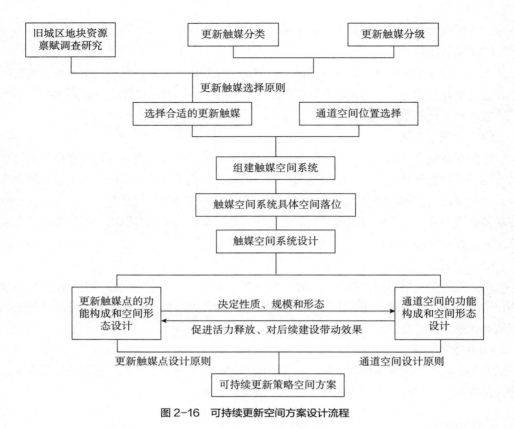

图 2-16　可持续更新空间方案设计流程

史文化底蕴和遗产、社会网络结构、产业构成、自然环境资源、交通和基础设施条件等，以及每个地块内土地建筑产权关系和其他具体问题。调查研究同时还包括对上位规划以及城市空间整体发展需求的了解，这些为方案的设计提供了现实依据，从而使方案更具可操作性。

根据以上调研分析的成果，在对更新触媒进行分类和分级的基础上，依据更新触媒选择原则，为旧城区每一个具体地块选择合适的更新触媒。

（2）触媒空间系统的组建和空间落位

用通道空间将已经选定的更新触媒连成整体，便组成了触媒空间系统，接着是确定更新触媒及其联系通道的具体空间落位。更新触媒及其联系通道的空间落位要与旧城区现状条件紧密结合，空间系统连贯并做到分布均衡。

（3）触媒空间系统具体设计

这是空间设计方案最终生成的部分，包括对每一个更新触媒点及其联系通道的功能构成和空间形态的具体设计。设计中除充分遵照本书前述的相关设计原则外，还应考虑到触媒空间系统的具体实施，如建设时序等问题。

2.4　基于触媒理论与多方共赢目标的旧城更新实施策略

旧城区可持续更新空间设计方案的顺利实现，需要有相关实施方略的保障。对于可持续的阶段式进行的旧城更新模式而言，一系列空间制度的存在是保证规划方案按照既定步骤和建设时序向前推进的前提条件。和第4章涉及的更新触媒理论相结合，本章将在实施方略层面，从旧城区土地储备出让策略、触媒与产业先导策略、更新单元制度策略、多方共建策略等几个方面展开研究并提出建设性意见，这将是多方共赢目标下的旧城区可持续更新模式的重要组成部分（图2-17）。

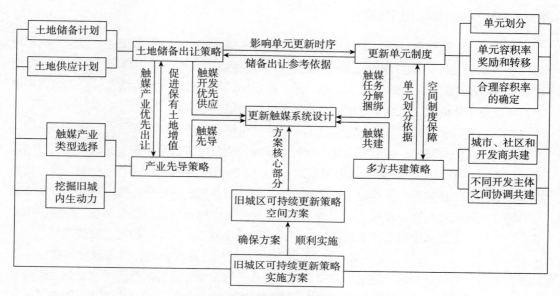

图 2-17　可持续更新实施方略组织架构

2.4.1　旧城区土地储备出让策略

1. 我国旧城区土地出让现状及问题

以1987年深圳进行土地拍卖为标志，我国开始了土地市场化的步伐。经过二十多年的发展，土地的市场化运作机制逐步成熟，在此期间大大促进了城市开发建设活动，推动了我国的城市化进程，也极大地增加了地方财政收入。但同时我们也看到，我国土地市场还存在很多问题，如土地产权界定模糊、管理体制不完善导致寻租盛行、市场覆盖面小、土地隐形市场普遍存在、土地供应总量失控、地价扭曲等[①]。由于城市内部存量土地的管理比较混乱，大量土地掌握在原划拨用地的土地使用者手中，造成土地多头供应、国有资产大量流失的局面，政府无法垄断土地一级市场，土地招标拍卖挂牌的市场运作难以推行，为解决这些问题，必须制定土地储备出让制度。

对于旧城更新而言，土地的市场运作和出让制度的影响尤为突出。目前国内存在的市场导向型的旧城更新中存在的种种损害城市公共利益的开发活动，与粗放式的土地供应模式有着密不可分的关系。地方政府由于缺乏土地供应计划，为追求短期财政收入的增加，或因为

---

① 肖斌. 土地储备与出让的相关问题研究 [D]. 武汉：武汉大学，2005.

迁就开发商而破坏土地供应计划，将土地缺少秩序、缺少目的地出让给开发商，在这一过程中开发商的准入门槛较低，缺少相关规划约束条件，最终造成的结果是，从长远角度来看，城市可供出让土地流失过快，土地供应市场必将出现不可持续性。旧城更新建设遍地开花、缺乏计划和更新步骤的安排，导致城市空间没有秩序，可持续更新空间设计方案的实施也将无从谈起。

2．土地储备制度及在我国的发展

在我国，土地储备是指城市地方政府依照法律程序，在市场机制框架内，依据土地利用总体规划和相关城市规划成果，通过征用、征购、置换、收购、收回等手段取得土地使用权，并进行前期的土地整理开发，垄断土地一级市场，储存土地并适时适量供应，以调控城市各类建设用地需求，规范土地市场，为城市发展提供土地资源[①]。

在城市发展和旧城更新的过程中，很多类型的土地经济价值难以评估，投资很难短期回收，应由政府投资开发，如很多土地应当用来发展社会公用或公益事业（交通、开放空间和基础设施建设等），还有许多土地用来以改善低收入者住房条件为目的进行开发，或者城市再开发等。为保证这些土地建设可以顺利实施，土地储备制度便势在必行。此外，由于土地市场存在自身的盲目性，政府可以利用土地储备制度对土地市场进行宏观调控，根据城市发展需要，有计划地适时适量将土地投放市场，以保证土地市场健康、稳定、持续发展。

1996年，上海出现了我国第一家土地收购储备机构。在此之后，很多城市都建立了土地储备制度，有效地解决了很多历史遗留问题，成为城市地方政府重要的调控工具，形成了诸如上海、杭州、南通和南京等根据城市自身情况而制定的具体土地储备模式，取得了一定的成就。但是，目前我国城市土地储备制度还存在两个明显的问题：一是资金导向性问题，即土地储备出让数量取决于城市近期建设的资金需求，成为实现政府短期目标的工具，常常因为追求短期财政收入而忽视了城市长远发展利益；二是项目导向性问题，即土地储备出让数量取决于招商引资的结果，土地供应迁就于开发商的项目需求，从而打乱了城市规划对城市空间发展的整体部署。因此，解决上述问题，实现旧城区土地持续、稳定供应和地价的保值、增值、是可持续更新的土地储备出让策略研究方向。

3．可持续更新的土地储备出让策略

可持续更新的土地储备出让策略，就是要将资金导向转变为功能导向的土地储备出让，将项目导向转变为规划导向的土地储备出让。实现这一目标的关键策略是制定旧城区土地供应计划并予以公示（图2-18）。

土地供应计划应当由规划编制、土地储备、土地开发、土地出让和国土基金平衡几部分构成。旧城区土地供应计划制定的原则应该是，紧密结合旧城区可持续更新空间设计方案，根据方案中旧城空间发展时序，有计划地确定旧城土地供应量和具体位置，尤其是需要制定公共产品开发所需用地的供应计划，优先发展对旧城区后续建设有促进作用的功能，为触媒空间系统的建设在土地供应这一环节打开便利之门。同时，对待出让土地进行一级市场开

① 肖斌. 土地储备与出让的相关问题研究 [D]. 武汉：武汉大学，2005.

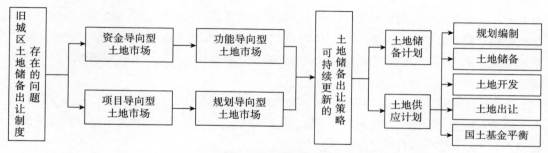

图 2-18　可持续更新的土地储备出让策略

发，将"生地"变为"熟地"，提高旧城土地收益，缩短旧城更新期限。公示土地供应计划也是重要一环，信息透明是监督和促进土地储备与供应按照计划进行的有效手段，同时也为开发商开发决策提供依据。

旧城区土地供应计划的制定将为城市规划、国土资源利用、房地产管理搭起联系的桥梁，成为规划和土地管理的核心内容和指导纲领；将成为旧城区可持续更新空间设计方案的延伸，为有效规划、引导和控制旧城更新建设创造了有利条件；将实现旧城区土地可持续利用和国有土地增值、保值；将通过垄断土地一级市场有效地调控房地产市场。

2.4.2　更新触媒与产业先导策略

1．市场经济下的旧城区发展内生动力

城市触媒理论是市场经济的产物，在市场经济体制下，产业发展成为城市发展的内生动力。产业发展为城市居民提供就业岗位，为政府带来税收，刺激了城市空间拓展。不同城市、不同片区根据自身情况的不同，所需产业也不尽相同，如装备制造业、高新技术产业、旅游业、文教产业、创意产业等，在产业驱动下的城市发展具有一定的经济基础，发展过程稳定而持续。

对于旧城区而言，由于产权关系复杂，土地资源紧张，多数处于城市中心区位，地价高昂，所以不宜发展第二产业，"退二进三"已成为国内外各城市中心发展的潮流。第三产业的发展成为促进旧城区发展的内生动力，合理的服务业业态的选择、位置的确定将有助于提高旧城区的空间活力，促进更大范围内的更新建设。

2．触媒与产业先导策略

产业先导策略正是结合触媒理论提出的，根据本书第4章所述，可持续发展策略下的旧城更新设计方案的核心是更新触媒空间系统的设计。除开放空间和基础设施建设以外，多数更新触媒空间是与第三产业紧密结合的。诸如文化体育产业、教育产业、零售业、娱乐业、餐饮业、创意产业、房地产业、旅游业等产业都是旧城区中有可能合适发展的产业类型，并与特定的更新触媒类型相关联，可以根据旧城区具体地块的资源禀赋，结合触媒空间系统设计，选择合理的产业类型。产业的复兴使得旧城区当地居民收入增加，空间活力提升，从而

自发地产生了进一步扩大更新范围的需求，更新活动得以持续进行下去。例如，苏格兰的格拉斯哥城市更新，其旧城从20世纪80年代起广泛发展文化产业，将衰败的格拉斯哥旧城打造成欧洲文化之都，由于游客数量迅猛增加，商业、旅游业、房地产业等相关产业也迅速发展起来，产业先导为旧城复兴打开成功之门。

　　总之，产业先导策略是发掘旧城内生动力的重要途径，它强调市场经济下的旧城区自发和有序增长的模式，通过合理的产业发展，可以赋予更新触媒灵魂和活力，是保障可持续更新空间方案顺利实施的有效方法（图2-19）。

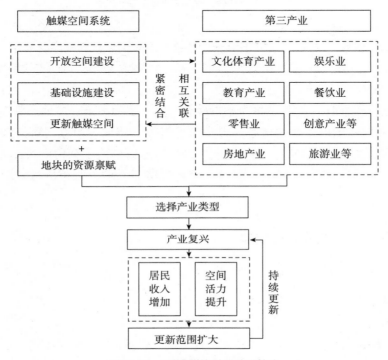

图 2-19　更新触媒与产业先导策略

2.4.3　更新单元制度

1. 更新单元制度的产生和发展

　　旧城更新中对土地采取单元划分和开发的策略，是基于土地的区域开发策略、用地功能组合调整、开发成本和收益平衡、经济社会效益与公共利益平衡等内容提出的，在国内外都早已有研究。更新单元制度最早起源于20世纪60年代美国的规划单元开发（PUD）制度，作为土地使用中的一种土地分区规划（即区划制度），传统的区划制度是对每一个地块进行逐一设计和控制，面积较小，无法满足整体旧城空间的统筹规划安排，由于无法应用于大规模土地开发，后来被新型的规划单元开发所替代。单元的划分，其范围可大可小，根据更新要求而定，增加了更新设计的灵活性。

　　20世纪70年代初，在美国大规模更新浪潮中，规划单元制度在建筑施工规模的经济性、提高公共服务设施和基础设施的效益、鼓励建筑类型的多样化等方面发挥出重要作用。到

80年代，作为土地利用和法规概念的规划单元开发制度已经成熟，成为协调开发商和社区、公共利益，促进多赢局面的有力工具①。

在我国更新单元制度也有了一定的发展。2003年上海在《上海市城市规划条例》中控制性编制单元，一个社区一般以主要干道或河流等自然界限为界，被划分为2～3个控制性编制单元，在建设和管理层级上，属于控制性详细规划的下一层规划编制，有效指导了具体的更新建设。

我国台湾地区于1998年立法通过了《都市更新条例》，确定了"都市更新单元"制度。该制度对更新单元的划定依据、更新地块居民的拆迁补偿、容积率奖励和转移的操作流程都做了具体规定。此后又出台了一系列法规条例，对都市更新单元制度进行了补充，并鼓励私人和民众团体进入城市更新事业。2006年之后又制定了都市更新单元制度的相关配套政策，其中包括信托登记、不动产估价师法、不动产证券化条例等，并配合金融机构帮助低收入住户低息贷款自治更新，台湾的更新单元制度得到了进一步发展②。

深圳提出的法定图则片区单元，对更新单元制度进行了深入研究。在所有拟实施拆建的更新区域，首先划定城市更新单元，在更新单元纳入规划编制计划后，组织编制更新单元规划，更新单元范围内涉及多个权利主体的，必须由占建筑物总面积2/3以上且占总人数2/3以上的权利主体同意便可实施更新，既保证了更新主体自愿又实现了更新效率③。更新单元规划中的法定图则将城市更新活动同公共产品开发捆绑在一起，提高了开发商的准入门槛，从而保证了公共利益的实现（图2-20）。

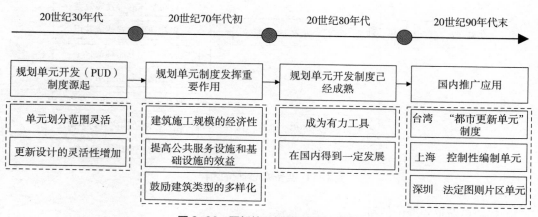

图2-20 更新单元制度的产生和发展

2. 更新单元制度内容

（1）更新单元制度理念

更新单元制度是以维护公共利益为目的的，更新单元成为旧城更新中各项工作和建设活动实现其目标的具体操作范围，以多数比例同意、确定公共产品开发比例等手段，解决旧城

---

① 骨建华. 城市滨水区的更新开发与城市功能提升 [D]. 上海：华东师范大学，2008.

② 严若谷，闫小培，周素红. 台湾城市更新单元规划和启示 [J]. 国际城市规划，2012（1）:99-105.

③ 刘昕. 城市更新单元制度探索与实践 [J]. 规划师，2010，26（11）:66-69.

更新中土地产权整合、更新投入和收益配比等问题。同时，通过更新单元制度，实现公共设施捆绑式开发以及单元间的公共空间共享。

（2）更新单元划定原则

更新单元的划分一般要做到：维系原有社群关系、文化脉络，具有整体的再发展效益，在更新处理方式上可以达成共识，公共产品分布均衡公平，土地权利整合可行。如果更新单元范围内同意更新的土地和建筑物的产权人超过一定比例，且对应的土地面积和建筑物面积也超过一定比例，便可以确定为更新单元，以克服旧城区产权难以整合的问题。

（3）更新单元容积率奖励与转移

对在更新单元内根据规划要求提供更多公共产品开发或为地区文脉发展作出贡献、缩短更新时序、促进更新进程等有利于城市公共利益维护的更新单元，要给予容积率奖励。容积率奖励有其限制，要在旧城更新规划成果的弹性控制范围内进行容积率平衡。对于更新单元内有公共设施保留地、历史建筑或街区以及其他不能开发的公共空间的情况，可将容积率转移至单元内其他地块或其他更新单元，以平衡开发商收益（图2-21）。

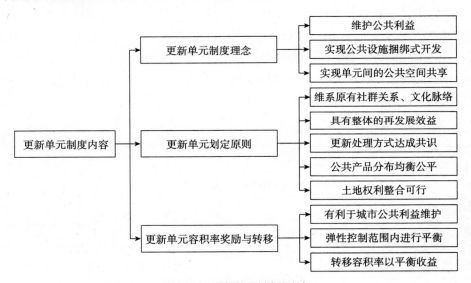

图2-21　更新单元制度的内容

3. 触媒与更新单元理论创新

（1）更新单元制度与触媒理论相结合

在可持续更新策略中引进更新单元制度，通过划分单元使得更新触媒系统的开发任务被分解，并在单元内实现投资和收益平衡，有利于规划和建设管理、经营性和非经营性产品的共同开发，从而提高更新效率，保障公共利益，促进触媒理论引导下的旧城区可持续更新空间方案的顺利实施。单元划分制度将公共产品开发和住宅开发在单元内结合，避免了更新触媒成为独立的建设项目，促进了更新触媒对旧城更新的带动作用，同时，还可以通过单元间平衡来协调多家开发商的利益。

（2）单元内合理容积率的确定

首先根据该单元的拆迁成本和建设成本，以及对房价的预期，计算出保证该单元既不盈利也不亏损时的建筑面积，再根据该单元土地面积得出此时的容积率，即成本容积率，最后乘以开发商合理的利润率，得出一个较为合理的单元地块开发容积率。这样，一方面可以抑制开发商对高容积率的追求，为灵活有序的城市空间设计提供条件；另一方面也为容积率奖励提供了科学的依据和控制基准。

（3）单元划分

按照更新项目的开发性质、规模，将经营性和非经营性项目合理地组合，并入某一个更新单元中，作为能够明确开发主体的最小更新单位；在更新单元内通过基础设施、公共空间等非经营性项目的优先或同步建设，提高经营性项目的开发收益，实现开发主体的投资收益平衡，即公共空间先行、熟地招标出让、单元间平衡；更新单元要覆盖旧城区范围内的所有地块，对单元的更新建设性质分类，明确更新责任主体。单元边界应遵守上位规划土地利用

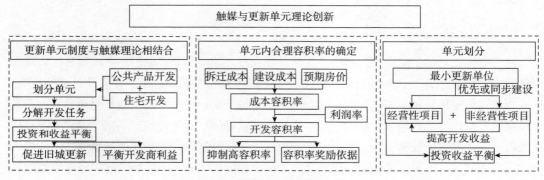

图 2-22　触媒与更新单元理论创新

性质和道路、河流等，面积一般为几公顷到十几公顷，单元内尽量包含不同功能，更新触媒的功能配比和空间形态要遵守已经完成的触媒空间系统设计方案（图2-22）。

2.4.4　多方共建策略

1. 角色归位

粗放型市场主导的旧城更新模式中存在的系列问题的根源之一，就是参与更新的各方角色的错位。城市政府应该是更新项目的发起者、组织者和监督者，而不是招商引资、为开发商谋取经济利益的工具；旧城社区应该是更新项目的主人、开发活动的主要参与者，而不是被动交出产权和开发权利、任由政府和开发商摆布的弱势群体；开发商应该是更新项目资金的筹募者、开发建设活动的实际操作者，是旧城更新中政府和社区的合作者，而不是高高在上、发号施令的财神爷。只有将参与旧城更新的各方角色归位，让各方在正确的位置上展开公平博弈，才能实现多方共赢的目标，才能为旧城区可持续更新空间方案的实施提供合理的操作平台。

2. 城市、社区与市场共建

政府、开发商和社区共同参与更新，各司其职，以保证更新触媒发挥应有效应。政府一方面改善旧城基础设施条件，组织编制更新规划，制定实施策略；另一方面对建设活动及时监督和评估，为后续更新建设打好基础。政府应该与开发商及时沟通，注重规划师的作用，由规划师来

制定同时满足城市公共利益和开发商合理收益需求的更新方案（即可持续更新空间方案），并及时予以公示，做到信息透明，并以此作为政府提高开发商准入门槛、进行规划监督的重要依据。

社区则作为更新的直接受益方，应以主人的姿态积极参与，通过社区代表就更新过程中产生的问题同政府、开发商积极磋商，如产权变更、原居民就业问题等，并就更新建设过程中出现的问题进行监督，确保旧城更新方案沿正确的方向推行。

此外，要鼓励多元化的融资模式。限制开发商对经济利益最大化的追求、维护公共利益的另一途径就是建立多元化的融资渠道，鼓励民间自主更新，由银行提供各种贷款优惠政策，政府提供有益于自主更新的税收和各种行政手段。建立多元化融资模式，可以打破开发商对旧城更新市场的资金垄断，可以将更新活动交予与自身利益休戚相关的社区民众，有益于维护城市的公共利益。

3．不同开发主体之间协调共建

在可持续更新的空间设计方案中，更新触媒在各单元间不可能做到完全均衡分配，为保障公共产品的顺利开发和开发商利益均衡分配，提出触媒空间系统由各开发商共建的原则。该原则是与更新单元制度相结合的，在一般情况下每个单元的触媒空间由各更新单元的开发主体负责开发，其功能构成、空间形态、开发强度需遵循已有的触媒空间系统设计方案；当单元内公共产品比例较高，其土地开发的外溢效应将惠泽其他开发主体的更新地块时，那么公共产品由相关几家开发主体共同出资开发。出资比例由政府组织协调，同时还可以使用容积率奖励作为辅助手段，以达到方案顺利实施、各方利益平衡的目标（图2-23）。

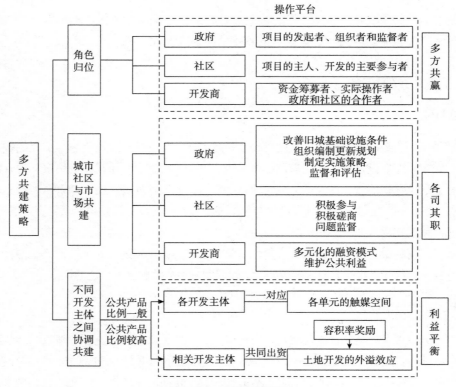

图2-23　多方共建策略

2.5　基于触媒理论与多方共赢目标的旧城更新实践应用

2.5.1　衡水市旧城区更新需求及其代表性

1. 项目背景

衡水市旧城区位于衡水市滏阳河东，距离衡水市行政中心和火车站3km，距离衡水湖自然保护区8km，面积3.6km²。衡水市旧城区是衡水城市的发源地，拥有数百年的历史，该区域西侧的滏阳河是衡水的母亲河，横跨河两岸的安济桥同样历史悠久，承载着衡水的城市记忆。近年来衡水城市新区发展迅速，城市发展重心西移，旧城区发展明显滞后，物质空间老化、基础设施条件较差、环境品质较低等问题突出，空间活力明显不足，导致人口流失、年龄结构老化。通过更新旧城区消除新旧城区二元结构，实现衡水城市整体可持续发展，已成为当务之急。

同时，上位规划中对旧城区更新提出了明确要求，如《衡水市城市总体规划（2008—2020年）》中指出，要以滏阳河治理为契机，结合河东旧城区更新，延续衡水历史文化底蕴，提升沿河文化功能；旧城区更新要延续传统风貌，保留旧城肌理；"退二进三"，逐步外迁河东旧城区的工业企业，改善城市环境，强化教育、市场等服务功能。《衡水市中心城市空间发展战略规划（2011—2030年）》提出，在滏阳河东旧城区建设历史风情街区，以展示衡水的老城文化和人文风情为主题，通过旧城更新，以安济桥和十八酒坊为特色，保留传统街区的肌理，重塑具有历史感的城市空间，发展具有滨水特色的历史风情商业街区；建设滏阳文化复兴区，以滏阳河复兴为主题，以众多城市公园、广场及生态水岸打造城市水岸风情区。

此外，《衡水市中心城区HD01控制单元控制性详细规划》确定了旧城区的整体功能定位，即市级文化中心、东部片区公共服务中心、老城改造综合区和旧城区的主导用地功能，也就是以居住、文化、公共服务功能为主，兼有教育、科研功能，不适合发展工业和仓储功能（图2-24）。

在这样的背景下，衡水市地方政府积极推行滏阳河东旧城区更新，同多家开发商洽谈投资改造问题，同时组织规划设计单位编制旧城区更新规划。

2. 面临问题及其代表性

（1）滏阳河东旧城区更新面临的主要问题（图2-25）

第一，旧城区面积达到3.6km²，需要拆建数量巨大，同时由于范围较广，区域内不同地块具体条件不尽相同，所面临的更新任务也会不同，更新需求和更新过程中面临的问题多样化，情况极其复杂（图2-26）。

第二，旧城区现状发展明显落后于衡水城市整体发展水平，绝大部分区域内基础设施条件落后，更新任务极其艰巨。

第三，区域内产权关系复杂，国有土地、集体土地混杂，"城中村"、传统居住区、企事业单位用地并存，用地边界曲折多变，建筑年代多样，新建小区与危房棚户并存（图2-27）。

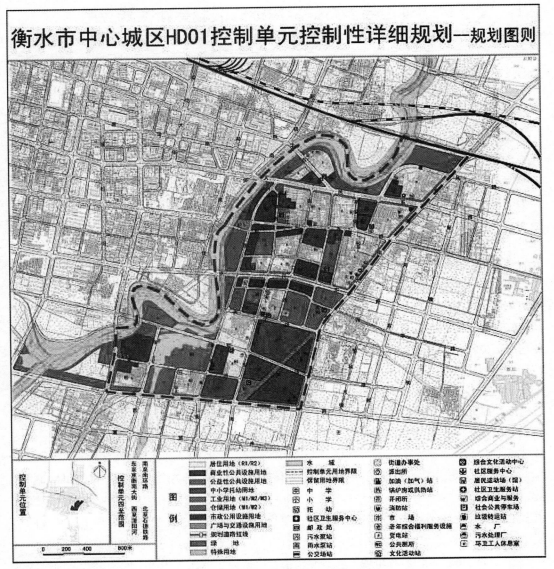

图 2-24 衡水旧城区控制性详细规划指引

（资料来源：根据《衡水市中心城区控制性详细规划》整理）

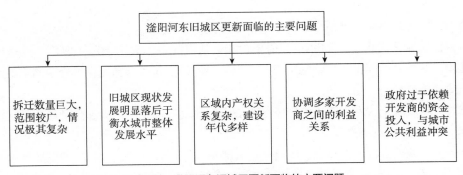

图 2-25 滏阳河东旧城区更新面临的主要问题

图 2-26　衡水旧城区更新范围示意

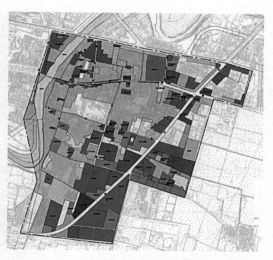

图 2-27　衡水旧城区土地利用现状

第四，衡水旧城区更新不是一家开发商之力能够解决的，如何在更新过程中协调多家开发商之间的利益关系将是重要问题。

第五，衡水市城市政府财力有限，更新过于依赖开发商的资金投入，由于开发商首要关注的是自身投资与收益回报，如何既能照顾到开发商参与旧城区更新的积极性，又能够约束和限制开发商在谋取经济利益的同时损害城市公共利益，将是不可回避的问题。

（2）衡水旧城区更新问题的代表性

我国当前正处于快速城市化发展阶段，城市人口迅速增加，产业更新换代频仍，旧城区城市功能结构已不能满足时代发展需求，而在城市快速发展的过程中，城市空间发展方向倾向于产权关系清晰简单、没有历史问题束缚的城市新区，旧城区的发展被搁置一边，成为历届地方政府不愿触及的难题。随着时间的推移，旧城区与城市新区的发展差距逐渐拉大，新旧城区二元结构形成，作为城市发源地和精神归宿的旧城区已成为城市发展的包袱和绊脚石。这种现象在我国城市中普遍存在，衡水市旧城区的发展现状便是一个典型案例。

为消除新旧城区二元结构，实现城市的可持续发展，在城市政府、社区民众多方共同愿望下，旧城区更新被提上日程。但在更新过程中，由于政府财力不足，而更新建设所需资金缺口极大，不得不依赖于开发商，为照顾开发商的积极性，政府只能一再退让，应开发商的要求修改规划指标、改变用地功能。开发商为追求短期高回报，置城市文脉发展、整体空间结构和公共利益于不顾，致力于大规模、高强度和功能空间较为单一的住宅开发，成为旧城空间发展的灾难，其回报模式是粗放的、以量取胜且不可持续的。此类问题在我国城市中也较为普遍，尤其存在于政府财力较弱的中小城市中，衡水市旧城区就是其中的代表。只有从规划设计、实施策略等多方面入手，进行制度创新，改变粗放式市场主导的旧城更新模式，才能真正实现旧城空间的可持续发展。

2.5.2 衡水市旧城区更新目标与总体策略

1．维护公共利益与实现多方共赢目标

衡水市旧城区要实现可持续发展，必须以维护公共利益和实现多方共赢为目标。只有维护公共利益，才能使衡水人民在旧城更新中真正受益，才能让衡水城市长远发展目标得以实现；只有实现多方共赢，才能调动各方参与更新的积极性，保证更新建设顺利进行。

如本书第3章所述，实现多方共赢目标的契机是土地的经济外部性，开发商的先期开发活动能够促进其后期待开发土地增值，并能够带来持续回报，那么开发商放弃粗放的以量取胜的短期高回报开发模式将成为可能。利用土地经济外部性的关键在于通过规划设计，安排好建设时序，最大限度地挖掘先期开发项目的带动促进作用，同时需要制定相应的实施保障策略，对涉及公共利益的产品开发采取捆绑和强制性措施，对公共产品开发有适当的容积率奖励和税收政策优惠等，一软一硬，双管齐下，从而保证方案的实施效果和多方共赢目标的实现。

2．引入更新触媒的可持续更新策略

实现多方共赢目标的途径是可持续更新策略。可持续更新策略包括空间方案设计和实施保障策略，更新触媒系统的设计和实施是其中的核心内容。根据衡水市旧城区不同地块的具体资源禀赋，激活有可能成为触媒的空间，然后为每个地块选择合适类型的更新触媒，然后通过通道空间将其连成一个空间系统。最后对该触媒空间系统进行具体的功能结构和空间形态设计，为更新建设提供指引和约束。

与更新触媒理论相结合的实施方略部分也是可持续更新策略的重要内容。通过制定衡水市旧城区土地储备和供应计划、对旧城区土地进行单元划分作为更新建设活动的基本单位、制定一系列产业发展优惠政策和搭建多方共建平台，使得触媒理论引导下的衡水旧城区更新方案得以顺利实施。

3．城市整体空间结构与区域视角

衡水市旧城区的发展不是孤立的单一建设项目，它是衡水城市整体空间发展进程的一个有机组成部分。只有将旧城区更新纳入衡水整体空间结构中来，才能将旧城区与城市整体发展融为一体，才能避免重复建设，从而为旧城区发展提供便利，实现更新的高效率和高质量。

服从城市整体空间结构和采取区域视角，就要求在衡水市旧城区更新中，无论是更新触媒选择，还是触媒空间系统设计，无论是土地储备出让策略，还是产业先导策略，都要充分考虑衡水城市空间发展需要。根据上位规划，衡水市旧城区是衡水整体空间结构即"一心两轴六片区"中的河东片区的重要组成部分，它位于衡水市七大风貌分区的东部，主要涉及两个风貌分区，如表2-3所示。同时，还确定永兴东路、人民东路为城市主要空间发展轴线，南环路、京衡大街为次要轴线，滏阳河两岸为水系景观廊道，旧城区内需增加人民桥滏阳河文化广场和安济桥古迹风貌广场，在人民路和京衡大街交叉口形成衡水城区东门户节点。这些在旧城更新方案中都需要有相应体现。

衡水旧城区风貌分区

表2-3

项目	滏阳河滨河风貌区	河东传统风貌区
风貌定位	积极的城市滨水景观区和充满活力的城市公共活动空间	城市历史和文化的集中展示，展示好传承地方传统
建筑风格	亲切明快，尺度宜人	借鉴中国传统建筑形式
规划建议	保持景观视廊的通透性，滨水空间的营造充分考虑滏阳河的尺度特征，多样的驳岸形式设计	高密度、小尺度的城市空间格局，商业与文化建筑可以采用仿古建筑风格

资料来源：根据《衡水市总体城市设计》整理。

2.5.3　衡水市旧城区更新触媒选择

1. 衡水市旧城区禀赋资源分析

经过调查研究，可以将衡水市旧城区的禀赋资源总结为以下六个方面。

①区位优势——城市起源、东部门户。衡水市旧城区既是衡水城市的发源地，又是衡水市的东大门，它不仅紧邻城市行政办公、商业服务中心和重要交通设施，而且与衡水市域内其他资源联系紧密，如衡水湖自然保护区、衡水湖度假区、滏阳河等，是城市各种物流、人流、信息流从城市东边和外界联系的重要门户。

②交通条件——内外联系便捷。在对外交通方面，衡水市旧城区与途经衡水市的大广高速公路、衡德高速公路、116国道均有便捷的联系，是由这些对外联系干道进入衡水城区的必经之地，交通优势明显；在内部道路交通方面，道路普遍狭窄曲折，等级不明，不成系统，只有京衡大街、南环路较为完善，与外围交通系统形成了鲜明对比，需要根据旧城内外发展需求，加快交通设施建设，与外围道路交通系统良好衔接。

③生态基质——水脉环绕、绿楔穿插。衡水的母亲河——滏阳河从旧城区西部蜿蜒流过，水面宽80m以上，河两岸形态较为自然，尚未形成大规模开发，有较强的可塑性。由于滏阳河紧邻城市新区，沿滏阳河打造休闲文化商圈，不仅可以服务于旧城区，还可以方便地辐射到整个衡水城区。沿滏阳河两岸空间是衡水市宝贵的公共开放空间资源，应通过精心设计打造成为城市居民所共同享有的城市"客厅"。另外，在旧城区范围内，零散分布有很多绿地和开放空间，需要通过设计提升这些绿地的品质，扩大开放空间规模，并将其连成一个空间系统。

④文史底蕴——历史文化资源富集。建于清朝乾隆年间（1766年）并由乾隆皇帝亲自命名的安济桥横跨滏阳河两岸，此地古时处于水陆交通要冲，是衡水通往京师的必由之路（图2-28），明代便开始筑桥，由于洪水冲击毁坏多次，屡屡重新修筑，直到清朝乾隆时筑成此桥，至今保存较为完整，古桥桥面平整，护栏上的石狮栩栩如生，它不仅述说着衡水的历史，还具有交通运输、艺术欣赏等现实功能，围绕安济桥设计功能组合、营造特色空间将大有可为。旧城区内还有国内极负盛名的中国十大著名中学之一——衡水中学，成为旧城发展的又一文化品牌。此外，旧城区周边的衡水老白干酒厂也是远近闻名，酒文化也是旧城区重要的文化资源。

⑤产业基础——商业繁荣、市场活跃。在衡水市旧城区西北靠近滏阳河畔，有初具规模

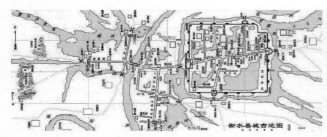

图 2-28 滏阳河、衡水古城和安济桥历史渊源

（资料来源：田健. 多方共赢目标下的旧城区可持续更新策略研究[D]. 天津大学，2012.）

的散货批发市场，在安济桥向东的延长线上（即胜利路）有连续的沿街商业。在旧城区东南部京衡大街与南环路交叉口处，有规模较大的橡胶交易市场，此外还有汽车贸易中心等。旧城区的商业基础为更新建设带来良好的契机，更新设计中应充分考虑挖掘现有商业的潜力，同时对不适宜新时期发展的产业功能进行置换。

⑥政策支撑——政府主导、多方参与。衡水市政府对旧城区更新给予高度支持和热切关注。政府一方面积极招商引资，同多家实力雄厚的开发商就更新中的资金投入、开发进程等问题进行多轮洽谈，另一方面组织规划编制单位编制旧城区更新规划，并积极协调各方意见，力求达成共识。这就为创新旧城更新设计理论和实施保障制度、实践可持续更新策略提供了良好的平台，为实现旧城更新中多方共赢的目标创造了有利条件。

禀赋资源调查研究有利于为衡水市旧城区选择合适的更新触媒并进行触媒空间系统设计。通过以上禀赋资源总结，为后续更新工作的展开奠定了基础（图2-29、图2-30）。

2．更新触媒空间落位

根据旧城区可持续更新策略和衡水市旧城区具体禀赋资源条件，确立如下更新触媒。

①城市级更新触媒：主要包括沿滏阳河两岸文化休闲商业区、旧城区综合商务中心和南环路综合贸易市场。

通过挖掘滏阳河两岸空间这一稀缺的公共空间资源和安济桥文化资源，并充分利用现有的滏阳河两岸和安济桥延长线的商业基础，建设沿滏阳河两岸文化休闲商业区，从而使之成

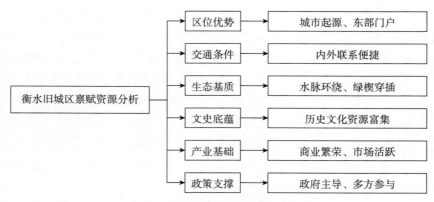

图 2-29 衡水市旧城区禀赋资源分析

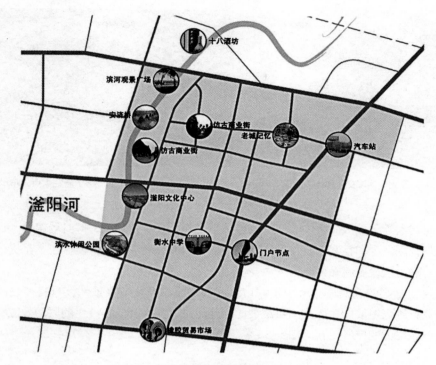

图 2-30　衡水市旧城区禀赋资源调研

为带动旧城区西部发展的更新触媒。滏阳河两岸文化休闲商业区是一个综合区域，从北到南包含了人民桥滏阳河文化广场、安济桥文化休闲商业街区、滏阳河东文化休闲商业街、衡水文化会展中心等若干节点，此外还有滏阳河滨水公园等开敞空间（图2-31）。通过这些更新触媒空间的打造，使滏阳河两岸成为服务于衡水城市的文化休闲中心，并可以作为城市对外交流的名片。

永兴路是衡水城市空间发展主轴线，永兴东路和南门口街相交处位于旧城区的几何中心，交通条件便利，在这里建设服务于整个滏阳河东区域的综合商务中心，不仅具有广阔腹地，而且有利于和衡水城市主中心形成互动发展的局面，该综合商务中心将成为旧城区具有时代风貌和崭新活力的城市地标，是带动旧城区中部发展的城市级更新触媒。

在京衡大街和南环路相交处，充分利用现有商贸设施基础，并将原有的与城市功能不密切的橡胶交易市场改为综合商品贸易市场，通过改善交通条件和环境品质，使之成为带动旧城区南部发展的重要触媒（图2-32）。

②社区级更新触媒：主要包括沿京衡大街、滏东街、胜利东路和英才路的若干商业、文化和市场节点。

京衡大街是衡水城市整体空间发展轴线之一，具备便利的交通条件，因此在京衡大街与人民路、胜利东路、永兴东路和英才路交叉口处分别建设商业和文化节点，成为带动节点周边社区及京衡大街空间发展轴复兴的更新触媒。这些更新触媒规模不大，一般为社区级购物商场、文化体育场馆、小型商务办公和酒店公寓等。

滏东街、胜利东路和英才路属于生活性次干道，是联系旧城区各社区的重要道路，沿着

图 2-31 滏阳河两岸文化休闲商业区

图 2-32 衡水市旧城区更新触媒点分布示意

这几条道路建设若干社区服务中心，主要包括零售商业、餐饮娱乐、健身场馆等，这些公共服务设施与社区结合非常紧密，使用频率较高，在旧城更新中具有重要作用，是提升周边社区空间活力的社区级更新触媒。

以上更新触媒的选择充分考虑了城市发展的需要和地块自身条件，具有很强的现实意义。两级更新触媒组成的触媒空间系统彼此相互促进、互为补充，产生的联动效应将很大程度上激发旧城空间的持续更新（图2-33）。

3．通道空间落位

根据可持续更新策略，通道空间是组成触媒空间系统的重要元素。更新触媒联系通道的空间落位，应做到紧密连接各更新触媒点，使各触媒点形成互动发展，并将各触媒点的影响扩散到旧城区各地块。对于衡水市旧城区而言，更新触媒通道空间分为三种，依次是联系城市级更新触媒的通道空间、联系城市次级轴线更新触媒的通道空间和联系社区服务中心的通道空间。

①联系城市级更新触媒的通道空间：衡水市旧城区城市级更新触媒包括滏阳河文化休闲商业街区、旧城区综合商务中心和南环路综合贸易市场，能将这三者联系在一起的东西向通道空间是人民东路、永兴东路和南环路，南北向通道空间是滏阳河、南门口街和京衡大街（图2-34）。

图 2-33 衡水市旧城区更新触媒对后续建设的影响

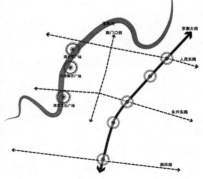

图 2-34 联系城市级更新触媒的通道空间

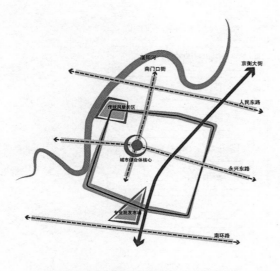

图 2-35　联系城市次级轴线的通道空间

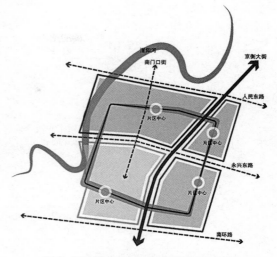

图 2-36　联系社区服务中心的通道空间

②联系城市次级轴线更新触媒的通道空间：分布在衡水市城市次级空间发展轴线上的若干更新触媒点，如人民桥滏阳河文化广场、滏阳河东文化休闲商业街、衡水文化会展中心和京衡大街各路口的社区级更新触媒，需要由京衡大街和滏阳河开放空间带串联起来（图2-35）。

③联系社区服务中心的通道空间：散落于旧城区各社区的服务中心，一般远离城市主干道，与各主要更新触媒也有一段距离，需要通过城市次干道、支路和一些带状开放空间将它们联系起来，同时与其他触媒点和通道空间结合成整体，如滏东街、英才路、胜利东路等（图2-36）。

通过以上三种情景分析，基本可以确定旧城区所有通道空间具体位置，它们同各级更新触媒一起组成了更新触媒空间系统（图2-37、图2-38）。更新触媒空间系统的落位，为进一步的空间设计奠定了基础。

2.5.4　衡水市旧城区更新触媒空间系统设计

衡水市旧城区触媒空间系统的设计包括以滏阳河两岸文化休闲商业区、旧城区综合商务中心为代表的更新触媒点和以京衡大街为代表的通道空间设计。此外，对触媒空间系统作用下的社区空间进行设计，为开发商具体开发活动做出指引。

1. 更新触媒点空间设计

（1）滏阳河两岸文化休闲商业区

滏阳河两岸文化休闲商业区分为几部分：人民桥滏阳河文化广场、安济桥文化休闲商业

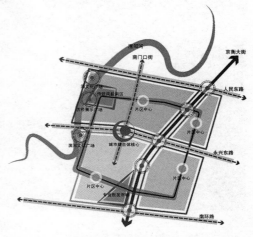

图 2-37　衡水市旧城区更新触媒通道空间的落位

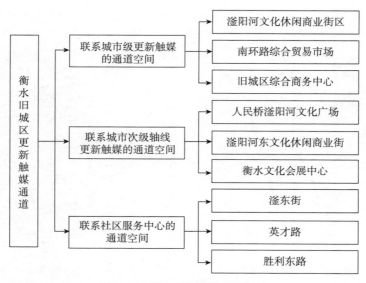

图 2-38　衡水旧城区更新触媒通道

街区、滏东滨河文化休闲商业街、衡水文化会展中心和滏阳河滨水公园。

　　人民桥滏阳河文化广场位于人民路穿过滏阳河的人民桥以南、安济桥以北，是沿滏阳河西岸一直向南延伸的带状空间，其空间分布依次是商业建筑、带状广场、滨水湿地（或护坡）和水域。其中，靠近北部人民桥的地方形成商业规模集聚，成为功能和景观的中心，该中心靠近水面的部分形成一个圆形主题广场，为衡水酒文化展示空间，滨水处有游船码头和灯塔。该更新触媒的商业建筑为多层，为营造尺度宜人的滨水商业休闲氛围，开发强度有所控制，业态选择主要为零售商业、餐饮和娱乐（图2-39）。

　　安济桥文化休闲商业街区主要包括三个街块、两个入口广场和安济桥滨水休闲广场，街

图 2-39　人民桥滏阳河文化广场空间示意

（资料来源：根据衡水市滏东老城区改造效果图整理）

区采用低强度开发、仿古式建筑布局等手法，力求打造尺度宜人、古色古香的文化休闲空间。该商业区的业态选择主要为衡水特色文化展示、小型零售商业、休闲娱乐和餐饮等，在突出衡水当地文化特色的同时加强功能复合利用，成为吸引市民和外地游客的旅游品牌。该更新触媒对传承衡水历史文化脉络、塑造滏东旧城空间品牌具有重要意义，是彰显衡水旧城特色的地理坐标和市民的精神归宿，为周边地块商业和住宅开发带来极大的促进作用（图2-40）。

滏东滨河文化休闲商业街位于安济桥以南、永兴路以北的滏阳河东岸，是一条滨水休闲商业街，街的东侧是2~3层的仿古商业建筑，以餐饮娱乐、文化展销等功能为主，街的西侧是滨水带状广场，广场较宽阔且紧邻滏阳河，视野开阔，景色优美，上面布置有很多凉亭、茶座，并有绿地、树木穿插其中，既是商业空间，又是交往和休憩空间（图2-41）。该区域住宅建设与商业开发相结合，靠近河岸的优质空间为开放空间和商业空间，地块内开发

图2-40 安济桥文化休闲商业街区空间示意
（资料来源：根据衡水市滏东老城区改造效果图整理）

图2-41 滏东滨河文化休闲商业街空间示意
（资料来源：根据衡水市滏东老城区改造效果图整理）

图2-42　衡水文化会展中心空间示意
（资料来源：根据衡水市滏东老城区改造效果图整理）

一定数量住宅，一方面平衡土地收益，另一方面增强土地使用混合度和空间活力。

衡水文化会展中心位于永兴路以南、滏阳河东岸，坐落在由永兴路、滏东街和滏阳河围合成的相对独立的三角形地块上，由衡水文化展览馆和一组附属建筑组成（图2-42）。展览馆造型奇特、暗含衡水文化寓意，是滏阳河沿岸景观的一大亮点和旧城区西南部的标志性建筑，建筑面向滏阳河的一面十分通透，置身展览馆中，滏阳河及周边景色尽收眼底。该更新触媒对滏东街以东地块的更新建设具有较强的带动作用。

滏阳河滨水公园位于安济桥以南、滏阳河以西，沿滏阳河西岸呈带状分布，南北长600多米，内置小型文化广场、游憩步道等，是旧城区规模较大的开放空间节点，可以通过步行桥与河东岸的滏阳河东文化休闲商业街相连，也可以向北跨过安济桥进入安济桥文化休闲商业街区。

滏阳河两岸文化休闲商业区以其规模之大、环境品质之高、空间层次之丰富、文化品牌效应之强，成为带动旧城区西部发展的首要触媒，也是衡水的城市"会客厅"和对外交流的窗口。

（2）旧城区综合商务中心

旧城区综合商务中心位于永兴路和南门口街交叉口处，由三个地块的城市综合体构成，其中东北地块的双塔综合体是核心，作为整个旧城区的空间制高点，以商务办公、酒店公寓、大型金融贸易等为主；东南地块综合体规模较小，通过连廊与东北核心综合体连成整体，以零售商业、餐饮娱乐、酒店公寓等功能为主；西南地块综合体相对独立，是旧城区最大的购物中心。

作为滏阳河东商务办公中心和旧城区城市地标，该更新触媒采用高强度开发和土地混合使用模式，大型城市综合体由一组建筑群围合而成，建筑裙房连成一体，开放空间伸入城市综合体内部，形成丰富多变的流动空间，裙房内一般布置大型零售商业、都市影院、餐饮娱乐等。裙房之上有若干塔楼，有些通过连廊相通，形成横跨在永兴东路上的一座大门。塔楼一般以酒店式公寓和商务办公为主。该商务中心将对整个旧城的更新开发产生较强的辐射力和带动作用，并通过永兴东路这条城市主干道，与衡水城市中心区形成互动发展的局面（图

图 2-43 旧城区综合商务中心联动发展效应

图 2-44 旧城区综合商务中心空间示意
（资料来源：根据"衡水市滏东老城区改造"效果图整理）

2-43、图2-44）。

（3）南环路综合贸易市场

南环路综合贸易市场位于旧城区东南部、南环路和京衡大街交叉口处，是进入衡水的门户，已有较好的商业基础。规划将与城市功能不密切的橡胶交易市场置换为家具等综合贸易市场，将橡胶贸易市场外迁，并在沿南环路和京衡大街这两条主干道布置和市场贸易相关的若干商务办公塔楼，同时可以作为城市入口的标识景观。内部为多层大体量商贸建筑，多采用围合式组团布局，组团内部有开放空间，组团内外设计有合理的内部交通流线。

（4）社区级更新触媒空间设计

社区级更新触媒根据其所处区位、服务范围不同，空间形态也各有差别，一般分为两类：一类是沿城市空间发展轴线的触媒，由于交通条件便利，辐射范围较广，故开发强度稍高，会有一些商务办公、酒店公寓、大型购物等功能，沿京衡大街分布的几个更新触媒是其中典型；另外一类是深入社区中的社区级服务中心，一般开发强度较低，为零售商业、餐饮、健身会所等。社区级更新触媒要注重和开放空间结合设计，并与周边社区居民生活相贴近（图2-45）。

2．通道空间设计

衡水市旧城区更新触媒间的联系通道大致可以分为两种：一种是沿主干道，如京衡大街、永兴东路、人民路等，需要布置适量的公共服务设施和连贯的开放空间，其功能选择主要是承接和补充邻近的更新触媒，如人民路通道空间靠近滏阳河区段，为配合其附近的商务办公和市场节点，主要设置办公、酒店公寓和零售商业，开发强度较其他区段稍高；另一种是深入社区主要联系社区服务中心的，

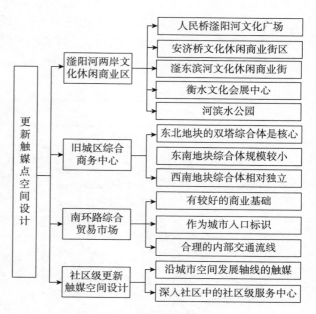

图 2-45 更新触媒点空间设计

图2-46 衡水市旧城区通道空间设计　　　　图2-47 衡水市旧城区更新设计总平面

一般沿次干道、支路和线性开放空间，这类通道空间作为更新触媒和社区联系的纽带，与社区空间设计结合非常紧密，常常以居住建筑底商的形式存在，规模比较小，功能构成主要是为社区服务的零售商业、餐饮等（图2-46、图2-47）。

3．社区空间设计

旧城区社区空间更新发展，必然最先在发育良好的更新触媒周边展开，所以社区空间设计应与触媒空间系统设计紧密结合（图2-48）。在衡水市旧城区的社区空间设计中，主要做到三点：一是功能的复合使用，在每个社区内部同时存在居住、商业、学校等多种功能，社区内部会比较静谧，社区空间边缘则十分活跃，集中了商业、餐饮和广场绿地等各类公共活动空间；二是空间的多样性，表现为住宅高、中、低层穿插，多种户型和立面形式搭配，院落围合形式多样，开放空间的围合度和空间形状各异；三是空间的秩序性，例如紧邻滏阳河社区空间设计，建筑高度随着与河岸距离的增加而依次升高，先是滨河开放空间、休闲商业

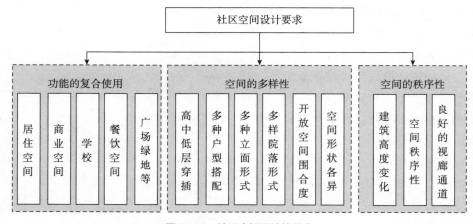

图2-48 社区空间设计的要求

建筑（2~3层），然后是多层住宅，最后是中高层住宅，在保证空间秩序性的同时，也确保了通向滏阳河的良好视廊。

2.5.5　衡水市旧城区更新实施保障策略

1. 基于更新单元制度的设计导则

　　更新单元是衡水旧城区更新建设的基本操作单位，更新单元制度是多方共赢目标下的旧城更新方案顺利实施的有力保障。根据衡水旧城区原有社群网络关系、不同土地开发主体开发范围、旧城更新空间设计方案和道路、河流等天然边界，将衡水市旧城区划分为17个更新单元和41个具体待更新地块（图2-49）。通过单元划分把公共空间的开发任务分解到各单元中，不同单元、不同地块开发主体不同，不同开发商的利益协调在各单元间进行。例如，13和14地块分属不同开发商，13地块面积较小，而其中医院所占比重较大，一方面对该地块进行适当的住宅容积率奖励，另一方面同相

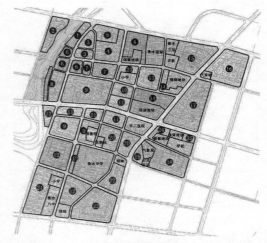

图2-49　衡水市旧城区更新单元及地块划分示意

邻的14地块相协调，由两家开发商共同投资建设。由公共产品开发带来的两个更新单元内房地产升值收益，也由这两家开发商共同享有。

　　在划分单元的基础上，针对每个单元编制城市设计引导图则（以下简称"导则"），导则分为三个部分：开发建设控制图则、空间发展框架图则、环境塑造引导图则。

　　开发建设控制图则包括地块控制指标和人居环境指标。地块控制指标主要针对单元内不同地块的用地性质、开发强度、建筑高度和绿地等方面进行控制；人居环境指标是专为旧城区在改造过程中实现城市健康发展和人居环境整体提升而研究制定的，它包括3大类、8小类规划目标，以及在目标基础上细分形成的21项分类指标，为每个地块各种设施布局、资源利用提供指引（图2-50）。

　　其中，每个地块的容积率指标是以基准地价为基础，综合考虑拆迁成本和建设成本，计算出一个合理的容积率指标，以此作为约束开发商开发强度和实行容积率奖励的依据，增强了方案的可操作性（图2-51、图2-52）。

　　空间发展框架图则主要是针对每个单元的城市风貌、建筑节点、景观轴线、步行系统、道路断面和街道界面做出较为详细的指引，其中有些是强制性内容，用来确保设计意图顺利实现。以01更新单元为例，对安济桥附近建筑进行15m限高，滨河和仿古街区建筑24m限高，规定了高层和地标建筑的位置，明确了安济桥文化广场、人民桥滏阳河文化休闲广场等六个广场的具体位置，设定了步行系统流线和视线通廊的位置，将每个地块临街界面按照一类（连续）界面、二类（通透）界面、三类（特色）界面进行划分，以上这些为该单元开发主体的建设活动提供了有力约束和鲜明指引（图2-53）。

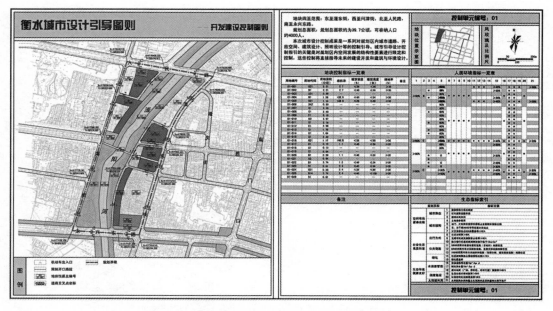

图 2-50 衡水市旧城区 01 更新单元开发建设控制图则

图 2-51 衡水市旧城区现状容积率示意

图 2-52 衡水市旧城区规划容积率示意

环境塑造引导图则给出了单元空间设计具体意象，包括雕塑设计引导、夜景照明设计引导、建筑设计引导和开放空间设计引导。以01更新单元为例，针对安济桥历史风貌街区，导则指出建筑色彩须保持该区域的原真性，主体色调为黑白灰，建筑材料为砖木，屋顶形式为坡屋顶，并给出了具体的建筑设计空间示意（图2-54）。

衡水市旧城区更新单元的划定和设计指引图则的编制，为可持续更新策略下的更新方案的实施创造了有利条件，它将旧城区规模巨大的公共产品开发任务分解到具体的单元中，与住宅开发绑定在一起，既明确了开发主体的责任，又有利于在具体范围内进行容积率奖励和建设管理（图2-55）。

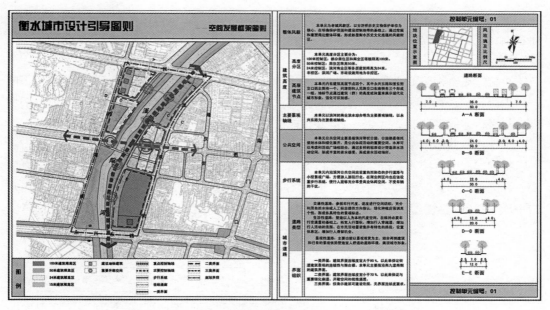

图 2-53　衡水市旧城区 01 更新单元空间发展框架图则

图 2-54　衡水市旧城区 01 更新单元环境塑造引导图则

2. 其他实施保障策略

（1）土地储备出让策略

土地整理是旧城更新的首要步骤，政府通过回收产权、归为国有，进行必要的基础设施建设，将土地储备起来使之保值、增值，同时根据更新建设需要制定土地供应计划，按照一定开发时序将土地分批投放于市场，从而确保更新建设按照合理的时序进行，有效防止开发商采用粗放的短期高回报开发模式，使旧城更新走可持续道路。针对衡水市旧城区，土地供应计划主要首先考虑滏阳河两岸、永兴东路、京衡大街沿线土地出让开发，这些是关系到衡水市旧城区更新进程的重要触媒空间。

（2）触媒与产业先导策略

可持续更新策略下的衡水市旧城空间设计方案是根据现有条件，在更新触媒的作用下的一种理想状态，其实现的基础是分期实施、触媒和产业先导，只有触媒空间发育良好、旧城产业复兴，才能带动更新建设向着既定目标前进。

（3）多方共建策略

根据旧城区可持续更新策略的实施方略，多方共建意味着参与更新的各方（政府、开发商、社区）发挥各自角色共同建设，以及不同开发商共同参与公共产品开发两个方面。衡水市旧城区更新任务巨大，参与更新的开发商有好多家，平衡开发商之间的利益分配非常重

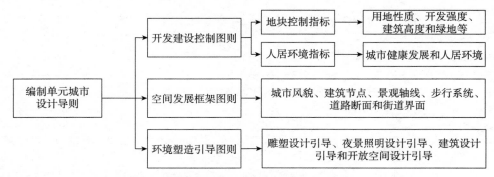

图 2-55　衡水市旧城区更新编制单元城市设计导则

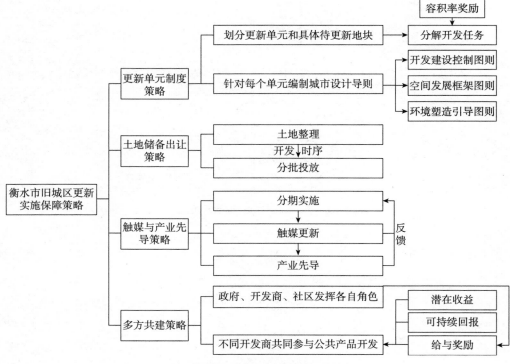

图 2-56　衡水市旧城区更新实施保障策略

要，尤其是在首先保证公共产品开发的前提下，不仅要让开发商看到公共产品开发所带来的潜在收益和可持续回报的可能，更要给予开发商必要的奖励，而针对一些任务较重的公共产品开发，由几家相关的开发商共同出资将是有效途径（图2-56）。

2.6　小结

2.6.1　旧城更新应走向多方共赢

当前我国旧城更新中存在的主要问题是，在土地开发向市场化转轨以后，开发商成为主导旧城更新的力量，开发商对短期利益的追逐导致市场化的旧城更新过于粗放，开发品种单一、公共设施和开放空间严重不足、城市空间缺乏秩序、文脉遭到破坏等问题集中出现，公共利益严重受损，旧城空间的发展难以稳定持续。

土地开发的市场化进程不可阻挡，通过市场渠道才能获取旧城更新所需的大量资金，开发商通过更新开发获取经济利益也无可厚非，因此旧城更新转型的方向是实现多方共赢的目标，即在保证社区、市民公共利益的基础上，满足开发商合理的获利需求，同时实现城市政府对旧城空间的长远发展目标。

实现多方共赢目标的契机，是恰当的利用土地的经济外部性；实现多方共赢目标的途径，是可持续更新策略。利用土地的经济外部性，通过合理规划的先期开发的地块对周边地块的后续建设有积极的促进作用，有效提升这些地块房地产的价值，因此进行合理规划，即可持续更新策略的制定，是关系到旧城更新模式转型成功的关键。

2.6.2　在可持续更新设计思路中引入更新触媒

可持续更新策略分为两个部分：空间设计和实施方略。可持续更新策略下的空间设计更注重空间目标实现的过程，注重更新的步骤和方法，是一种灵活的、富有弹性和适应性的阶段性更新规划方案。引入更新触媒理论是更新设计方案走向过程性的有效途径。合理的公共产品种类的选择、位置的确定和空间设计，将会对旧城区后续更新建设活动产生较强的促进作用。

我国当前旧城区更新常面临着更新范围广、任务巨大的难题，创新发展城市触媒理论、组建触媒空间系统可以有效解决这一难题。在对更新触媒进行分类和分级的基础上，通过对旧城区禀赋资源的充分调查研究，针对具体地块选择不同类型和级别的更新触媒以及可以将这些更新触媒联系在一起的通道空间，共同组成可以联动发展、产生更强激发效应的触媒空间系统。通过对该系统进行具体空间设计和在该系统影响下的社区空间设计，可以完成可持续更新策略下的空间方案设计。

2.6.3 多样化的可持续更新实施方略

可持续更新策略下的实施方略是保证空间设计方案顺利实施的重要内容，它包括旧城区土地储备出让策略、触媒与产业先导策略、更新单元制度策略和多方共建策略四个部分。

土地储备出让策略的核心是根据空间设计方案制定土地供应计划，将政府储备的旧城土地按照建设发展目标有计划地分批投放于市场，这是避免粗放的、不可持续的一次性投资和收益模式的有效途径；触媒与产业先导策略是鼓励借助旧城发展的内生动力，以产业复兴带动旧城空间自发生长，其中触媒产业类型的选择和产业发展相关优惠政策的制定是关键；更新单元制度策略包括单元划分、容积率奖励和合理容积率计算等内容，更新单元是旧城更新活动开展的基本操作单位，单元划分有效地将公共产品和住宅开发——对应、捆绑式开发，容积率奖励则可以有效解决更新过程中的利益平衡问题，更新单元导则提出的强制性要求提高了开发主体的准入门槛，有效引导更新方案的顺利实施；多方共建策略鼓励公众参与和多种融资渠道，其中难度较大的公共产品开发由相关若干家开发商共同建设，在保证公共利益的同时，力求做到各方利益的平衡。

2.6.4 实践的理论发展与研究展望

旧城更新是一个理论性与实践性并重的研究课题。多方共赢目标下的旧城区可持续更新策略，不仅仅需要理论上的创新，更需要在实践中得到检验和进一步的发展。2011年10月开始的衡水市旧城区更新项目，为可持续更新策略的应用提供了良好的平台。

衡水市旧城区的现状和更新中面临的问题在我国具有较强的代表性，快速城市化进程带来了城市新旧城区二元结构，旧城区更新范围广、任务重，粗放型市场主导的更新有可能带来对城市公共利益的损害，以上这些都是我国旧城更新中普遍亟待解决的问题。在衡水旧城更新过程中，通过引入更新触媒，在整个旧城范围内设计和建设触媒空间系统，以此为契机带动整个旧城空间的更新，使得建设任务主次分明、重点突出、时序清晰，而以更新单元制度为代表的一系列可持续更新保障策略的应用，使得空间设计方案得以顺利实施。

多方共赢是今后我国旧城更新发展的重要目标，更新触媒理论的引入，作为更新规划设计的一种新角度，为制定可持续的更新方案提供了方向，为解决旧城更新中多方利益冲突的问题提供了契机。通过更新触媒的选择、触媒空间系统的建立及其具体形态设计，确保了旧城空间更新的有序性和旧城土地保值、增值，为市场运作指明了方向，同时通过土地储备出让制度、产业先导策略、更新单元制度和共建开发等可持续更新实施方略的制定，保证了方案的可操作性。由于兼顾了房地产商和城市、社区各方利益，所以顺利实现了旧城更新多方共赢的目标。衡水市旧城区更新设计实践印证了上述可持续更新策略的可行性，为转变旧城更新方式、实现旧城空间的可持续发展提供了新的思路。

第 3 章

基于现状评价和定量分析的旧城区可持续更新方法

3.1 旧城区量化分析与可持续更新

3.1.1 旧城区量化分析

量化分析是一种通过数据收集、整理对研究对象进行分析、模拟、论证的研究方法（图3-1）。量化分析法具有使用大量数据作为研究基础、结合模型和数学运算的特征。本部分所使用的量化分析法主要有：①原始数据直接比较法。②静态比较量化分析法。③动态比较量化分析法。④复杂性科学分析范式。⑤数学模型模拟法。

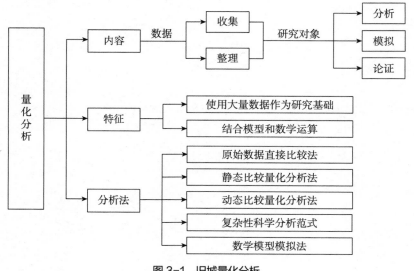

图3-1　旧城量化分析

3.1.2 旧城区可持续更新

对于住区的可持续更新的理解，英国大卫·路德林和尼古拉斯·福克认为，住区的可持续更新指的是维持邻里住区和更宽泛的城市体系并使其对环境影响最小化的更新方式[①]。而N,Kohler等在其文章《The Building Stock as a Research Object》中从生态性、经济性、社会性和文化性四个方面来探讨建成环境的可持续性发展（图3-2）[②]。不同的学者在解释可

[①] 大卫·路德林和尼古拉斯·福克在《营造21世纪的家园——可持续的城市邻里住宅区》一书中对"可持续"的定义。

[②] 杨崴. 可持续性建筑存量演进模型研究——以中国建筑存量为例 [D]. 天津：天津大学，2006.

持续更新时的侧重点不同，实际上，可持续更新需要从以下两个方面来理解。

从利益平衡的角度来说，可持续更新的核心内容是以人为本的更新，在更新资本投入最小化的同时，达到社会效益和生态效益的最大化，社会效益指的是实现人的物质文化需求，满足人与自然的和谐发展。

从长期发展的角度来说，可持续更新涉及人与自然的长远利益，应当从长期发展的角度来考虑更新方法（图3-3）。

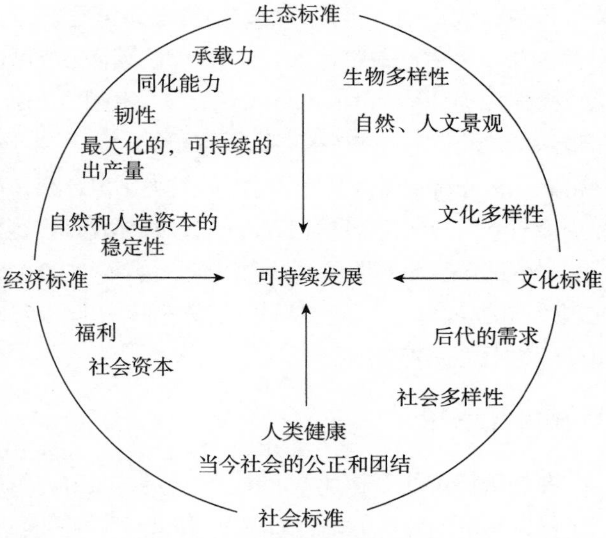

3.1.3　评价方式与量化研究的相关研究动态和研究意义

1. 国外相关研究

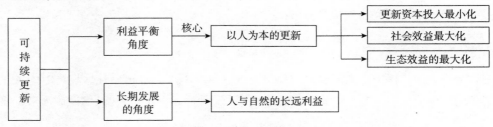

图 3-2　可持续性发展的四个维度

（图片来源：杨威.可持续性建筑存量演进模型研究——以中国建筑存量为例[D].天津：天津大学，2006.转引于Kohler N, Hassler U.The building stock as a research object[J]. Building Research and Information, 2002, 30(4): 226-236.）

从1985年德国建筑师格鲁夫提出绿色住区（green community）的概念到20世纪90年代生态住区的不断实践[①]，人居环境的评价方式也在不断发展。各国也逐渐建立起相应的生态住区评价标准，如美国的LEED、英国的建筑研究所环境评价方法（BREEAM）、日本的CASBEE建筑物综合环境性能评价体系[②]。早在20世纪50年代末，西方国家就开始了对生活环境质量的调查评价，通过数学统计加以量化分析；70年代，城市住区的评价由定性向定量分析转变，如美国学者普莱赛·怀特提出的建成环境使用后评价（post-occupancy evaluation, POE）。

图 3-3　旧城更新的可持续性发展

针对旧住区的特殊性，不少学者在研究旧住区的人居环境可持续更新时，对旧社区更新的经济性和可行性做了特别研究。英国学者James Douglas在著作《Building Adaptation》

---

① 20世纪20年代，巴洛斯和波尔克等提出的"人类生态学"旨在将生态学的思想运用在人类聚落生活之中，这也是"生态住宅区"这一概念的雏形。

② 宁艳杰. 城市生态住区基本理论构建及评价指标体系研究 [D]. 北京：北京林业大学，2006.

中提出建筑改造的可行性分析，他提出无论是新建还是改造的工作，可行性是任何建设项目需要初步考虑的关键因素，主要考虑以下三个可行性因素：①经济可行性（viability）；②可操作性（physical feasibility）；③实用性（functional feasibility）。其中，经济可行性是最终的决定因素①。在提倡物质资源最优化的当今社会，建设项目则需要达到资源最优化（value for money，VFM，是指质量优化组合和在满足使用者要求额前提下的最少的全生命周期成本②。为了达到资源最优化，研究发现资金的最大利润水平由建筑耐久性、最优质量和最低的全生命周期成本共同决定。因而，全生命周期理论和生命周期成本理论在评价旧住区改造的经济性方面起到了不可或缺的作用。评价方法和研究方法的多样化也使得住区的更新理论更为完善。

2. 国内相关研究

在住区评价体系构建方面，国内也做了相应的研究。北京林业大学宁艳杰（2006）建立了住区环境的评价体系，通过对国内外评价指标的对比分析，选择了若干影响指标，运用层次分析法计算出影响城市生态住区环境的指标权重。龙腾锐等在《居住区环境质量综合评价体系研究》中从环境要素、环境设施、环境管理等方面构建了评价系统，为文本研究思路提供了参考③。

在旧住区更新的研究方法论方面，采用全生命周期观点考虑旧住区的发展问题，从住区的全生命周期综合核算效益和成本，实现对旧住区可持续更新的量化分析。清华大学张智慧建立了建筑材料生命周期环境影响数据库，计算建筑从建成、运营到拆毁各阶段的二氧化碳排放量，使低碳建筑得以进行量化评价，同时建立生态低碳建筑的评价体系。陈健在其论文《可持续发展观下的建筑寿命研究》中，研究了"能源—生态—环境"动态平衡下的建筑寿命问题④，为研究旧住区系统中建筑系统的可持续更新提供了研究方法。天津大学杨崴建立了预测中国建筑存量演进模型⑤，根据数据分析得出的结果，为中国现存建筑的可持续发展提出建议，文章将建筑存量作为一个整体，研究其与生态环境、经济环境、社会环境、文化环境的相互作用与影响。天津大学董磊将杨崴的存量演进模型运用到天津市具体的研究地块，通过FRAGSIM和GIS进行情景分析和可视化分析探讨旧住区可持续发展的策略⑥。

3. 研究意义

在如今现存的住区中，大多数建于20世纪70～90年代，这些既有住区在当时的条件下缺乏完备的建设理论和技术，住区的人居环境和运营不能满足当今的可持续发展需求，随着

---

① James D. Building Adaptation [D], Heriot-Watt University, Edinburgh, UK, 2006.

② 生命周期成本（life cycle cost，LCC）：是指在产品经济有效使用期间所发生的与该产品有关的所有成本。

③ 龙腾锐，张智. 居住区环境质量综合评价体系研究 [J]. 重庆建筑大学学报，2002，24（6）：35-38.

④ 陈健. 可持续发展观下的建筑寿命研究 [D]. 天津：天津大学，2007.

⑤ 建筑存量指在某个范围内，按照某一时间点测度的建筑积累量，广义的建筑存量把基础设施也包括在内。

⑥ 由天津大学客座教授 Niklaus Kohler 基于 excel 设计研发用于情景模拟量化分析的模型。

旧住区更新改造阶段的到来，研究如何构建旧住区的评价体系、如何运用可持续发展的策略对建成住区进行更新已经成为当前城市旧住区发展的重要任务。

本章研究的主要目的是通过建立一套旧住区持续更新的评价体系，对天津市旧住区构成系统各因素进行评价，找出现阶段天津市旧住区存在的问题，根据问题所在提出适宜的可持续更新方法。

本章研究的意义主要在于以下几点。

①研究国内外旧住区改造标准和生态住区评价指标，综合考虑旧住区的特殊性，建立适用于评价旧住区的指标体系，为天津市中心城区的旧住区管理提供统一的评价标准，对城市旧住区更新管理与规划具有决策性意义。

②研究天津市旧住区的形成过程，分析旧住区存在的主要问题，对旧住区可持续更新具有借鉴意义。

③建立与完善天津市中心城区旧住宅基础信息数据库，量化分析旧住区建筑系统、绿地系统、公共服务系统，为进一步的研究提供数据支撑。

④以天津市中心城区典型旧住区为例，建立ArcGIS模型进行可视化的分析，建立动态发展模型，提出具体的旧住区改造策略，对旧住区更新的实际操作具有指导性作用。

3.2　旧城区可持续更新的指标体系

3.2.1　国内外旧城区改造标准与评价指标

欧洲是最早进行城市更新和建筑存量研究的地区，日本和美国紧随其后，欧洲的住区更新大致可以分为四个阶段：①1950～1960年的推土机时代；②1960～1970年的住区复兴时代；③1970～1990年的中心城市振兴时代；④1990年之后的旧住区可持续更新时代。

20世纪80年代源于荷兰的开放建筑理论（open building）首先提出了层级（levels）的概念，将住区分为三个层级，即住区环境（tissue level）、住宅单体（support level）和住宅内部（infill level），在此基础上研究各层级进行适应性更新的可能性，但该理论主要讨论的更新对象是建筑。总的来说，开放建筑理论是研究各层级建筑的更新方法来使其更加适应未来发展的变化（图3-4、图3-5）。

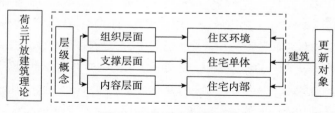

图3-4　荷兰开放建筑理论

此外，在荷兰有一套用于评价社会住宅环境可持续性的评价方法[①]，即DCBA法，该评价

① 周正楠. 荷兰社会住宅的可持续更新——以罗森达尔被动房住宅项目为例 [J]. 住宅科技，2009，29（12）：31-35

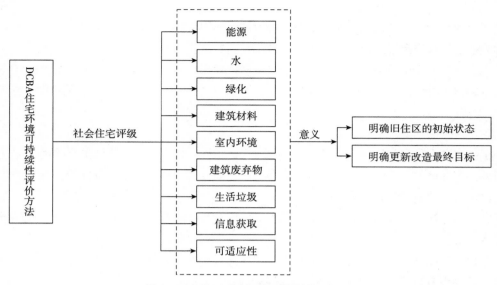

图 3-5　DCBA 住宅环境可持续性评价方法

方法从能源、水、绿化、建筑材料、室内环境、建筑废弃物、生活垃圾、信息获取、可适应性等方面为社会住宅评级，等级划分的意义在于设计者和投资者可以通过统一的等级划分来明确旧住区的初始状态和更新改造的最终目标。

同样，关于旧住区的现状分析也有不可忽视的作用，Laure Itard 等推动北欧展开住宅更新前后的评价工作，控制住宅更新全生命周期的造价，以及新技术的研发工作。他们认为，完善旧住区的统计数据对于住区的可持续更新具有十分重要的意义。从国外住区可持续更新的经验来看，将旧住区系统进行分级研究，建立住区评价体系以及掌握旧住区的现状数据是可持续更新的前提条件。

1. 英国旧住区改造标准与评价指标

英国的住区多采用街巷模式，也就是城市公共资源高度共享的开放住区模式，因而旧住区更新的主要问题集中在建筑更新上。1998年英国总的住房存量约为23万栋（根据社会调查部（Social Survey Ddivision，SSD）资料显示），三分之二的住宅建筑存量建于1965年以前，这些建筑亟待完成现代化改造以满足建筑各项基本标准[①]。

1997年，英国政府积压了资产约190亿英镑的当地自有住宅亟待改造提升，其中有210万栋住宅属于议会和社会注册业主，大约有三分之一的私有住宅在供暖方面不能满足基本标准。从表3-1可以看出，英国旧住宅的主要问题在于基础设施的不完善和大量居住建筑处于闲置状态。从当地编制的住房法规条例中可以看出，对旧住区的建筑最基本的指标要求在于居住功能空间的完备，以及建筑结构的稳定性和生活配套设施的完善（图3-6）。

上述更新指标使用的对象是旧住区中状况较差的建筑，对于满足基本居住条件的旧住宅，威廉·詹姆斯（1995）列出了12条建筑改造实施的设计标准，这些标准则是从建筑风格、绿地系统、停车设施、文脉继承等方面提出具体更新要求（图3-7）。

---

① James D. Building Adaptation.Heriot-Watt University，Edinburgh，UK，2006.

英国房地产的主要缺陷　　　　　　　　　　　　　　　　　　　表3-1

住宅细分	英格兰住宅存量	比例	苏格兰住宅存量	比例	威尔士住宅存量	比例
缺少一样以上的基本设施①	207000	1	5000	0.2	25000	0.2
不宜居住宅②	126000	6.7	21000	1	98000	8.5
空置住宅	798000	3.9	109000	5	62000	5
修复成本	超过 600 万栋住宅（占总库存量 1/3）需要紧急修复，每栋修复费用约 1000 英镑		超过 63 万栋住宅需要修复（占总库存量 30%），每栋修复费用约 3000 英镑		287500 栋住宅需要超过 1000 英镑的维修费	

资料来源：翻译引用自 James D. Building Adaptation Heriot-Watt University, Edinburgh, UK, 2006.

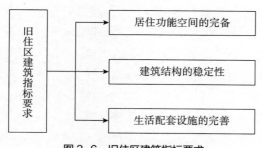

图 3-6　旧住区建筑指标要求

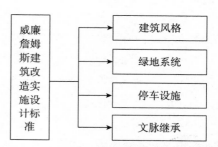

图 3-7　威廉·詹姆斯建筑改造实施设计标准

　　除了上述关于旧住区建筑的更新标准外，由建筑与建筑环境委员会和家庭建筑商联合会、公民信托和家园设计团队联合开发的生命建筑（building for life）是评估英国家庭和住区设计质量的工具。生命建筑工具包括12个问题或标准，以评估新住房开发的设计质量，这12个标准分别从环境和住区、设计特色、道路停车三个方面来评价住区是否宜居（图3-8）。

　　英国城市经济发展组（URBED）是一个非营利性的城市改造重建顾问机构，该组织的核心工作是解决城市中心区面临的威胁和引导可持续城市发展模式。自1996年以来，URBED一直倡导可持续邻里住区，探讨如何实现旧住区的可持续发展原则。他们提出可持

---

① 在英国不同地区的住房法各不相同，但所有住房法都规定住宅必须拥有以下五项设施：1）厨房水槽；2）浴室；3）洗手盆；4）冷热水；5）室内卫生间。

② 1989 年英格兰与威尔士的政府编制的住房法规中明确了旧房屋的健康标准，不符合该标准的房屋将被列为"不宜居建筑"，1987 年苏格兰关于住房标准的当地法规将类似的房屋定义为"低于可接受标准"的建筑。苏格兰行政院 2003 年编制的《可接受标准》（这项标准与英格兰的健康标准起到相同的作用）是 1967 年根据 Culling Worth 的报告起草又于 2001 年修编而成。2003 年的《可接受标准》与 2001 年的房屋法案大致不变，苏格兰行政院强调该标准并非是强制性的，这与建筑法规不同。建筑法规提供的是新建建筑必须满足的最低标准，而该标准则设定的界限是建筑可被使用的最低标准。该标准如下：1）结构稳定；2）无潮湿现象；3）有充足的自然照明和人工照明、良好的通风和充足的供热；4）有完善的供水设施；5）有室内卫生间；6）有浴室；7）室内有完善的排水设施；8）室内有可以烹饪的空间。

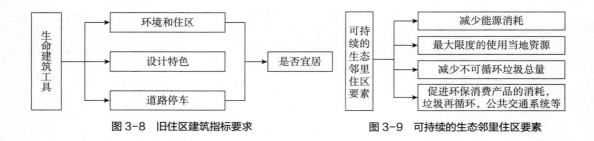

图 3-8　旧住区建筑指标要求　　　　　图 3-9　可持续的生态邻里住区要素

续的生态邻里住区应当具备以下要素。①减少能源消耗。②最大限度地使用当地资源。③减少不可循环垃圾总量。④利用城市经济效应，促进环保消费产品的消耗，垃圾再循环，公共交通系统等（图3-9）。

在可持续生态住区的评价标准方面，英国走在世界的最前列，英国建筑研究所于1990年开发的建筑研究环境评价方法（BREEAM）是针对新建住宅设置的，目标是减少建筑物对环境的影响。随着可持续生态住区和旧住区更新理论的发展，BREEAM设计研发了多种适用于不同层面的评价体系，包括用于住区评价的BREEAM-communities、适用于新建住宅与非住宅建筑的BREAAM New Construction、适用于已建成非住宅建筑的BREAAM in-Use以及适用于旧建筑翻新的BREAAM Refurbishment，这四个评价体系运用于不同领域，评价要素各有侧重，本章着重研究住区评价体系指标构成，从中提取可供参考的评价指标[1]（图3-10）。

图 3-10　建筑研究环境评价方法 BREEAM

英国BREEAM-communities（2009）是英国建筑研究所开发的BREEAM住区版本，这是针对生态住区的评价标准，该评价指标不仅仅关注生态环境，还涉及社会经济范畴，同时对解决社会问题有一定指导作用。其指标构成体系如表3-2所示。

---

[1] 周传斌，戴欣，王如松，等. 生态社区评价指标体系研究进展 [J]. 生态学报，2011，31（16）：4749-4759.

英国BREEAM-communities的系统指标　　　　　　　　　　　　　表3-2

一级指标	二级指标
1 气候与能源	洪水管理，能源与水资源效率，可再生资源，基础设施建设，被动式原则
2 场地设计	区位选择，场所安全，临街商业活动，绿化，建筑密度
3 住区	住区影响，住区参与，可持续生活方式，设施管理，混合使用，经济适用房
4 生态	生态栖息地，绿色走廊，有毒废弃物，受污染的土地，景观
5 交通	安全舒适的步行环境，自行车网络，公共交通设施，绿色出行，建设运输
6 资源	土地利用与修复，材料选择，废弃物管理，建设管理，现代建设方法
7 商业	鼓励住区投资，当地就业，知识培训共享，可持续章程
8 建筑	经过绿色认证的建筑，可持续家园模式，建筑物修复

注：翻译引用自英国BREEAM官方网站，其中气候与能源一项又包含有11个二级指标，资源一项包含6个二级指标，每一个指标有相应的权重系数，在不同的地区设定相应的权重系数。

如前所述，英国在旧住区现代化改造、更新以及住区等级评价方面都制定了相应的标准，这为本章旧住区更新体系的构架和指标筛选提供了素材。

2. 美国旧住区改造标准与评价指标

1949年美国颁布的《房屋法》标志着美国城市更新的开始，但由于当时城市更新的方法就是在联邦政府的资助下进行大拆大建，1973年这种更新方式被叫停[①]。1974年，美国国会通过了《房屋和住区开发法案》，该法案与《房屋法》不同的是将资金用于旧住区的更新，强调旧住区建筑的现代化改造，如停车楼的建设、道路的整修、景观的建设等[②]。

20世纪70年代，美国发布《内务部建筑更新标准》，该标准对建筑材料、建造方式、建筑用途、建筑的周边景观和基地环境做了相应规定和更新标准[③]。从内容来看，该更新标准强调了对建筑历史文脉性的延续（图3-11）。

美国在20世纪90年代初发起"第六希望法案（hopeⅥ）住宅更新计划"，目的在于复兴衰败的公共住房。据统计，美国的住宅按照建设年代划分，1939年以前的住宅占13%，1940～1979年的住宅占44%，1980～1989年的住宅占14%，1990～2010年的住宅占29%，很多旧住区存在居住条件下降、安全性不高、建筑结构危险的问题（图3-12）。美国住区的

① 李芳芳. 美国联邦政府城市法案与城市中心区的复兴 1949—1980[D]. 上海：华东师范大学，2006.
② 李莉. 美国公共住房政策的演变 [D]. 厦门：下厦门大学，2008.
③ 1）尽量保留建筑原有的功能，综合考虑建筑基础条件和基地环境来更新建筑的功能；2）保护建筑的历史文化特征，避免拆除具有历史特征的建筑构件，避免破坏具有历史特征的建筑空间；3）避免进行建筑符号的复制；4）保留和保护历次改造的痕迹，将建筑视为历史和时间的物理记录；5）保护表明建筑历史特征的建筑元素、装饰、建造技术和手工艺技巧；6）建筑具有保留价值和使用价值时，修复恶化的历史特征元素，损坏严重的构件应根据历史资料复原；7）避免使用破坏历史构件的化学手段，如喷涂非保护性涂料；8）加建部分，新工程应该与旧有的部分分开来，并且保证在体量、尺度、建筑特点方面维护建筑的整体和谐性，新建部分应该具有可逆性，拆除新建部分不会影响旧建筑的质量。

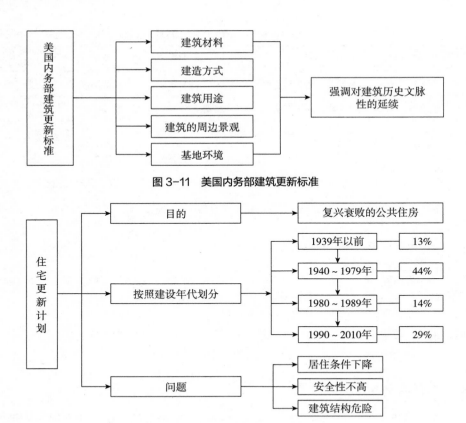

图 3-11 美国内务部建筑更新标准

图 3-12 住宅更新计划

品质评价指标主要是住区环境和住宅单体两个层面，关于住区的指标，主要从住区安全、住区环境品质、街道噪声、交通通达性、服务设施、垃圾处理等方面进行评价，建筑单体的评价指标包括建筑质量、鼠害问题、车库可停车数、室内装修、无障碍设施等（图3-13）。

　　在可持续生态住区方面，美国也开发了一套自己的评价标准。美国绿色建筑委员会、新城市主义协会以及自然资源保护协会联合开发的生态住区评价体系LEED-ND提倡紧凑开发、公交向导、混合式的土地利用和房屋布局，绿色交通和步行系统设计完善的可持续居住规划原则。该评价体系由必要项和得分项共同组成，基本模块分为明智的住区选址与住区连通性、住区布局与设计和绿色建筑三个部分，附加模块为创新与设计过程和区域优

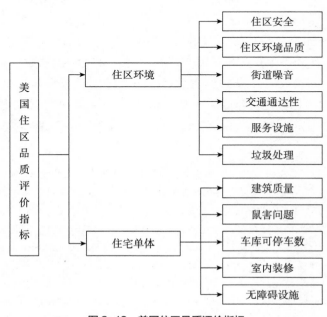

图 3-13 美国住区品质评价指标

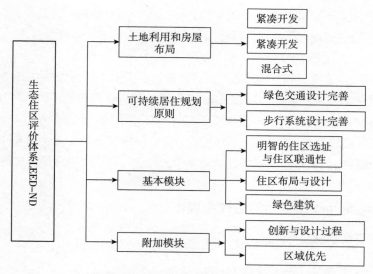

图 3-14　生态住区评价体系 LEED-ND

先两个部分（图3-14）。

3．中国旧住区改造标准与评价指标

　　21世纪初，我国在建筑改造方面制定了相应的评价标准和改造指南，2006年，我国原建设部按照建筑全生命周期原则编制《绿色建筑评价标准》，该标准的制定促进了建筑改造方式由粗放型转向可持续型。2012年8月，住房和城乡建设部发布《既有居住建筑节能改造指南》，拉开了我国全面展开既有住宅更新的序幕，该指南对建筑外墙立面、供热采暖、能源消耗等方面提出了改造措施；并且制订了详细的实施方案，从住户的基本情况调查、节能改造设计、项目费用估算、节能改造施工、施工质量控制到验收都有详细的操作指南，是一部实施性很强的规范（图3-15）。

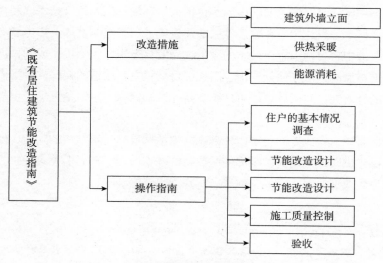

图 3-15　《既有居住建筑节能改造指南》的内容

老住区的改造是一项综合性很高的工程，不仅仅涉及建筑单体，还有住区环境。2011年出版的《中国绿色低碳住区技术评估手册》采用单项指标评分，结合权重系数求得最终分数的方式，各项指标评分达到60分可被认为是生态住区[①]。

我国各大城市也编写了各自的生态住区评估标准，天津市住房和城乡建设委员会科教处2001年9月开始编制《天津生态住区建设技术规程》，该技术规程的评价体系分为七个部分，这七个一级评价标准还有各自的子系统（二级评价标准），每个子系统有自己的权重系数，每一个二级评价标准又由一系列指标体系构成，每个指标有三个等级（得分分别为60、85、100）。最终的评估结果由每项指标得分加权求和，再通过两次权重后得到最终的得分[②]。

3.2.2　旧城区更新改造指标的选择与确定

1. 旧住区改造更新基础的特殊性

（1）旧住区改造更新的基数庞大

2001年中国的可持续生态住区体系初步建立之时，中国城镇居住建筑总量已达到100亿m^2，中国居住建筑存量总量已远远高于发达国家。

然而，我国住区的发展历程较短，2000年以前在没有现代化建设标准出台的情况下，我国已经建设了大量的住区，这不可避免地导致大量旧住宅无法适应现代生活的需求。1999年国务院下发的《关于推进住宅产业现代化提高住宅质量的若干意见》推动了我国住区现代化的建设，像《城市住区规划设计规范》《住宅性能评价方法与指标体系》《绿色生态住宅小区建设要点与技术指导》《健康住宅建设项目暂行管理办法》等建设标准也是在20世纪90年代末开始逐渐完善。因此，我国有大量已建成的旧住区不能满足可持续的生态住区要求，这些旧住区不同于新建住区，缺乏生态住区理念和技术方面的指导，即使加以改造也很难满足现行生态住区的指标标准，因此对这部分住宅的更新改造需要考量策略的可操作性和经济可行性。

（2）旧住区改造更新的局限性

可持续生态住区涵盖很多范畴的内容，包括人居环境、生态建筑技术以及社会环境。美国、欧洲各国、日本等发达国家在生态住区的建设中采用了墙体蓄热、热电联产系统等新技术，在旧住区改造中盲目地追求新技术的应用，无疑会带来巨大的投资成本，那么对于旧住区可持续更新的重点应该放在何处？由于旧住区可持续更新改造的特殊性，国内外现有的各项标准有各自的针对性，对旧住区的可持续更新标准制定有一定借鉴意义，但却不能完全照搬（图3-16）。

对于旧住区来说，首先要满足室内外基本的生活标准。建筑结构的安全、建筑围护结构的完整、供水供电供暖设施的完备是旧住区更新的基本前提，对老旧建筑及损害严重的建筑应当考虑采取适当改造策略（修复、改造、拆除、重建等）。

---

① 张春子. 天津市绿色居住小区标准研究 [D]. 天津：天津大学，2012.

② 张丽，王邵斌，石铁矛，等. 生态居住区评价指标体系研究 [J]. 安徽农业科学，2008（28）：12485-12486，12491.

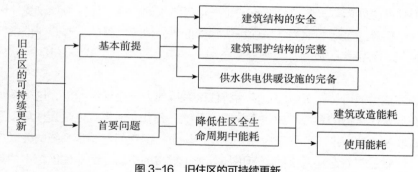

图 3-16　旧住区的可持续更新

　　其次，降低建筑能耗是我国旧住区更新的首要问题，建筑能耗包括建筑改造能耗和使用能耗，我国的建筑能耗是发达国家的3倍，降低旧住区全生命周期中能耗的使用是实现可持续更新的首要问题。

2. 旧住区可持续更新指标的制定原则

　　住区作为一个系统，需要从外界输入能源，经过系统消化形成废物排到系统之外，而可持续居住系统是将这个线性系统转化为循环系统，通过这个环形系统，废物产出将变成能源输入的原料。从可持续系统的理念出发，结合英国城市经济发展组（URBED）对可持续的城市邻里住区的理论研究成果，将可持续住区的特征概括为以下几点[①]：

　　①减少输入：减少城市系统输入到住区中的资源和能源，减少住区对热能、水资源和电能的需求量，是实现任何可持续发展的有效途径。

　　②当地资源利用：最大限度地利用当地资源，对闲置建筑进行更新改造，充分挖掘当地人文资源，实现历史文脉的延续。

　　③适合步行：可持续的生态住区会是一个以步行者为中心的生活圈，保证公共服务设施的可达性。

　　④能源使用的效率：建筑的能源使用必须从整个生命周期来考虑，房屋在不同阶段中所使用的能源不同，房屋在建造、运营、维护、翻修、拆除时使用的能源也有所区别，对建筑全生命周期的更新模式进行合理设计，保证能源的最优化利用。

　　⑤绿地最大化利用：可持续的住区不一定是拥有最大开放面积和绿地面积的住区，重要的是住区绿地和公共绿地的质量而不是数量，确保住区绿地系统有足够的植物丰富度和生物多样性。因此，提升旧住区绿地质量是实现可持续更新的关键。

3. 旧住区可持续更新指标的筛选与确定

　　首先，本章通过总结整理国内外研究论文及生态住区评价标准中提到的69项评价指标以及其引用次数，通过频率统计可以反映生态住区评价体系中各要素的重要程度和普适性。

---

① ［英］大卫·路德林，尼古拉斯·福克. 营造21世纪的家园——可持续的城市邻里住宅区. 王健，单燕华，译. 北京：中国建筑工业出版社，2004.

　　对于旧住区更新而言，各评价要素的可适用等级不同，如旧住区很难改变住区建筑的布局，旧住区也很难通过增加地表水域面积达到降低热岛效应的目的，这些评价指标的适用等级则会比较低。将指标的适用等级划分为一级、二级、三级三个等级，其中一级最为适用，三级表示不可用。

　　此外，旧住区的可持续更新改造应当将住区系统作为一个系统考虑，这个系统不是独立于城市外在环境而运行的系统，如住区的道路系统、公共交通系统以及大气环境系统都与外在系统紧密联系，这些系统既属于居住，也属于城市，但它们与城市系统的关联度要更高于住区系统，这就意味着这些系统的更新更加依赖于城市的更新，而非住区范围的更新所能改善的。将这种关联度等级分为高、中、低三种等级进行整理。

　　在旧住区的可持续更新指标的筛选中，结合频率统计法、适用等级评定法和关联度评价法来确定旧住区更新前的环境评价指标，结果如表3-3所示。

住区评价指标筛选 表3-3

二级指标	三级指标	单位	频率	评级方式	适用等级	关联度
自然生态环境	大气环境		11	定性	三级	低
	声环境	dB	12	定量	三级	低
	地表水环境		6	定性	三级	低
	绿地率	%	10	定量	一级	高
	人均公共绿地面积	m^2	8	定量	一级	高
	植物配置丰富度		2	定性	一级	高
	日平均热岛效应	℃	5	定量	三级	中
交通	公共交通情况满意度		3	定性	二级	高
	实际享受的公交站	个	3	定量	二级	高
	到轨道交通的站点距离	m	5	定量	二级	高
	人均占有道路面积	m^2	3	定量	二级	中
	公共交通线路网密度	km/km^2	8	定量	三级	低
	停车场可渗透性材料铺装率	%	5	定量	二级	中
居住条件	人均居住面积	m^2	10	定量	二级	高
	建筑密度	%	7	定量	二级	高
	建筑容积率		2	定量	二级	高
	室内噪声控制	dB	11	定量	一级	高
	室内温度控制	℃	6	定量	一级	高
	采光系数	%	4	定量	二级	高
能源利用	清洁能源使用率	%	11	定量	二级	高

续表

二级指标	三级指标	单位	频率	评级方式	适用等级	关联度
能源利用	可再生能源使用率	%	11	定量	二级	高
	建筑节能率	%	10	定量	二级	高
水资源利用率	节水器具设备使用率	%	10	定量	一级	高
	中水回用占社区总用水量比例	%	11	定量	一级	高
	污水处理与达标排放率	%	9	定量	一级	高
废弃物管理	生活垃圾无害化处理率	%	8	定量	二级	中
	生活垃圾分类率	%	7	定量	二级	高
	生活垃圾回收利用率	%	8	定量	二级	高
建筑材料	建材本地化比例	%	4	定量	一级	高
	3R 材料使用比例	%	13	定量		高
	旧材料回收／再利用比例	%	8	定量	一级	高
配套设施建设	住区幼儿园服务半径	m	3	定量	三级	中
	公园影响度		2	定性	一级	高
	对住区医疗服务满意度		3	定性	一级	高
	对休闲娱乐设施满意度		6	定性	一级	高
住区居民	受高等教育人数比例	%	3	定量	三级	中
	60 岁以上人口比例	%	2	定量	三级	中
	居民平均寿命	岁	2	定量	三级	中
	失业率	%	8	定量	三级	中
	人均 GDP	元	4	定量	三级	中
	固定资产投资	万元	4	定量		中
文化生活	每 10 万人拥有图书量	册	1	定量	三级	低
	居民自愿参与活动比例	%	4	定量	三级	中
安全管理	住区服务管理状况		12	定性	三级	中

3.2.3　旧城区可持续更新评价指标体系的建立

1. 旧住区可持续更新评价系统的构建

为了使旧住区可持续更新评价系统的构建更加完善，将从多个角度来构建该评价系统。首先，筛选出上面总结的适用度等级为一级且与旧住区系统关联度较高的指标，即绿地率、植物配置丰富度、绿色材料使用率、公园可达性、医疗服务设施可达性、教育设施可达性、公共交通情况满意度、停车问题、到交通站点的距离等指标。

再从旧住宅更新标准的角度来看，对于旧建筑而言，建筑质量的高低、历史文化价值的延续、居住空间的好坏、危旧建筑的比例是衡量住区优劣的重要指标（图3-17）。

在20世纪初期，道萨迪亚斯便提出了人类聚居系统，这个系统不管是从宏观层面还是微观层面，都是由五大部分构成，即自然系统、社会系统、人类系统、建筑系统和支撑系统（图3-18）。

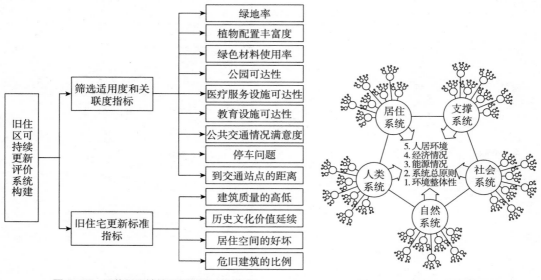

图 3-17 旧住区可持续更新评价系统构建　　　　　图 3-18 人居环境系统模型
（资料来源：吴良镛，《人居环境科学导论》）

从人居环境的角度来看，旧住区作为人类聚居系统的一个重要组成部分也可以划分为这五部分。其中，自然系统指的是气候、水土地、植物、动物、环境、资源和土地利用等，是旧住区产生和运作的基础；人类系统是指因为某种原因聚居在一起的人类集合；社会系统是指聚居者在相互交往和活动中形成的制度、关系和文化的总和；居住系统主要是指住宅、社区设施和绿地系统等物质环境载体；支撑系统则是指人类聚居地的基础设施、交通设施、通信设施等为人类活动提供支持的物质载体，这些系统相互联系、不可分割。自然系统、人类系统、社会系统是相对稳定的系统，在讨论旧住区的可持续更新时，重点研究的是居住系统和支撑系统这两个可变性较大的系统（图3-19）。

旧住区的更新还属于建成环境可持续发展的范畴，Niklaus Kohler在建成环境的全生命周期研究中从经济性、生态性、社会性和文化性四个方面构建了建成环境可持续发展的体系构架，并且描述了可持续更新在不同层面的具体体现。综合各角度的系统构建，得到3-20所示关系图。

从关系图中可以看出，适用性和相关性较高的指标主要从属于支撑系统和居住系统这两个系统，每个系统在可持续更新中所承担的责任不同，如支撑系统可持续更新的目标在于增加公共服务设施的可达性，提高住区环境的舒适度；而居住系统的可持续更新目标在于资源节约与社会效益的最大化，从而达到住区质量、资金投入和环境影响三者平衡发展。由于不同系统的更新目标不同，应该分系统来考虑可持续更新方法。

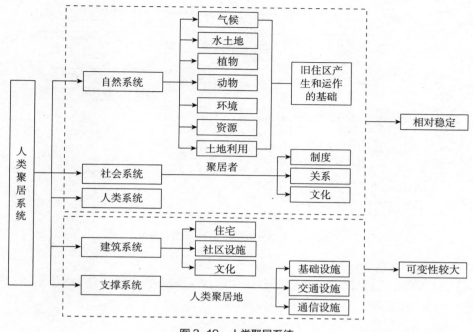

图 3-19　人类聚居系统

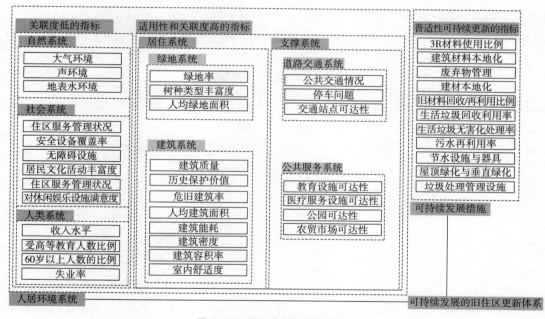

图 3-20　住区建设体系构成结构

2. 可持续更新评价指标体系重要程度分析

通过研究对比国内外关于住区的评价指标，可看出住区的生态性评价涉及多个层次，美国运筹学家 T. L. Saaty 在 20 世纪 70 年代提出的层次分析法将复杂系统分为若干个层次，每个层次又划分为若干个因素，从而得到一个多层次的结构模型。通过数学计算方法可以得到

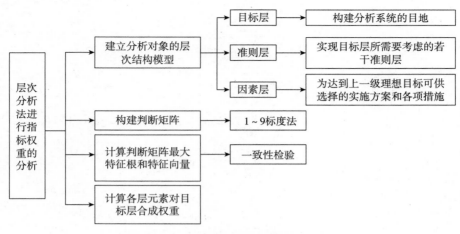

图 3-21　层次分析法进行指标权重的分析

各项因素的权重值，从而在实践中通过量化分析得到最佳方案（图3-21）。用层次分析法进行指标权重的分析有以下几个步骤。

（1）建立分析对象的层次结构模型

层次结构模型通常分为三个主要结构：目标层（这是构建分析系统的目的），准则层（这是实现目标层所需要考虑的若干准则层），因素层（为达到上一级准则层理想目标可供选择的实施方案和各项措施）。旧住区评价指标层次结构模型建立如表3-4所示。

城市旧住区可持续更新指标体系　　　　　　　　表3-4

目标层（A）	准则层（B）	因素层（C）
城市旧住区重要构成系统可持续更新目标	建筑系统（B_1）	建筑质量（C_1）
		建筑保护价值（C_2）
		人均居住面积（C_3）
		违规建设问题（C_4）
		老旧建筑率（C_5）
		建筑运营能耗（C_6）
		建筑改造重建修缮能耗（C_7）
		绿色建筑材料使用率（C_8）
	绿地系统（B_2）	与外界系统连接度（C_9）
		绿化覆盖率（C_{10}）
		树种类型丰富度（C_{11}）
	公共服务系统（B_3）	公共活动公园可达性（C_{12}）
		住区教育设施可达性（C_{13}）
		医疗服务设施可达性（C_{14}）
		农贸市场可达性（C_{15}）
	道路交通系统（B_4）	停车问题（C_{16}）
		交通站点可达性（C_{17}）

（2）构建判断矩阵

层次结构模型建立后，可以通过构建判断矩阵来对同一层次指标进行比较。T. L. Saaty 使用 1 ~ 9 标度法来表示各项指标间的相对重要程度，如 B_{ij} 表示 B 层级中 i 指标与 j 指标相比的重要程度，$B_{ij}=1$ 则表示 i 指标和 j 指标相同重要，$B_{ij}=9$ 则表示 i 指标比 j 指标极度重要。

判断矩阵则是表示准则层中的 B 元素和与 B 元素相关的子元素 B_1，B_2，B_3，B_4，$\cdots$，B_n 间的相对重要性，判断矩阵的构建原则如表3-5所示。

判断矩阵 B　　　　　　　　　　　表3-5

B	C_1	C_2	$\cdots$	C_n
C_1	C_{11}	C_{12}	$\cdots$	C_{1n}
C_2	C_{21}	C_{22}	$\cdots$	C_{2n}
C_3	C_{31}	C_{32}	$\cdots$	C_{3n}
C_n	C_{n1}	C_{n2}	$\cdots$	C_{nn}

（3）计算判断矩阵的最大特征根和特征向量，并进行一致性检验

首先，通过以下公式算出每一行元素的乘积 M_i：

$$M_i = \prod_{j=1}^{n} b_{ij} \ (i = 1, 2, \cdots, n)$$

计算 M_i 的 n 次方根 W_i：

$$\overline{W_i} = \sqrt[n]{M_i} \ (i = 1, 2, \cdots, n)$$

通过以下公式对 W_i 进行归一化处理，即可得到权重向量：

$$W_i = \frac{\overline{W_i}}{\sum_{i=1}^{n} \overline{W_i}} \ (i = 1, 2, \cdots, n)$$

计算判断矩阵的最大特征根 $\lambda_{\max}$：

$$\lambda_{\max} = \frac{1}{n} \sum_{i=1}^{n} \frac{(BW)_i}{W_i}$$

式中，B 为判断矩阵；W_i 为权重向量的第 i 个分量；W 为权重列向量；n 为矩阵阶数。

检验一致性，要求 CI≤0.1。当 $n \geq 3$ 时，需要引入判断矩阵的平均随机一致性指标 RI，如表3-6所示。

RI值对照表　　　　　　　　　　　表3-6

阶数	1	2	3	4	5	6	7	8	9	10	11	12
RI	0	0	0.52	0.89	1.12	1.26	1.36	1.41	1.46	1.49	1.54	1.56

其中，CR=CI/RI，一般认为 CR＜0.1 时，判断矩阵通过一致性检验，否则需要对判断矩阵进行修改。

城市旧住区生态文化更新指标体系确定后，使用上述构建判断矩阵的办法确定准则层相

对于目标层的相对重要程度判断以及因素层相对于准则层的相对重要程度判断。

准则层（B）相对于目标层（A）判断矩阵、权重向量、最大特征根以及一致性检验结果如3-7所示。

城市旧住区可持续更新指标判断矩阵及权重向量　　　　表3-7

A	B_1	B_2	B_3	B_4	M_i	$\_W_i$	W_i	A_W	$A_{W/W}$	CI	CR
B_1	1	3	5	3	45	3.557	0.904	2.780	3.076	0.097	0.187
B_2	1/3	1	4	1	1.333	1.101	0.291	0.898	3.091		
B_3	1/4	1/4	1	1	0.063	0.292	0.105	0.273	5.868		
B_4	1/3	1	2	1	0.667	0.874	0.222	0.952	4.291		

一致性检验 λ_{max}=4.686　RI=0.52　CR=0.084＜0.1
（根据 AHP 计算得出）

因素层（C）相对于准则层（B_1）的判断矩阵、权重向量、最大特征根以及一致性检验结果如表3-8所示。

城市旧住区可持续更新指标判断矩阵及权重向量　　　　表3-8

B_1	C_1	C_2	C_3	C_4	C_5	C_6	C_7	C_8
C_1	1	3	1/2	3	2	1/2	1/2	4
C_2	1/3	1	1/3	2	1/2	1/3	1/3	3
C_3	2	3	1	4	4	2	1/2	5
C_4	1/3	1/2	1/4	1	1/3	1/3	1/3	1/2
C_5	1/2	2	1/4	3	1	2	2	3
C_6	2	3	1/2	3	1/2	1	2	2
C_7	2	3	2	3	1/2	1/2	1	2
C_8	1/4	1/3	1/5	2	1/3	1/2	1/2	1

M_i	$\_W_i$	W_i	A_W	$A_{W/W}$	CI		CR	
9	1.316	0.143	1.258	8.809	0.1310		0.0929	
0.03703	0.662	0.072	0.618	8.592				
480	2.163	0.235	2.134	9.089				
0.000772	0.408	0.044	0.364	8.216	一致性检验			
9	1.316	0.143	1.328	9.302	λ_{max}=8.917			
18	1.435	0.156	1.394	8.952	CI=0.1310			
18	1.435	0.156	1.513	9.713	CR=0.0929＜0.1			
0.002778	0.479	0.052	0.451	8.666				

（根据 AHP 计算得出）

因素层（C）对于准则层（B_2）的判断矩阵、权重向量、最大特征根以及一致性检验结果如表3-9所示。

城市旧住区生态化更新指标判断矩阵及权重向量　　　　　　表3-9

B_2	C_9	C_{10}	C_{11}	M_i	$\_W_i$	W_i	A_W	$A_{W/W}$	CI	CR
C_9	1	2	5	10	2.154	0.547	1.654	3.021	0.022	0.043
C_{10}	1/2	1	2	1	1.000	0.254	0.780	3.071		
C_{11}	1/5	1/2	1	0.1	0.464	0.118	0.359	3.042		

一致性检验 λ_{max}=3.045 RI=0.52 CR=0.043 < 0.1

（根据 AHP 计算得出）

因素层（C）对于准则层（B_3）的判断矩阵、权重向量、最大特征根以及一致性检验结果如表3-10所示。

城市旧住区可持续更新指标判断矩阵及权重向量　　　　　　表3-10

B_3	C_{12}	C_{13}	C_{14}	C_{15}	M_i	$\_W_i$	W_i	A_W	$A_{W/W}$	CI	CR
C_{12}	1	1	3	1	3	1.442	0.501	1.855	3.7026	0.097	0.187
C_{13}	1/2	1	2	1/2	1	1.000	0.347	1.427	4.1095		
C_{14}	1/3	1/2	1	1/2	0.083	0.437	0.152	0.768	5.0625		
C_{15}	1	2	2	1	4	1.587	0.551	2.050	3.7188		

一致性检验 λ_{max}=2.879 RI=0.52 CR=0.097 < 0.1

（根据 AHP 计算得出）

因素层（C）对于准则层（B_4）的判断矩阵、权重向量、最大特征根以及一致性检验结果如表3-11所示。

城市旧住区可持续更新指标判断矩阵及权重向量　　　　　　表3-11

B_3	C_{16}	C_{17}	M_i	$\_W_i$	W_i	A_W	$A_{W/W}$	CI	CR
C_{16}	1	2	2	1.260	0.438	0.989	2.2599	0.0286	
C_{17}	1/2	1	1/2	0.794	0.3276	0.494	1.7937		

一致性检验 λ_{max}=2.054 RI=0 CR=0 < 0.1

（根据 AHP 计算得出）

（4）计算各层元素对目标层的合成权重

使用以下公式计算因素层相对于目标层的权重向量，得到因素层相对于总目标实现的重要性排序，并进行一致性验证（表3-12、表3-13）：

因素层相对于目标层的合成权重   表3-12

	B_1 $WB_1=0.605WC_1$	B_2 $WB_2=0.251WC_2$	B_3 $WB_3=0.105WC_3$	B_4 $WB_4=0.222WC_4$	合成权重
C_1	0.143				0.086515
C_2	0.072				0.04356
C_3	0.235				0.142175
C_4	0.044				0.02662
C_5	0.143				0.086515
C_6	0.156				0.09438
C_7	0.156				0.09438
C_8	0.052				0.03146
C_9		0.547			0.137297
C_{10}		0.254			0.063754
C_{11}		0.118			0.029618
C_{12}			0.501		0.052605
C_{13}			0.3477		0.036435
C_{14}			0.152		0.015960
C_{15}			0.551		0.057855
C_{16}				0.438	0.097236
C_{17}				0.3276	0.072727

城市旧住区重要构成系统可持续更新指标体系各因素合成权重   表3-13

目标层（A）	准则层（B）	因素层（C）	
城市旧住区重要构成系统可持续更新目标	建筑系统（0.605）	建筑质量（0.143）	0.086515
		建筑保护价值（0.072）	0.04356
		人均居住面积（0.235）	0.142175
		违规建设问题（0.044）	0.02662
		老旧建筑率（0.143）	0.086515
		建筑运营能耗（0.156）	0.09438
		建筑改造重建修缮能耗（0.156）	0.09438
		绿色建筑材料使用率（0.052）	0.03146
	绿地系统（0.251）	与外界系统连接度（0.547）	0.137297
		绿化覆盖率（0.254）	0.063754
		树种类型丰富度（0.118）	0.029618
	公共服务系统（0.105）	公共活动公园可达性（0.501）	0.052605
		住区教育设施可达性（0.347）	0.036435
		医疗服务设施可达性（0.152）	0.015960
		农贸市场可达性（0.551）	0.057855
	道路交通系统（0.321）	停车问题（0.438）	0.097236
		交通站点可达性（0.3276）	0.072727

3. 评价指标的量化与标准化

从上面选定的14个评价指标来看，有些评价标准可以通过参照其他建设标准进行量化分析，然而不同的因素层会有不同的评价数值。为了将这些数值标准化，用统一的评价方式来优化可操作性，采用赋值法来划分等级，通过1～9赋值法将各评价因素的结果进行赋值，具体等级划分参照表3-14。

评价指标分数等级标准　　　　　　　　　　　　　　　　　　　表3-14

准则层（B）	因素层（C）	等级赋值				
		9	7	5	3	1
建筑系统	总体建筑质量	很好	较好	一般	不好	差
	建筑保护价值	全部有	基本有	一半有	少数有	没有
	人均居住面积（m²）	35～30	29～24	23～18	17～11	< 10
	违规建设问题	无	基本无	有	有一些	严重
	老旧建筑率	20% 以上	10%～20%	5%～10%	2%～5%	2% 以下
	建筑运营能耗	很低	较低	一般	较高	很高
	建筑改造重建修缮能耗	很低	较低	一般	较高	很高
	绿色建筑材料使用率	20% 以上	15%～20%	10%～15%	5%～10%	5% 以下
绿地系统	与外界绿地系统连接度	≥ 5	4	5	2	≤ 1
	绿地率	30% 以上	25%～30%	20%～25%	15%～20%	15% 以下
	树种类型丰富度	很高	较好	一般	不高	很低
公共服务系统	公共活动公园可达性	很高	较好	一般	不高	很低
	住区幼儿园可达性	很高	较好	一般	不高	很低
	医疗服务设施可达性	很高	较好	一般	不高	很低
	农贸市场可达性	很高	较好	一般	不高	很低
道路交通系统	停车问题	无	基本无	有	有一些	严重
	交通站点可达性	很高	较好	一般	不高	很低

3.3　基于现状评价分析的天津市旧住区存量评估

3.3.1　天津市旧住区现状分布及特征

1950～1995年，天津住区建设从逐步摸索走向基本成熟。这期间住区的绿地系统、建筑系统和公共服务系统均有所发展，在不同的建设时期，住区呈现出各自的特点。通过纵向量化分析来对比研究不同时期的住区特征，了解住区更新前的初始状态，以便指定具有可操作性和经济可行性的更新目标。此外，通过横向量化分析，总结天津市中心城区不同区位的住区新旧混合程度和建设年代分布特点，从中选取具有代表性的典型研究片区进行实地调研。

1. 20世纪50~60年代的住区分布及特点（图3-22）

（1）区位分布特点

20世纪50年代是国家经济恢复时期，这一时期天津的旧住区建设以工人新村的形式大规模兴建，工人新村的选址在靠近工业集中的地带，包括中山门、王串场、丁字沽、西南楼、吴家窑、唐家口、佟楼7个工人新村。

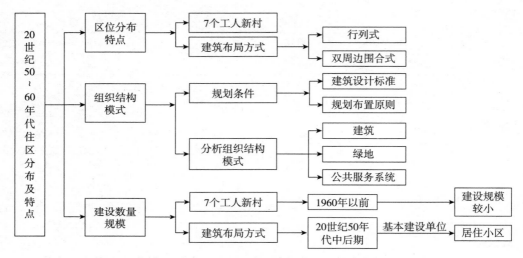

图3-22 20世纪50~60年代住区分布及特点

1953~1958年，在学苏思潮的影响之下，住区规划上也引进了原苏联住区的规划方式，这一时期的住区主要是以居住街坊的规模进行建设，建筑布局方式可以分为行列式和双周边围合式两种类型。

（2）组织结构模式

由于当时的城市规划管理还处于探索阶段，天津市建设委员会在编制工人新村规划时，仅仅将建筑设计标准、规划布置原则作为规划条件，没有具体的任务书。在规划设计上，7个工人新村采用相同的布局模式，组织结构模式如出一辙。

一般工人新村位于比较独立的地段，没有过境交通穿越。以中山门工人新村为例，从建筑、绿地和公共服务系统三个方面分析其组织结构模式。住区内部道路采用八卦形，划分出12个单元。单元内均是南北向的青砖平房整齐排布，原先设计的建筑布置呈东南向，动工建造时改成正南北朝向，所以建筑与住区内部道路形成45°。每个单元内留有400m²大小的空地作为公共活动区域，整个工人新村的核心位置为中心公园；生活服务设施结合中心公园布置，其组织结构如图3-23（a）所示。

1953年规划、1954年开始建设的尖山住区是这一时期楼房住区的典型代表，该住区是为南郊工业区建设的配套住房，建设用地面积43.64hm²。居住区分为六个组团，其中五个居住组团，一个公共建筑组团，这六个组团围绕中心长方形公共绿地布置，每个居住组团中

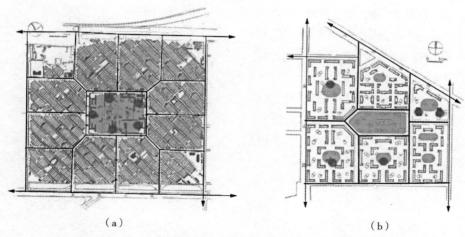

图3-23 1952年中山门工人新村结构及1953年尖山住区规划结构

设置一个幼儿园，以便住户可以就近入托。居住建筑单体多为3层，局部4层，住宅建筑采用双周边式布局形式，部分采用转角单元，其组织结构如图3-23（b）所示。

（3）建设数量与规模

1960年以前的住区建设受天津传统的民房建设经验和邻里单位规划理念的影响，建设规模较小。20世纪50年代中后期，原苏联扩大了小区建设的规模，并在1958年制定的《城市规划与建筑规范》中明确规定将这种居住小区作为基本建设单位。自此，我国也进入了大规模住区的规划设计阶段，但由于1964～1975年国内经济的滑坡，住宅多是分散建设，成片规划并建成的很少。1953～1958年，规划建设了平房工人新村90万m²，楼房住宅185万m²。"文化大革命"期间，住宅建设量只有288.4万m²，成片的居住区规划难以实施，这种经济低迷期一直延续到改革开放初期。

2．20世纪70～80年代的住区分布及特点（图3-24）

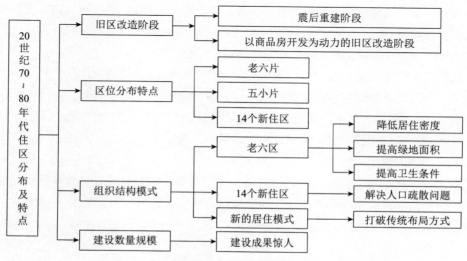

图3-24 20世纪70～80年代住区分布及特点

1976年7月唐山7.8级地震以及11月宁河县6.9级地震使天津市区受到大规模破坏。震后，市政府曾提出在新区建设住宅来安置因灾难流离失所的民众，但因为新区市政设施不完善，短期内难以解决城市住宅严重短缺的问题，政府将工作重心转移到旧区改造上来。加之1952年建设的工人新村，原定居住15年进行翻新改造，但建成后将近30年，一代人发展为三代人，居住条件拥挤不堪，配套设施不齐全，加上年久失修和地震影响，旧区改造迫在眉睫。因而，1976年天津市开始了大规模的旧区改造，旧区改造大致经历两个阶段：一是震后重建阶段，二是以商品房开发为动力的旧区改造阶段（图3-25）。

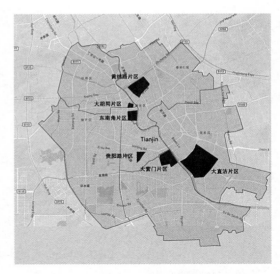

图3-25　1976～1980年震后重建住宅区

（1）区位分布特点

1976年8月11日，为了尽快修复震灾片区，天津市政府在《关于市民建筑遭受地震破坏后重新建设的意见》中确定以和平区贵阳路片、河西区大营门片、河北区黄纬路片、河东区大直沽片、南开区东南角片、红桥区大胡同片为重点震后重建小区（俗称"老六片"），在完成六大震损片重建后，又相继完成"五小片"（和平区崇仁里、河北区求是里、红桥区南头窑、小西关和和平区小稻地）的震损重建工程。

天津震后"老六片"与"五小片"的建设主要从实际出发，利用震前可用资源，保留和完善各项市政设施，适当降低建筑密度与人口密度，增高建筑层数，提高绿地面积，扩大建筑间距和道路宽度，提供充足的避难场所[①]。

改造后住宅建筑面积达到71.8万m²，充分利用原有道路和市政公用设施，住宅建筑大多采用砖混结构，少量采用大板体系，层高主要以5层为主，局部6层。"老六片"的规划中贵阳路、大营门、东南角、大胡同四个片区，外迁户占原住户的11.7%，黄纬路、大直沽片区可增加原有住户的1%～7%。居住水平从原来人均4～5m²提高到人均5～5.8m²，建筑密度从原来的50%～70%下降到30%，居住环境得到一定程度的改善。

但由于城市住宅的缺口过大，只通过旧区改造不能满足城市住房的需求量，1980年颁布的《关于消除震灾加速住宅恢复重建的决定》中，提出除在市内"老六片"和"五小片"进行"修、改、拆、建"外，重点在市区边缘地带进行大规模的新区建设。从1981年至1993年先后建设了14个新住区，其位置分布如图3-26所示。

（2）组织结构模式

虽然建设年代相近，但震后重建的"老六片"与新辟的14片住区有着本质区别，为了在短期内消除自然灾害在中心城区造成的破败感，作为震后重建的示范区，"老六片"在震前大多空间逼仄、鱼龙混杂、通风不良、日照不足，厂房、民宅、仓库等建筑布置混乱，公

---

① 侯宗周. 从天津看大城市地震后的恢复重建 [J]. 中国减灾，1996（3）：21-24.

共基础设施也相当落后，并没有严格的空间
组织原则可言。震后重建工作的重点落脚于
降低居住密度、提高绿地面积，在有限的资
金供给下提高人居环境的卫生条件，因而住
区的空间组织模式基本因袭震前布局。

新开辟的14片住区新建住宅面积达到
682万m²，在很大程度上解决了中心城区人
口疏散的问题。这14片住区规划结构明朗、
配套设施齐全，绿地率在30%左右，居住环
境得到很大提升。

以上面提到的天拖南居住区为例，分析
新开辟的14片住区的组织结构模式。

天拖南居住区是一个四级制的住区，由
居住区、居住小区、街坊、住宅组团构成，

图3-26　14片住区位置分布（1976～1984年）

建筑采用行列式的布局方式，公建设施同样分等级布置，每个居住组团设置一个小游园，居
住区中部为公共绿地，结构组织如图3-27所示。

为了配合这一阶段居住区的大规模开发，天津市规划局在1979年编制了《天津市新建
居住区公共服务设施用地额定指标》，由于新建住区相对独立，为了保证居民享受正常生活
服务，在规划中公共配套设施的面积占到总建筑面积的18%，但由于居民白天工作地点的转
移，居住的公共服务设施不能得到充分使用，不少公共建筑另作他用。

1985～1990年主要是完善上述14片住区，同时在小范围内尝试了新的居住模式，如大
院式布局的子牙里、弧形布局的西湖村和实验小区川府新城，这一时期的住区规划建设打破
传统的布局方式，开始探讨新的居住模式。

川府新城由4个居住组团和2个公共服务设施组团构成（图3-28），其中易川里采用11m
进深砖混结构住宅和蟹形点式住宅组织，形成半开敞的庭院；貌川里为13个麻花形的7层升
板住宅，每个不同的住宅组团使用不同的布局手法和建造方式，体现差异性，打破了天津住
宅单体千篇一律的现状。

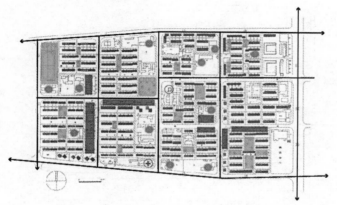

图3-27　1977年天托南居住区组织结构

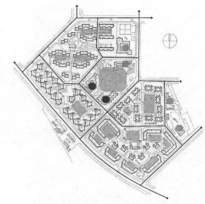

图3-28　1986年川府新城组织结构

（3）建设数量与规模

20世纪70~80年代，经历了"文化大革命"、震灾、改革开放等社会波动的天津，在这一时期的住宅建设成果是惊人的。仅1981~1983年，便修复将700万m²的震损住宅，还新建了将近900万m²的新住宅。从居住用地拨地面积来看，1971~1990年居住用地面积达到202094亩，是上个阶段居住用地面积的12倍，具体数据如图3-29所示。

3. 20世纪90年代初期住区分布及特点

20世纪70~80年代，天津住宅建设量猛增，在满足了人民对居住空间需求的同时，住区在使用中也出现了建筑质量不高、住区无特色、住区缺乏后期管理等一系列问题。通过80年代后期对住区的新尝试，天津在住区规划建设上迎来新的发展时期（图3-30）。

在这一时期，天津的住区规划走向成熟阶段，20世纪90年代初期主要是继续完成80年代中后期规划的住区，以及在中心城区边缘地区进行新的大型住区的规划设计，在1995年天津城市建设总体规划中已经形成了如今中心城区住区的总体格局。

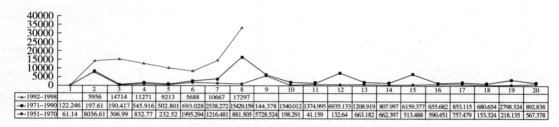

	1	2	3	4	5	6	7	8	9	10	11	12	13	14	15	16	17	18	19	20
1992~1998		5956	14714	11271	9213	5688	10667	17297												
1971~1990	122.246	197.61	190.417	545.916	502.801	693.028	2538.272	15429.159	144.378	1540.012	1374.995	6935.133	1208.919	807.997	6159.377	655.682	853.115	680.654	2798.324	892.838
1951~1970	61.14	8036.61	306.99	832.77	232.52	1995.294	1216.481	881.505	5728.524	198.291	41.159	132.64	663.182	662.397	513.488	590.451	757.479	153.324	218.135	567.378

图3-29　各时期天津市居住用地拨地面积对比（单位：亩）

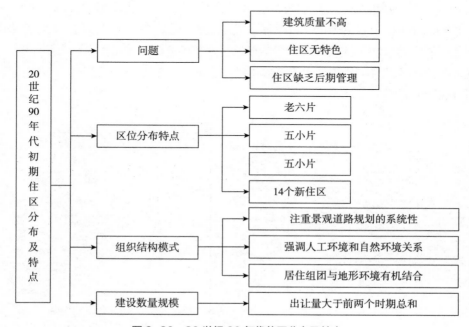

图3-30　20世纪90年代住区分布及特点

（1）区位分布特点

按照城市建设总体规划，东有万松住区，西有华苑住区，南有梅江居住区，北有西横堤外住区，1995年天津市规划住区分布如图3-31所示[①]。这一时期规划的住区填补了中环线与外环线之间的空间，也进一步扩展了中心城区的辐射范围。

（2）组织结构模式

从规划设计的理念来说，这一时期的住区规划受到生态理念的影响，居住区的设计更加注重景观道路规划的系统性，并且强调人工环境和自然环境的关系，同时，居住

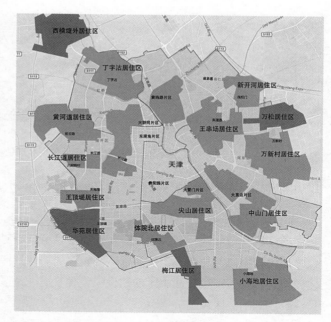

图3-31　20世纪90年代初规划的中心城区住区格局

组团与地形环境有机结合，建筑不再使用迎合道路形态的周边布局方式。以梅江南住区为例，整个住区临水而建，居住组团以半岛的形式融合在自然环境之中，建筑系统与绿地系统不再是通过明确的边界来划分，而是呈现出一种关系紧密的图底关系。

（3）建设数量与规模

这一时期是天津住区建设的繁荣时期，1993年市委、市政府打算将市区内738万m²危旧房屋改造完毕，在这一政策的支持下，90年代初仅仅用了5年时间累计拆除旧房672万m²，年住宅竣工量达到了400万m²。1995年开始正式实施安居工程，到1998年住宅竣工面积达到473万m²，全市的住房存量达到1.1亿m²，其中自有住房占到住房存量的43.5%。从图3-29中也可以看出，这一时期的居住用地出让量大于前两个时期的总和。

3.3.2　天津市旧住区更新程度分析

1. 海河沿岸"老六片"地区住区新旧混合程度分析

对各片区住区的建设年代进行图示化分析，通过标记点所在的区间和波动度可以反映住区内居住小区的新旧程度和建设年代的混合度，这样可以对天津市已建成的住区进行分类。

从图3-32中可以看出，在震后重建的"老六片"地区中，大胡同、东南角和贵阳路的小区建设年代混合度较高，东南角片区在2000年之后经过大规模的更新，贵阳路片区的波动度最大，这说明该片区居住小区的建设年代混合度最高，而大营门片区与黄纬路片区还保留较多老旧的居住小区，其中黄纬路片区自20世纪80年代之后就鲜有更新。

---

① 李欣. 天津市集居型多层旧住宅发展演变和改造方式研究 [D]. 天津：天津大学，2006.

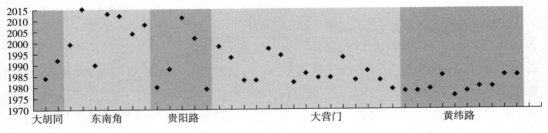

图 3-32 震后"老六片"重建区域现状居住小区建设年代图示化分析

2. 中心城区14片地区住区新旧混合程度分析

在20世纪80年代开辟的住区中，建昌道、体院北、万新村和王顶堤的标记点所在区间和波动度具有相似性，都属于开辟年代较早且更新相对较慢的住区；小海地、密云路、天拖南住区比较相似，是建设年代混合度比较高的居住片区；真理道和长江道片区的图示化分析比较相近，都是现存居住小区的建设年代晚于居住片区开辟年的住区，属于建设年代比较晚且混合度低的住区（图3-33）。

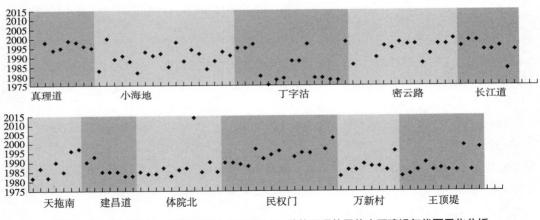

图 3-33 20世纪80年代开辟的中心城区14片住区现状居住小区建设年代图示化分析

3. 中心城区边缘地区住区新旧混合程度分析

1995年中心城区开辟的四个住区中，华苑和梅江居住区相似，都是建设年代晚且混合度低的住区，而万松与西横堤外住区的建设年代混合度略高（图3-34）。

对上述住区建设年代的混合度进行图示化的分析，从分析结果可以看出：

①住区的建设呈现边缘化特征，1976~2000年的住区建设从三岔河口和海河沿线一带

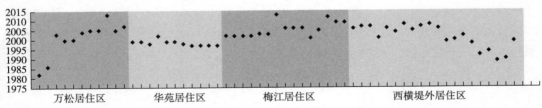

图 3-34 1995年中心城区开辟的四片住区现状居住小区建设年代图示化分析

开始，逐渐向中心城区外沿发展。天津市1996年版的总体规划中确定的12个大型住区都位于中心城区边缘，集中在中环线和外环线之间。

②住区的建设呈现规模化特征，1996年天津市总体规划中的12个住区均在100hm²以上，这些新住区的建设解决了迅速增加的中心城区居民带来的居住面积不足的问题，也为中心城区土地性质更新和结构调整创造了条件。

③开发年代越早的住区建筑建设年代混合度越高，其中，三岔河口和海河沿线的旧住区建设年代混合度较高，这可以反映出这个区域的住区的更新频率比较高，住区居民的生活状况参差不齐。

④靠近城市中心的住区开发强度较低，截至2003年末，据统计天津市中心城区的多层住宅面积占总住宅面积的66%，高层住宅较少，且多分布在中心城区边缘区域（图3-35）。

通过上述分析，可以将中心城区的这些住区划分为以下几类。

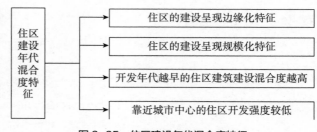

图 3-35 住区建设年代混合度特征

①建设年代早且新旧混合度低的居住片区：大营门，建昌道，体院北，万新村，王顶堤。

②建设年代早且新旧混合度高的居住片区：黄纬路，丁字沽，大胡同，东南角，贵阳路，小海地，密云路，天拖南。

③建设年代晚且新旧混合度低的居住片区：华苑和梅江居住区。

④建设年代晚且新旧混合度高的居住片区：万松与西横堤外住区。

3.3.3 天津市旧住区质量等级分析

1．数据来源与数据分析

旧住区的可持续更新不同于新建生态住区，除了在规划选址和建筑布局方面已成定局之外，旧住区的建筑因为建设年代久远以及建设标准较低，住区内存在部分建筑已经列入老旧建筑的行列。这部分建筑的更新情况更为复杂，除了通过建筑更新改造手法来提升其价值之外，也有可能面临拆除或重建的情况。因此，对天津市中心城区的住宅类老旧建筑进行整理分析，确定这类建筑在中心城区住区的分布状况。

通过对天津市国土房管局所提供的天津市中心城市六区住宅建筑的基础数据筛选与分析，来确定老旧建筑在中心城区住区的分布状况。

原始数据内容包括：

①天津市中心城区六区从1970年至2000年在建成的居住型建筑信息数据；

②天津市中心城区六区所有被评定为老旧建筑和严重损坏的建筑信息数据。

2．天津市老旧建筑在旧住区中的分布情况

（1）天津市中心城区现存老住区研究范围确定

首先，进行数据整理与筛选，将天津市中心城区六区的住宅建筑分成三类，即1970～1979

年建成的住宅类建筑，1980～1989建成
的住宅类建筑，1990～1999年建成的住
宅类建筑，并为每一栋建筑建立基础数据
档案，内容包括建筑名称、位置、建造年
份、建筑结构和建筑面积（图3-36）。

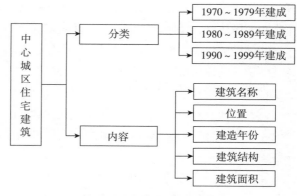

图3-36　中心城区住宅建筑

　　本节的研究对象是天津市中心城区
六区内住区的老旧建筑，因此将筛选出
建于1970～1979年的居住型建筑进行
着重分析。

　　其中，建于1970～1979年的
住宅类建筑共有2973条记录，建于
1980～1989年的住宅类建筑有7827条记录，建于1990～1999年的住宅类建筑有6713条记录
（每条记录不代表一栋建筑物，住区内相同户型的建筑共用同一条记录）。

　　提取住区类住宅建筑记录，删除单体居住类建筑，删除待拆除的平房类住宅建筑，可以
得到建于1970～1979年的旧住区信息。从整理得到的旧住区信息来看，河北区是旧住区最
集中的片区，其次是河西区和和平区。红桥区的旧住区主要集中在丁字沽一片，南开区的旧
住区主要是战备楼和高校附近的教职工居民楼，和平区的旧住区集中在五大道风貌区，河东
区旧住区集中在王串场片区，而河东区旧住区较为分散。

　　（2）天津市中心城区老旧建筑所在住区范围确定

　　旧住区中存在建设年代早、建筑结构严重损坏的房屋和老旧建筑，天津市近年完成了对
老楼与危险楼的全面排查，形成了完善的统计资料。其中，城镇范围内严重损坏房屋共计
284幢、27550户、92599m²，分
布在市内六区、环城四区及滨海
新区、宝坻区、静海县、蓟县4个
区县，主要原因是随着房龄的老
化，部分一般损坏房屋转变为严
重损坏房屋，通过对这部分建筑
数据进行整理与分析，筛选出其
中的居住型建筑，并对其进行可
视化分析，便于确定老旧建筑在
旧住区中的分布特点。

3. 天津市各区域旧住区建筑质量
等级总结

　　从图3-37可以看出，天津市
中心城区老旧居住建筑主要分布
在河东区的王串场真理道片区、
河北区黄纬路片区、红桥区丁字

图3-37　天津市中心城区六区内的老旧建筑和旧住区叠加图示分析

沽片区子牙河路沿线和南开区的长江道沿线。结合"天津市六区建于1970～1979年的居住小区数据整理"表格和"天津市危旧居住建筑所在住区汇总"两方面的数据来看，红桥区包含老旧建筑的旧住区占总量的80%，南开区为26%，河西区为13%，河北区为19%，和平区为3%。由此可见，红桥区丁字沽片区的旧住区含有较多安全隐患的旧住宅楼；和平区虽有很多建设年代较早的住区，但建筑维护情况较好，几乎没有安全隐患的旧住宅楼；南开区长江道片区、河北区黄纬路片区是比较典型的建筑质量状况混合度较高的旧住区。

3.3.4　天津市旧住区类型分析

1.天津市旧住区分类

在天津中心城区传统型住区、租界型住区、单一式住区、商品型住区和老旧住区几种类型的住区并存（图3-38）。

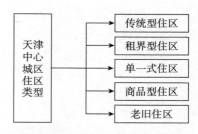

图3-38　天津中心城区住区类型

（1）传统型住区

传统型住区的特点是以城市中的旧街为主线发展而成的街巷式住区，住区内居民从事职业众多，主街以小型商业服务业为主，邻里之间互动性较强。这类街区建设年代久远，多为居民自发建设的民俗聚集区，建筑风格朴素简单，建筑布局通常根据生活需求自发形成（图3-39）。

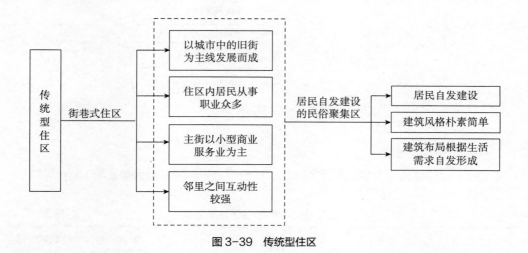

图3-39　传统型住区

（2）租界型住区

租界型住区是指天津租界内特有的住区形式，各租界内的住区都有各自的特点，如日租界的住区呈现成排的条带状，每个单元都由院落、主楼和附属用房构成。

（3）单一式住区

这类住区主要是围绕工作单位建设的职工住区，居民的职业构成单一，单位制的公房住区是计划经济时代特有的居住方式，大多建于20世纪50～90年代，这类住区生活服务设施齐全，相对封闭（图3-40）。

（4）商品型住区

这类住区可以分为两种类型：旧城改造建设时期的商品住区和新型商品型住区。早期商品型住区多为商品房住区和还迁房，粗放型的建设方式导致住区空间品质一般，缺乏公共空间，居民之间互动性不强。

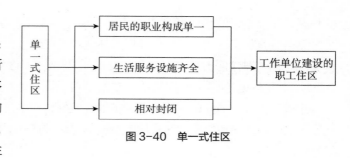

图3-40　单一式住区

新型商品型住区多处于城市边缘，强调公共空间的开发，户型多样，可供中高收入人群挑选，居民职业混合度较高，但收入水平相当，这类住宅属于新型住区，不在旧住区讨论的范畴之中（图3-41）。

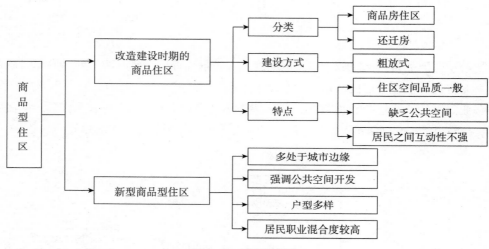

图3-41　商品型住区

2．典型研究片区确定

如果将上面讨论的几个居住片区划分到上述类别之中，可以得到如表3-15所示结果。

天津市中心城区旧住区性质划分 表3-15

居住片区	住区类型	建设年代混合度评级	建筑质量混合度评级
王串场真理道片区，河北区黄纬路片区，丁字沽片区子牙河路沿线	传统街坊住区与混合式综合住区并存	高	高
南开区高校周边住区	单一式住区	低	低
和平区五大道片区	传统街坊住区	低	低
西横提外住区，万松住区	混合式综合住区	中	低
梅江居住区，华苑住区	新型房地产物业管理型住区	低	低

在前面的论述中，已对天津市中心城区住宅的发展历程做了简单介绍，并通过天津市国土房管局的数据资料和谷歌地图对现存住区的分布以及特征进行了概括，总结出天津市中心城区旧住区的建设年代混合度特征和建筑现状质量混合度特征。

本章针对的是天津市中心城区旧住区的可持续更新，为了使研究具有针对性，选择更新难度较大的片区进行调研，能更好地挖掘住区存在的问题，选择开发年代较早、更新频率较低且住区建筑质量混合度比较高的住区进行具体分析。

在住区类型上，将选择住区类别形式多样的旧住区地段作为典型研究对象进行进一步研究，综合各部分的分析结果，得到王串场真理道片区、河北区黄纬路片区、丁字沽片区子牙河路沿线是适合作为调研对象的研究样本。

3.4　典型旧城区重要构成系统量化分析

3.4.1　典型旧城区建筑系统量化分析

1. 全生命周期成本与剩余生命周期成本

在建筑系统的量化分析部分，要从全生命周期和剩余生命周期成本的角度来考量，全生命周期成本关注的是建筑从原料生产到建筑拆除整个生命周期消耗的物质资料和能源的总和，一般由投资成本、运行成本、养护成本、维修成本和废弃处理成本组成。剩余生命周期成本则偏重于某一时期的成本，在本节中，剩余生命周期成本用于衡量旧住区建筑从更新初始状态至废弃状态的资本投入（图3-42）。

松村秀一在其著作《建筑再生——存量建筑时代的建筑学入门》中提到，研究建筑生命周期的基础问题是建筑性能、时间与成本投入的问题，图3-43简单表达了建筑性能与时间的关系，这种变化关系还包括建筑使用过程中功能变更和建筑再生等行为对建筑性能的影响。图3-44中建筑性能不断提高，是指建筑通过一定的修缮和翻新措施不断提高自身的使用价值，我们看到在每一个建筑性能发生转折的部分都有一定的资本投入，这种费用的支出

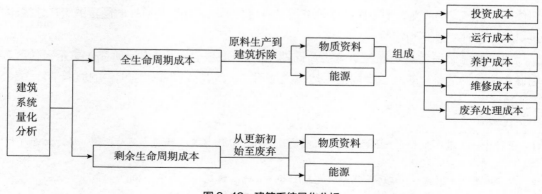

图 3-42　建筑系统量化分析

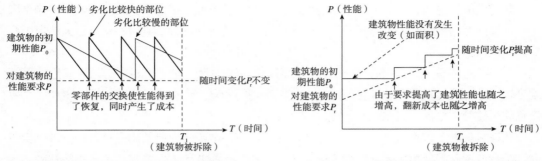

图 3-43　建筑性能与时间（使用价值不改变）　　　图 3-44　建筑性能与时间（使用价值改变）

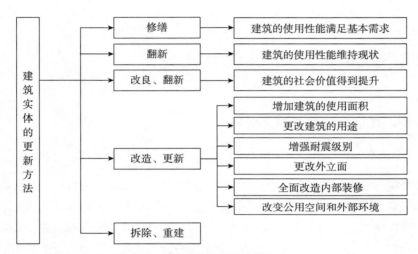

图 3-45　建筑实体的更新方法

一直会持续到建筑被废弃、被拆除，这些积累下来的总费用就是对建筑再生和更新的总投资[1]（图3-45）。

2010年的"第六届国际绿色建筑与建筑节能大会暨新技术与产品博览会"上，与会专家对我国的住宅建设情况做了全面的报告，报告显示中国的住宅寿命平均年限在25～30年，根据欧阳建涛运用威布尔模型运算的结果显示，我国20世纪60年代的住宅平均寿命在25年左右，70年代的住宅使用寿命为35.7年，80年代建设的住宅使用年限在40.4年左右[2]。随着旧住区更新模式的改变，旧住区的建筑使用寿命将会延长，因而将研究时间范围定在住区建筑更新初始时期起至50年后。

建筑的能源消耗量是在建筑全生命周期中必须研究的问题，由于研究对象是旧住区，因此主要讨论的是建筑全生命周期中建筑的使用、拆除与废料处理过程中的能源消耗（表3-16）[3]。

---

[1]　松村秀一. 建筑再生——存量建筑时代的建筑学入门 [M]. 范悦，周博，吴茵，等，译. 大连：大连理工大学出版社，2014.

[2]　欧阳建涛. 中国城市住宅寿命周期研究 [D]. 西安：西安建筑科技大学，2007.

[3]　陈健. 可持续发展观下的建筑寿命研究 [D]. 天津：天津大学，2007.

住宅全生命周期各阶段的能源使用情况　　　　　　　表3-16

	生命周期的阶段	生命周期资金成本	能源消耗
阶段一	建筑获得（新建或翻新）包括以下费用	· 场地清理与基础建设 · 设计费用 · 规划、监管和法律费用 · 建设，调试，装修，交接 · 建筑管理 · 贷款利息	住宅建造阶段和使用阶段，修复更新所需要的建筑材料和中间材料开采，生产、加工、运输和各中间环节所需要消耗的能源，建筑施工中所消耗的能源，包括现场材料的加工与机械施工耗费的能源
	通过租赁获得包括以下费用	· 购买费用 · 规划、监管和法律费用 · 改造以适应商业需求 · 内部管理 · 贷款利息	
阶段二	操作（使用和维护），包括以下费用	· 维护，修复，构建更换 · 清理 · 能源 · 安全与管理 · 租金	在建筑使用过程中，采暖、供电等日常使用维护中消耗的能源
阶段三	资产使用收入	通过分租而产生的收入	
	建筑处置，包括以下费用	· 拆除 · 现场清理	建筑拆除、解体过程中消耗的能源，建筑在日常维护中以及拆除后产生的废弃物的运输、处理所需要的能耗
	建筑处置的收入	· 出卖资产权益 · 出售土地 · 销售拆迁材料	

　　本节将旧住区建筑更新行为进行归类，得到四类：①维护及修理；②翻新；③改造；④拆除[①]。通过具体分析研究地块建筑单体的质量等级、建筑改造潜力等级来确定具体的更新方式，不同的更新方式产生不同的能耗和资金成本，通过FRAGSIM情景模拟[②]，可以得到不同的建筑单体更新方式导致的全生命周期成本，通过比较不同更新方式带来的建筑全生命周期成本、二氧化碳排放量以及平均建筑价值来选择最优更新方法。FRAGSIM最终得到的数据表格如表3-17所示。

---

① 松村秀一在《建筑再生——存量建筑时代的建筑学入门》中将建筑更新的行为细分为16类：1）保存（preservation）；2）维护（maintenance）；3）修补（repair）；4）转变（conversion）；5）大规模修缮（renovate）；6）改建（rebuilding）；7）改良（improvement）；8）改善（improvement）；9）改修（modifying）；10）改造（remodeling）；11）改装（refurbishment）；12）更新（renewal）；13）现代化（modernization）；14）模样替换（rearrangement）；15）精制（refine）；16）改进（reform）。
② 天津大学客座教授 Niklaus Kohler 基于德国典型住宅全生命周期分析以及统计数据在 Excel 上开发的计算工具 FRAGSIM，该计算工具可以对建筑在剩余生命周期中进行不同更新方法的情景模拟，得出建筑剩余生命周期中的能源消耗情况、建筑品质、投资花费、CO_2 排放量等数据。

FRAGSIM模拟结果数据汇总 表3-17

成本类型		单位
能源成本	操作成本	kW·h
	投入成本	kW·h
	总能源成本	kW·h
环境成本	操作成本	$kgCO_2$
	投入成本	$kgCO_2$
资金成本	操作成本	元
	投入成本	元
	总资金成本	元
建筑价值	平均建筑价值	points

2. 建筑单体调研及评价方法

（1）单体建筑数据信息搜集

将研究基地内部的所有建筑单体编号，通过实地调研得到建筑基本信息，并建立单栋建筑的数据信息表，如表3-18所示。

建筑单体信息 表3-18

建筑 ID	A（住区编号）-01（建筑编号）
建筑属性	住宅楼 / 裙房 / 商业 / 办公 / 服务用房 / 闲置建筑
建造年代	1920 年以前 /1920 ~ 1949 年 /1950 ~ 1976 年 /1976 ~ 2000 年
改造次数	1/2/3 以上
层数	1 层 /2 层 /3 层 /4 层 /5 层 /6 层 /7 层 / 等
结构形式	砖混 / 钢筋混凝土 / 钢结构
建筑质量评级（state class）	0.2/0.4/0.6/0.8/1.0
建筑潜力评级（potential class）	0.2/0.4/0.6/0.8/1.0
策略选择（strategy class）	0.2/0.4/0.6/0.8/1.0

将每一栋建筑分别单独拍照并完成单体建筑的信息表格，并以Excel方式汇总，从而建立建筑单体数据库，将研究地块所有的建筑信息汇总。

（2）单体建筑数据评级方法

上面将建筑更新方式归类得到：①维护及修理；②翻新；③改造；④拆除。通过具体分析研究地块建筑单体的质量等级、建筑改造潜力等级来确定具体的更新方式，不同的更新方式产生不同的能耗和资金成本，通过FRAGSIM情景模拟，可以得到不同建筑单体的更新方式所导致的建筑剩余生命周期成本，通过比较不同更新方式带来的建筑全生命周期成本、平均建筑价值以及对环境的影响程度来选择最优的更新方法。

一是建筑质量评级标准。

建筑质量评级的影响因素包括：①其外观和内部的良好程度；②其建造年代；③其结构类型与质量；④现状使用功能；⑤维修、翻新改造的历史。通过实地调研、进入室内查看、咨询当地居民用户、查找资料等方式，综合以上因素得出建筑质量评级（state class）。

第一类：建筑质量很好，评分1。此类建筑外维护结构及主体结构完好，建造年代较晚，多为钢筋混凝土结构，室内舒适度较好，满足当代人们的生活需求。

第二类：建筑质量较好，评分0.8。此类建筑主体结构完整，外围护结构稍有破损，能满足人们日常生活基本需求。

第三类：建筑质量一般，评分0.6。此类建筑外立面有轻微破损，且结构有潜在隐患。

第四类：建筑质量较差，评分0.4分。此类建筑有较为明显的受损状况，同时存在结构安全隐患。

第五类：建筑质量很差，评分0.2。此类建筑外立面损害严重，结构类型多为砖混或砖木结构，且存在明显的安全隐患（表3-19）。

建筑质量评级标准　　　　　　　　　　　　　　　　　　　　表3-19

			影响因素				
			外观和内部良好程度	建造年代	结构类型与质量	现状使用功能	维修翻新改造的历史
建筑质量评级	建筑质量很好	1分					
	建筑质量较好	0.8分					
	建筑质量一般	0.6分					
	建筑质量较差	0.4分					
	建筑质量很差	0.2分					

二是建筑潜力评级标准。

在对建筑潜力评级时，首先考虑建筑是否有转变功能的可能性和必要性，从住区的实际情况出发，该地块将在较长时间内保持相对稳定的社会功能，而对于功能相对孤立且与住区关联度较小的建筑则没有长期存在的潜力。

其次，衡量建筑改造的难度。建筑的改造难度越大标志着建筑改造成本越高，当建筑改造成本不能与改造效益相匹配时，建筑更新的潜力就会降低。建筑的历史文化保护价值也会影响到建筑潜力评级，其与建筑的改造潜力关系较为复杂，对于不同类型的保护类建筑因采取不同的保护手段，在地块中有几个具有文化价值的历史性建筑，这些建筑均已列入天津市风貌建筑的范畴，只考虑这些建筑对研究地块的影响，不会将其作为更新对象进行讨论。具体的建筑潜力评价标准如下。

第一类：建筑潜力很高，评分1.0。建筑有长期存在的价值，改造成本低，改造后建筑的社会价值高，可以体现为具有较高的租赁价值、使用价值、社会价值或文化价值。

第二类：建筑潜力较高，评分0.8。建筑有长期存在的价值，建筑具有改造后经济效益、社会价值或审美价值较大幅度的提升。

第三类：建筑潜力一般，评分0.6。建筑有长期存在的价值，但改造成本较高，改造后经济价值能得到一定程度的提升。

第四类：建筑潜力较差，评分0.4。建筑没有长期存在的可能性，改造成本很高，改造后的经济价值不高。

第五类：建筑潜力很差，评分0.2。建筑没有存在价值，土地使用性质的变更和建筑的拆除会带来更好的环境效益（表3-20）。

建筑潜力评级标准 表3-20

			影响因素		
			建筑转变功能的可能性	建筑转变功能的必要性	建筑改造的难度
建筑潜力评级	建筑潜力很好	1分			
	建筑潜力较好	0.8分			
	建筑潜力一般	0.6分			
	建筑潜力较差	0.4分			
	建筑潜力很差	0.2分			

三是策略评级标准。

建筑改造策略的选择取决于以上最终两个评级，即建筑质量评级标准（state class）和建筑潜力评级标准（potential class）。从建筑实体的更新方法看，有五种类型的更新方法：一是修缮，使建筑的使用性能满足基本需求；二是维护、翻新，目的是使建筑的使用性能维持现状；三是改良、翻新，使建筑的社会价值得到提升；四是改造、更新，如增加建筑的使用面积，更改建筑的用途，提高耐震级别，更改外立面，全面改造内部装修，改变公用空间和外部环境等；五是拆除或者重建（图3-46）。

根据建筑质量评级标准和建筑潜力评级标准分析得出的建筑改造策略如表3-21所示。

建筑改造策略制定标准 表3-21

建筑质量评级标准建筑潜力评级标准	建筑质量评级<0.4 建筑潜力评级<0.4	建筑质量评级<0.4 建筑潜力评级<0.6	建筑质量评级0.6 建筑潜力评级0.6	建筑质量评级>0.4 建筑潜力评级0.8	建筑质量评级>0.8 建筑潜力评级>0.8
策略评级 策略选择	0.2 拆除	0.4 立刻改造，翻新	0.6 优化，准备翻新	0.8 定期修复	1 定期维护

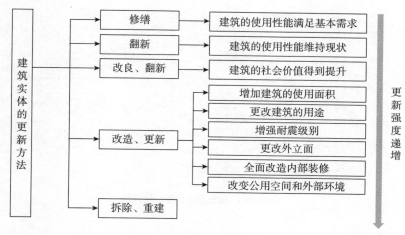

图 3-46　建筑实体的更新方法

3．建筑系统现状评级

通过Google Earth历史地图获取了研究地块从2000年至2016年的卫星航拍地图，如图3-47所示。图中虚线区域表示当年拆除的建筑，斜线填充区域表示当年新建的建筑。从这16年的航拍地图来看，研究地块的建筑更新频率较低。仅有建于2003年的颐海公寓和日照公寓的建设使得13号和14号地块有较大改变。由此推测，在没有政策、市场或者自然因素推动的情况下，该地区将不会发生大规模的城市更新活动。

从上面对建筑全生命周期成本的介绍中可知，建筑全生命周期的能耗是建筑建造阶段所需要的材料蕴能（包括生产能耗和材料运输能耗、建筑施工阶段能耗、建筑运行阶段的能耗、建筑维护所需要的材料蕴能、建筑拆除阶段的能耗以及建筑废弃物回收的运输能耗的总和）。对于一个处于稳定状态的旧住区而言，其建筑的整体能耗也处于一个稳态，影响其整体全生命周期能耗的因素主要是住区的更新。例如，废弃建筑物的拆除、建筑物功能的置换、新建筑的建造等。

综上所述，对研究地块建筑的更新方法是影响整个住区能耗的重要原因（图3-48）。

将研究地块的建筑按照年代进行划分，建于同一时期的住宅建筑可划分为同一个"组群"，将研究地块分为三个组群（图3-49）。

第一个组群建于1976年以前，这一类建筑比较少且分散在研究地块中。结合功能分布图来看（图3-50），这一组群的建筑均不是居住类建筑，具体的建筑信息如表3-22所示。

| 2000 年 | 2005 年 | 2011 年 | 2016 年 |

图 3-47　研究地块历史变迁

（资料来源：Google Earth历史地图）

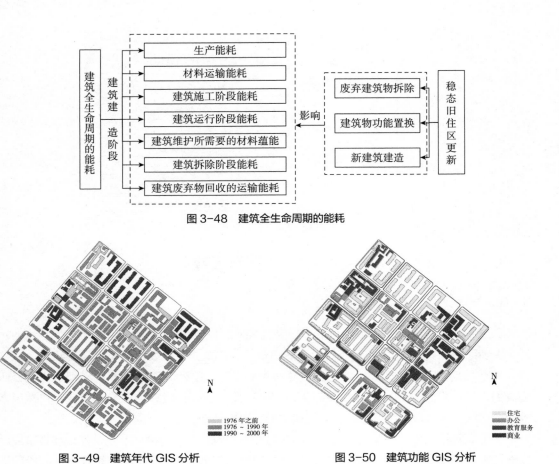

图3-48 建筑全生命周期的能耗

图3-49 建筑年代GIS分析

图3-50 建筑功能GIS分析

从表格中看出，这一组群建筑除了1号地块14号建筑和3号地块7号建筑通过两次更新改造，建筑使用状况良好，其余建筑均存在一定的使用问题。

建于1976年以前的建筑信息数据汇总   表3-22

建筑 ID	建筑功能	层数（层）	建筑质量评级	结构形式	改造次数（次）	使用情况
1 ~ 14	办公	2-3	0.8	砖混	2	正常使用
3 ~ 7	办公	4	0.8	砖混	2	正常使用
11 ~ 15	办公	1	0.4	砖混	0	闲置
11 ~ 16	办公	3	0.4	砖混	0	闲置
11 ~ 21	办公	1	0.2	砖木	1	正常使用，但空间狭窄，工作环境不佳
11 ~ 22	办公	2	0.6	砖混	0	闲置
11 ~ 10	教育	2	0.8	砖混	1	正常使用，环境不佳
13 ~ 11	教育	1	0.6	砖混	1	正常使用，环境不佳
13 ~ 13	教育	1	0.6	砖混	1	正常使用，环境不佳
13 ~ 14	教育	1	0.4	砖混	0	闲置
15 ~ 9	商业	1	0.2	钢	0	不能满足使用要求

第二个组群是建于1976～1990年的建筑，1～8号以及10、11号地块均属于这一组群。震后住宅的建设标准在1973年的建设标准上有所提高，但由于当时经济条件的限制，在国家提出的《关于厂矿企业职工住宅、宿舍建筑标准的几点意见》中也强调了一类住宅的建筑面积一般为42～45m²，二类住宅的建筑面积在45～50m²，三类住宅的建筑面积在60～70m²[①]。通过调研咨询，研究地块中的这一建设年代组群每户的居住建筑面积均在35～48m²。

第三种组群是建于1990～2000年的建筑，15号地块日盈里和16号地块日光里是这一组群的代表。1978～1985年是我国住宅建筑建设量迅猛增长的时期，但这一时期的住宅存在设计粗放、建设施工标准偏低、后期管理不足等问题。随着《关于"七五"—"八五"期间住宅设计标准的规定》《"九五"住宅建设标准》的陆续颁布，城市住宅的设计标准不断提高，住宅设计从面积标准、设备设施标准、安全防卫等方面都有了明显提高。

这一时期的建筑结构形式为框架结构，每户的居住面积在50～70m²，并且采用较大开间的空间分割方式，增加了住宅的适应性。同时，《"九五"住宅建设标准》中明确提到了要树立住宅的全生命观念，不要一味地节省建造成本。因此，这一建设时期的组群有更长的建筑使用寿命，建筑适应能力也更强。

在进行住区建筑更新时，如何选择更新对象才能使得投入较少的成本而获得更高的社会效益呢？更新成本的投入多少取决于更新对象的初始状态、更新方式的选择。不同建设年代的建筑具有不同的剩余寿命，不同结构形式的建筑更新难度和资源投入量也千差万别，同样，建筑层高和建筑面积也影响着建筑更新的资源投入和对环境影响程度（图3-51）。

根据天津大学杨崴等在《基于统计分析和GIS的住宅建筑存量动态发展研究》中对天津市鞍山道片区住宅建筑平均寿命的研究，得出住宅建筑的预期平均寿命为67.33年，其中砖木结构形式的平均寿命在61.9年，砖混结构形式的建筑平均寿命为69年[②]。根据研究地块中各建筑单体的建造年代和建筑寿命，可以统计得出各建筑的剩余寿命，单体建筑的剩余寿命影响着更新时间和策略的选择（图3-52）。

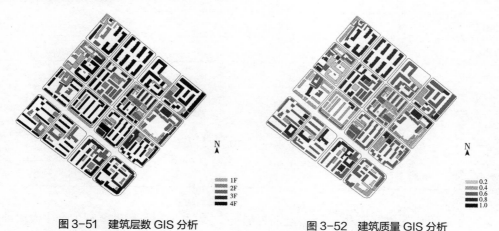

图 3-51　建筑层数 GIS 分析　　　　　图 3-52　建筑质量 GIS 分析

① 国家建设委员会. 关于厂矿企业职工住宅、宿舍建筑标准的几点意见 [R].1977.
② 杨崴，董磊，Niklaus Kohler. 基于统计分析和 GIS 的住宅建筑存量动态发展研究 [C]// 全国建筑院系建筑数字技术教学研讨会暨数字建筑设计国际学术研讨会论文集，2013.

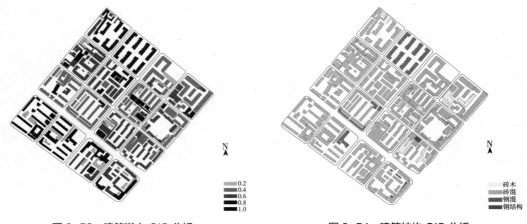

图3-53　建筑潜力GIS分析　　　　　　　图3-54　建筑结构GIS分析

欧阳建涛在其博士论文《中国城市住宅寿命周期研究》中探讨了砖混结构住宅和框架结构住宅在全生命周期各阶段的能源消耗的特征，发现在材料生产阶段，单位面积的框架结构能源消耗是砖混结构能源消耗的1.5倍；在建造阶段，框架结构的能源消耗是砖混结构的4.68倍；而在使用阶段，单位面积框架结构的能源消耗与砖混结构能源消耗相当；在拆除阶段，框架结构的施工能耗是砖混结构的3.9倍；在废弃物回收阶段，框架结构的能源消耗是砖混结构的4.6倍。从上述数据来看，框架结构总的能源消耗量较大，但是，框架结构通过回收建材产生的能源效益是砖混结构的6倍，在资源可持续利用方面，框架结构的建筑有着砖混结构建筑不可比拟的优势。

不同的结构形式对应的温室气体排放量（kg CO_2 eq/m²/年）[1]　　　表3-23

项目	砖木结构公建	砖木结构住宅	砖混结构公建	砖混结构住宅	框架／框剪结构公建	框架／框剪结构住宅
新建	242	242	234	234	308	340
运输	46.1					
维修	51					
更新	50.9					
功能置换	36.3	36.3	35.1	35.1	46.2	51
日常使用	54.1					
拆除	79.8					
废弃物	74.8	80.7	81.9	86.6	20	50.7

从全生命周期的角度来看，无论是何种结构的建筑，使用阶段的能耗占全生命周期总能源消耗的80%左右，材料生产阶段的能源消耗占比次之。在住宅建筑全生命周期中，材料

---

[1]　董磊，基于资源节约的城市住宅建筑存量更新方法 [D]. 天津：天津大学，2013.

生产阶段和建筑使用阶段能源消耗的总和占总额能源
消耗的99%以上。由此可见，延长住区建筑的使用寿
命、降低旧住区的更新次数是实现旧住区可持续发展
的重要因素。

　　通过实地调研和数据整理，对研究地块各建筑单
体初始状态的质量进行统一评级。质量评级的结果直
接反映了该建筑对更新的需求程度，但是具体的更新
方法还需要结合各方面因素考量。根据上面总结的更
新方法评级原则，可以从整体上把握整个研究地块目
前比较适应的更新方式，如图3-55所示。

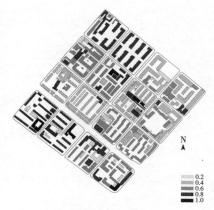

图3-55　建筑策略 GIS 分析

　　其中，策略评级为0.2的建筑单体属于老旧建筑，
应当停止使用，在条件允许的情况下，可以拆除重建。策略评级为0.4的建筑单体应当立刻
改造或翻新，这两者的区别在于，改造指的是通过一定的修建工作不仅使建筑的使用状态得
到提升，并且建筑功能也发生了变化；而翻新则是在原有使用功能不变的情况下，单纯地提
高了建筑的质量。策略评级为0.6的建筑单体仍然能够满足当下的使用需求，随着使用时间
的增加，等其建筑质量评级降低后再考虑是改造还是翻新。策略评级为0.8的建筑具有一定
建筑潜力，如具有一定的历史保护价值，只需定期修复即可；策略评级为1的建筑单体，状
态较好，只需定期维护。

3.4.2　典型旧城区绿地系统量化分析

　　吴良镛曾在人居环境的释义中提到：按照对人类生存活动的动能作用和影响程度的高
低，在空间上，人居环境可以分为生态绿地系统和人工建筑系统两大部分[①]。由此可见，住
区的绿地系统在整个人居环境系统中的地位非同一般。随着近年来低碳社区和生态社区的不
断发展，住区的绿地系统设计无论是从自然生态效益还是从社会人文效益层面来说都起到了
举足轻重的作用。

　　一般在生态社区绿地系统的设计中不仅要达到满足服务不同年龄层次居民的要求，还要
通过景观构建具有生态效益的植物生态群落，不仅要保护基地内自然生态因素，还要注意绿
化的配置达到一定的审美要求（图3-56）。

　　本章在讨论旧住区的绿地系统时，首先明确了住区绿地系统的设计原则与标准，在此基
础上，通过实地调研和问卷调查来发现住区绿地系统存在的问题，从而制定具有可操作性的
可持续更新方法。在调研中，将旧住区评价指标中关于绿地系统指标作为重点调研对象。

1.　绿地系统可持续更新原则与目标

　　（1）合理的绿地系统生态结构
　　住区绿地系统是指由软质的植物、水体、地形和硬质的道路、公园小品、休闲设施等要

---

① 吴良镛. 人居环境科学导论 [M]. 北京：中国建筑工业出版社，2001.

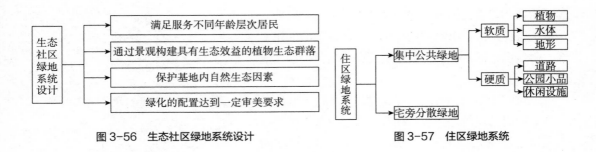

图 3-56　生态社区绿地系统设计　　　　　　　　　图 3-57　住区绿地系统

素组成的集中公共绿地和宅旁分散绿地①。合理的建筑布局和绿地系统布置共同构成了住区的室外空间环境，在住区改造中建筑布局难以重塑，因此调整绿地系统是重塑合理室外空间结构的主要内容（图3-57）。

在前面已经总结归纳了评价旧住区绿地系统的重要指标，如绿地率、树种类型丰富度，这些指标可以在一定程度上反映建成环境中绿地系统的优劣，但实现可持续发展的旧住区绿地系统与评价其优劣程度有着本质区别，可持续更新旧住区的绿地系统不仅要求住区的绿地达到一定的数量和质量，还需要整合住区的绿地系统结构，使之与城市绿地系统融为一体。

衡量住区生态结构合理性的相关指标有景观绿地可达性、绿地率、小区绿地系统与外界绿地系统连接程度等。

其中，景观绿地的可达性反映的是居民到达公共景观中心的难易程度（景观可达性由从社区步行到达公共景观中心的时间平均值表示）。良好的景观绿地可达性可以充分发挥景观绿地的社会效益。

绿地率衡量的是住区内公共绿地、宅旁绿地、道路绿地和公共服务设施所属绿地面积的总和占居住区用地面积的比率（绿地率=绿化用地面积/总用地面积），也是对住区绿地系统评价的基本指标。

与外界绿地系统的连接程度（小区绿地系统与外界绿地系统连接程度由连接个数表示）反映了社区绿地系统和城市绿地系统的联系程度，住区绿化与城市绿地系统联系紧密度越高，说明该片区景观连续性越好，居民也能得到更好的生态景观体验。

（2）合理的旧住区植物群落配置

旧住区的绿化建设不同于有大量资本流入的新住区，在资金有限制的情况下要达到较好的绿化效果，这决定了旧住区绿地系统走节约型更新的道路。首先要尊重旧住区的现有植被，在此基础上增加树种类型来达到提高树种丰富度的目的。然而天津市地处北温带，全年的降水量556mm，较为干旱，由于天津是退海地，盐碱较重，对植物的耐寒、耐旱、耐碱的能力有一定要求，而乡土树种是经过自然选择、优胜劣汰而保留下来的树种，在适应力方面有较强的优势，因而选择天津市乡土树种有利于节约后期的养护成本。

此外，住区生态绿地的服务对象是住区居民，住区的绿化设计与居民的活动结合在一起布置，可以提高生态绿地的使用价值。住区生态绿地不同于城市绿地，住区绿化应具有观赏性，讲究色彩丰富度，能反映季节更替特点。单株植物应具有形体美、色彩美的特点。群落

---

① 韩燕凌. 生态住宅小区的绿化系统设计要点 [J].铁道勘测与设计，2001（4）：49-51.

植物应能达到一定的树种丰富度，植物配置的丰富度不仅仅是指种类多样，植物群落的层次结构也在一定程度上反映了住区植物配置的优劣。

2．绿地系统生态结构分析

（1）绿地景观可达性分析

景观可达性反映了住区居民使用公共绿地的便利程度。绿地景观的可达性受到多方面因素的影响：一是公共绿地的服务半径，二是来自于城市的空间阻力，三是公共绿地自身的吸引力。下面将从这三个方面来分析研究片区绿地景观的可达性（图3-58）。

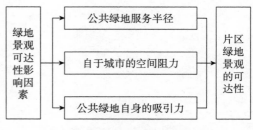

图 3-58　绿地景观可达性影响因素

据统计，研究片区有两个区域性公园和两个专类公园，具体信息如表3-24所示。区域性综合公园是以植物景观为主、服务和游乐设施为辅的公园，而专类公园是以某种使用功能为主的公园绿地。根据《天津市中心城区及环城四区绿地系统规划（2008—2020年）》，这类公园的服务半径应在1.5～2km。

典型研究片区现状景观绿地中心统计　　　　　表3-24

片区	名称	公园面积（hm²）	位置
区域性公园			
红桥区	西沽公园	34.95	桥北大街与光荣道交叉口
区域性二级公园			
红桥区	滨河公园	3.58	临水道
专类公园			
河北区	中山公园	2	中山路
河北区	王串场公园	6.64	富强道与王串场五号路交叉口

将典型研究片区的公共绿地及天津市中心城区六区的公园绿地分布叠置在一起（图3-59）。与其他地区相比，研究地块的区域性公园分布较为密集，并且城市绿地面积较为可观，但住区绿地相对较少。通过对研究地块内的区域性公园的服务范围做可视化分析，可以看出区域性城市公园仍不能实现居住片区的全覆盖，部分住区组团离公园距离较远，不能满足舒适的步行距离要求。由于住区级公园的严重缺失，也会造成区域性公园超荷载运营。

除了用于笼统反映各级公共绿地服务性能的服务半径这个指标外，城市绿地的可达性还受到城市阻力的影响，城市阻力表达的是从出发地到目的地之间，城市中自然元素或人工因素造成的阻碍值。根据张晓来在其论文《基于GIS的城市公园绿地服务半径研究——以老河口市为例》中的研究成果，不同的城市用地性质和道路等级的空间阻力值不同，如表3-25所示。

图3-59　研究地块公园绿地服务半径示意　　　　　图3-60　研究地块城市阻力

城市阻力
1-10
10-100
100-500
5000-1000

不同的土地性质的城市阻力相对值　　　　　表3-25

土地利用类型	相对阻力	土地利用类型	相对阻力
道路，广场	1	仓储用地	100
居住用地	3	工业用地	500
公共绿地	15	公共设施用地	200
市政设施用地	8	河流	999

资料来源：张晓来. 基于GIS的城市公园绿地服务半径研究——以老河口为例[D]. 武汉：华中农业大学，2007.

从研究地块的城市阻力图来看（图3-60），由于海河、铁路和火车站的阻力很大，对城市绿地的可达性影响极大，将丁字沽居住片区、黄纬路片区和王串场片区分割开，全市性公共绿地的共享性大大降低。结合图3-59和图3-60可以看到，丁字沽居住片区有西沽公园作为区域性公共绿地，王串场片区有中山公园作为区域性公共绿地，而由于天津北站的阻隔，理论上服务区域包括黄纬路片区的北宁公园可达性相对较低，难以满足黄纬路片区居民的使用需求。

但从研究地块公共绿地的吸引力来看，西沽公园却是综合性最高的公园，全园占地面积31.77hm²（含水域面积6.67hm²），全园有乔木、灌木、常绿树和果树等76个品种[1]。园内绿化种植种类丰富，并且形成了海棠、紫薇、月季、桃花等六大观赏群落。园内设置了7个功能区域，集植物观赏、少年儿童活动、水上游乐、休息和管理于一体。在特定时节，园内举办桃花展、灯展、菊展等人文活动，从而大大增加了西沽公园的吸引力。

① 郭凤岐. 天津通志·城乡建设志 [M]. 天津：天津社会科学院出版社，1996.

（2）与外界绿地系统连接程度分析

研究地块中大部分住区建于1976~1984年，天津在20世纪80年代采取"见缝插针"式的绿化改造运动，这导致住区内大量的绿化不成体系且较为分散。

良好的住区绿地系统应该是城市绿地系统中的一部分，住区的绿地系统与外部城市绿地系统的联系度越高，越有利于改善居住内部环境，形成良好的生态循环系统。

那么，如何描述住区绿地系统与外界的联系程度呢？通过统计各住区与外界绿地系统的连接点来判断联系性的大小，统计结果如表3-26所示。

研究地块的各住区与外界绿地系统的连接点个数　　　　　　　　　表3-26

军民里	团结里	求是里	元吉里	抗震里	胜天里	二贤里
4	5	3	3	4	4	2
二美里	三戒里	宝兴里	日照公寓	颐海公寓	日盈里	日光里
4	3	2	3	2	1	2

（3）绿地率与绿化率分析

1980年以前建设的住区为了尽可能提高建筑密度忽略了生态环境的建设，住区的绿化建设用地常常被挤占用尽。直到1980年，天津市城市规划首次规定了住区绿化指标，新建设住区人均绿化面积为2m^2，旧住区的人均绿化面积为0.5~1m^2。1980年后天津市还开展过设置小游园、小绿景、小街景（简称"三小"）来绿化住区。

据统计，在研究片区中14个居住地块的绿地率在25%左右，其中有8个居住地块的绿地率达不到25%，从图3-30中可以看出，研究地块的绿地形式主要为道路绿地和组团绿地，由于建筑组团规模较小且分散，居住组团的绿化也不成体系，呈散点状布置。14个居住组团之间的绿地也互不关联，呈现各自为营的封闭状态（图3-61）。

此外，研究地块中的生态绿地使用价值不高，主要体现在：①植物种类较少，行道树以白蜡、毛白杨为主；建筑外立面有部分垂直绿化，主要是居民自植爬山虎。②组团绿地的绿化覆盖率较低，植株疏于管理，不能达到观赏要求。③缺少公共空间和娱乐设施，生态绿地功能单一，未能与居民活动结合在一起。④城市道路绿地与住区绿地相互隔离，住区绿地系统未能很好地融入城市绿地系统之中。⑤住区绿化管理意识较弱，绿地多呈自然生长

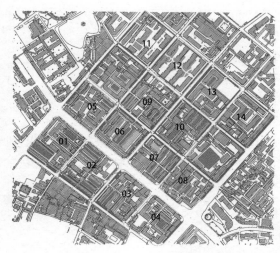

道路绿地
组团绿地
分散绿地
小游园

图3-61　研究地块绿地系统分布

状态，未能起到审美与视线引导作用（表3-27）。

研究地块住区绿地系统基础信息调查　　　　　　　表3-27

编号	名称	绿地率（%）	住区面积（m²）	绿化率（%）	户数	人均绿地面积（m²）	建设年代
01	军民里	22	24979	50	585	2.3	1976
02	团结里	20	26321	48	500	2.6	1976
03	求是里	25	22990	34	426	3.37	1984
04	元吉里	10	23345	55	652	0.89	1988
05	抗震里	13	20917	60	520	1.3	1976
06	胜天里	10	21788	23	972	0.56	1978
07	二贤里	23	20012	60	582	2.0	1980
08	二美里	26	20523	55	546	2.44	1980
09	三戒里	24	25310	48	534	2.84	1984
10	宝兴里	26	23605	23	690	2.22	1984
11	日照公寓	28	23709	68	846	1.96	2002
12	颐海公寓	30	24578	70	448	4.11	2003
13	日盈里	24	22697	56	590	2.3	1997
14	日光里	16	24427	45	659	1.48	1996

3．绿地系统植物配置分析

从植物群落的层次结构来说可以
分为垂直结构和水平结构，垂直结构
指的是群落在垂直方向的分布结构[1]，
水平结构则是指植物群落的分布情况。
这两种结构的复合使用形成了植物群
落的多种结构模式：复层结构模式，
双层结构模式，单层结构模式等。研

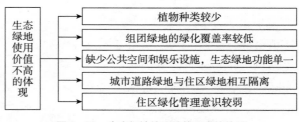

图 3-62　生态绿地使用价值不高的体现

究表明，复层结构模式在生态效益和景观效益上优势明显。通过对研究片区的绿地面积统
计和结构模式分类，得到研究片区植物群落结构模式的现状配置比例，如图3-63，表3-28
所示。

---

① 赵艳玲. 上海社区绿地植物群落固碳效益分析及高固碳植物群落优化 [D]. 上海：上海交通大学，2014.

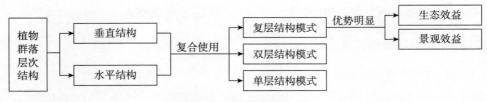

图 3-63 植物群落层次结构

研究地块绿地植物群落的结构模式比例 表3-28

	结构层次组成	面积比例（%）
复层结构模式	乔木—灌木—草	10
双层结构模式	乔木—草	8
	乔木—灌木	3
	灌木—草	2
单层结构模式	乔木	78

从现状调研的结果看，研究地块的绿区群落结构模式较为单一，且以单层结构模式为主。通过实地考察，统计了研究片区各树种的种类、数量以及观赏特点，统计结果如表3-29所示。

研究地块绿地植物群落种类统计 表3-29

	植物名称	科名	数量（棵）	特点	是否为乡土树种
乔木	毛白杨	杨柳科	85	叶大荫浓	是
	合欢	豆科	3	羽叶秀丽 夏季观花	是
	泡桐	玄参科	12	春观花	是
	梧桐	梧桐科	15	秋落叶	是
	国槐	豆科	8	夏观花	是
	翠柏	柏科	5	常绿	是
	刺柏	柏科	5	常绿	是
非乔木	月季	蔷薇科	36	四季开花	是

3.4.3 典型旧城区道路交通系统量化分析

随着人们生活水平的提高和私家车的普及，居民小汽车拥有量不断增加，2005年天津市的新住区也实行了新的配建停车标准，但是研究地块开发年代很早，当时并没有预测小汽车保有量急剧增加的问题，因而住区中没有建设任何路外停车设施，停车难的问题也日益严重。住区交通系统的问题主要集中在旧住区的停车问题和公共交通站点可达性问题。

1．道路交通系统可持续更新原则与目标

（1）具有弹性的停车设施

停车设施分为路内停车设施和路外停车设施，其中路内停车设施指的是在道路红线以内的停车设施，路外停车设施指的是设置在城市道路红线范围以外的各种停车设施，主要包括的是社会停车场、建筑停车库、停车楼等。尽量减少路内停车数量，将路内停车作为辅助停车手段，作为外来访客和临时停车之用。减少停车位的完全私有化，保证停车设施的共享，做到资源最大化利用。

因为住区停车位需求与住户的收入水平、年龄构成和周边公共交通完善度密切相关，所以在考虑旧住区停车设施更新时，应当考虑住区全生命周期中停车位需求的变化，使停车设施既能满足近期需求又能适应远期变化，达到可持续更新的目的。

（2）实现住区资源的最大化利用

住区的可持续更新需要最大限度地利用现有空间资源和社会资源，实现现有空间资源的复合使用，也就是在有限的空间里实现绿地系统、建筑系统、公共服务设施系统的融合，使各系统的使用率大大提高。

2．道路交通系统可达性分析

一般来说，可达性是指利用一种特定的交通系统从某一给定区位到达活动地点的便捷度，对于研究地块中的道路系统可达性分析而言，主要分析的是现状道路组织下住区各部分到达公共交通站点的方便程度。

要进行与路网有关的分析，首先要在计算机中模拟出现状道路的基本情况，也就是建立道路交通网络的模型，在"目录"中建立名称为"交通网络"的网络数据集，并设置"连通性策略"，并为网络指定通行成本、等级、限制属性。

首先，进行研究地块道路网络的CAD图形清绘，即描绘出城市道路、小区道路和入户路，导入ArcMap建立道路交通网络数据集，设置单行道路线、路口转弯、连通性等参数后，完成研究地块交通网络模型的构建，如图3-64所示。

利用ArcGIS交通网络分析法来研究该地块公共交通站点的可达性，ArcGIS可以精确地构建城市交通网络，通过设置城市道路的结构、通行方向和路障以及公共服务设施的位置，进而模拟出到达公共交通站点的合理步行距离所能覆盖的范围。这种方式结合城市的路网结构和道路的通达程度进行模拟，不同于传统服务半径的概念，可以真实地反映研究地块的公共交通站点的可达性。

在住区公共交通设施布置方面，根据城市道路交通规划设计规范，公交停靠站的服务面积，如果以300m为半径，不得小于城市用地面积的50%；以500m为半径计算，不得小于90%[①]。

从ArcMap导出的结果来看，研究地块的公交站点都设置在城市主干道中山路一侧，住区西南部交通路网虽然密集，但通行能力较差，应在东西向道路黄纬路上增设公共交通站点。

---

① 同济大学. 城市道路交通规划设计规范：GB 50220–1995[S]. 北京：中国计划出版社，1995.

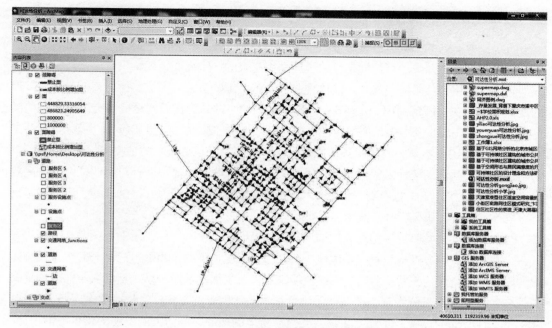

图 3-64　ArcMap 研究地块交通网络模型构建

3.4.4　典型旧城区公共服务系统量化分析

　　按照公共服务设施的性质可以将其划分为三类：一是公益型，如公园；二是社会事业型，如中小学、医院；三是生活服务型，如商场。在计划经济背景下的住区公共服务设施按照住区层级和人口来确定规模，随着市场经济冲击力的增大，这种层级关系被削弱，公共服务设施的布置受到多方面因素的影响，本书的研究重点是如何提高旧住区公服设施的使用效率，达到改善和提高居民生活水平的目的（图3-65）。

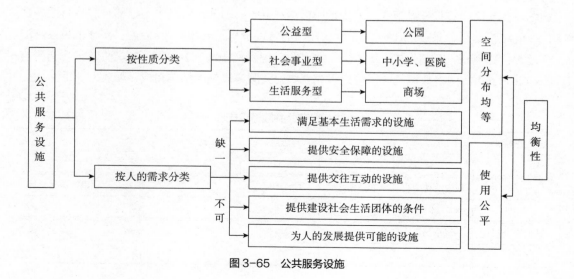

图 3-65　公共服务设施

1. 公共服务系统可持续更新原则与目标

（1）高效运转的公共服务设施系统

公共服务设施系统的可达性是反映设施是否高效的一个重要指标，只有居民能够方便快捷地到达并使用公共服务设施，才能体现服务设施系统的价值。那么，如何来衡量到达某处的便捷度呢？在住区范围内，步行5～10分钟是人们心理认为比较舒适的步行距离。在美国住区评价体系LEED-ND中，便提出住区中50%以上的住户通过步行400m（也就是5分钟左右）可以到达19个不同的公共服务设施点，此外，还有住区内90%的住户可以步行800m以内到达室外公共活动场地。很显然，美国LEED-ND社区评价体系是针对新建住区的最高要求，不适合作为国内旧住区的评价指标，因此，通过研究典型研究片区的现状，进而确定具有可操作性的公共服务设施系统更新目标。

（2）合理的公共服务设施配置结构

合理的公共服务设施配置一是体现在公共服务设施类型的全面性，二是公共服务设施布置的均衡性。全面的公共服务设施系统应能满足人各层面的需求，从马斯洛人类需求理论来说，公共服务设施可分为五个类型：①满足基本生活需求的设施；②提供安全保障的设施；③提供交往互动的设施；④提供建设社会生活团体的条件；⑤为人的发展提供可能的设施。这五种类型的公共服务设施缺一不可。另外，公共服务设施的均衡性主要体现在空间分布的均等性和使用时的公平性。

2. 公共服务系统布局结构分析

在计划经济时期，公共设施的设置主要依据千人指标来确定，城市规划大师华揽洪在其著作《重建中国——城市规划三十年 1949—1979》中，描述了当时住区规模的确定主要取决于小学的理想规模和服务半径。从1992年开始，随着市场经济体制改革，住区的公共服务设施类型更加齐全，但由于封闭社区理念的盛行，公共服务设施可达性和使用效率并不高。

那么，随着城市的不断更新和市场导向的影响，研究地块内公共服务设施构成是否能满足可持续社区的要求呢？通过查阅美国LEED-ND和中国《城市居住区规划设计规范》不难发现，各项公共服务设施合理的步行距离均在400～1000m，其中中学的合理步行距离在1000m以内，小学是在500～800m，幼儿园的合理步行距离在400m以内；医疗卫生设施的合理步行距离在800m以内；公共交通站点的合理步行距离在400m以内。通过实地调研与Google Earth的网络数据整合，得到研究地块公共服务设施的结构组成，如表3-30所示。

住区现有公共服务设施 表3-30

中学	小学	幼儿园	医院	卫生所	诊所	药店
2	3	3	1	1	2	2
室外活动中心	室内活动中心	农贸市场	小型超市	餐饮	理发	银行服务机构
0	4	1	2	8	4	6
政府办公机构	汽车服务	公交站点	停车场	住区公园	邮政	健身会所
0	1	3	1	1	1	1

研究地块占地面积约为43hm²，其中教育类设施有8个，医疗服务类公共设施有6个，公共交通站点有3个，其他各类生活服务类设施约有30个，服务设施类型多样，能基本满足人们的日常需求。

3. 公共服务系统可达性分析

本节所研究的可达性是指忽略社会因素的空间可达性，是指活动个体从出发地到达目的地的方便程度，可达性的研究离不开起点、终点和两点之间的连接形式。研究中将研究起点定义为住宅单元的出入口，终点定义为住区交通站点、社区学校和住区医疗服务设施这三个生活类基本公共服务设施。

在构建了研究地块的交通网络模型后，利用软件中的Network Analyst的"新建服务区"功能标出研究地块现状公共服务设施的位置，根据上面总结的各类服务设施的合理步行距离，在"分析设置"中选择相应的"阻抗距离"，如中学的阻抗距离设置为800m、1000m，则会生成在当前路网组织下从中学步行800m所能到达的区域以及步行1000m所能到达的区域。依次类推，得到各类服务设施在合理步行距离下所覆盖的区域。分析结果如图3-66所示。

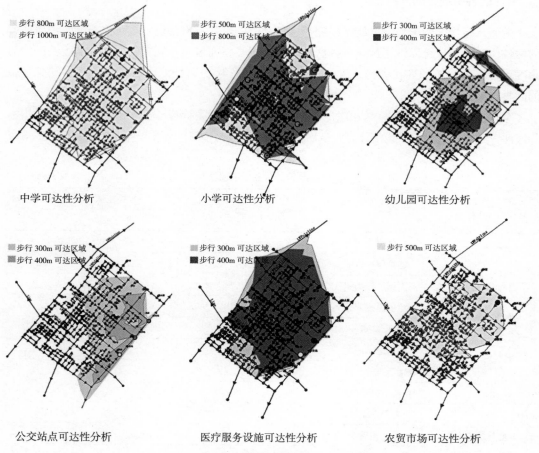

图3-66 研究片区公共服务设施可达性分析

从分析结果来看，虽然中学位置都处于地块的北部，但研究地块中90%以上的区域可以在步行800～1000m的情况下到达住区中学；住区小学的分布也比较均衡，且90%以上的区域可以通过步行500～800m到达住区小学；但幼儿园布局明显不合理，43hm²的住区内仅有3所幼儿园，其中两个位于地块北部，一个规模较小的幼儿园位于地块中间。因为社区封闭和围墙设置等交通阻碍，研究地块中有50%的区域不能在步行300～400m的情况下到达幼儿园。

在医疗服务设施方面，该地块的医疗服务设施能使75%以上的区域在步行800～1000m的情况下到达，能够满足可持续社区的医疗服务设施的可达性标准。

研究地块中有两个农贸市场均在黄纬路以北，由于城市主干道黄纬路的阻隔，1号地块军民里、2号地块团结里、3号地块求是里和4号地块元吉里不能在较舒适步行距离内到达农贸市场。

3.5 典型旧城区量化评价结果与可持续更新策略

3.5.1 典型旧城区评价结果分析

1. 旧住区各系统数据分析总结

前面从定量的角度量化分析了研究片区各系统的现状特点，但定量研究不能反映居住者的居住体验，为了全面地了解研究片区的现状情况，将通过问卷调查的方式，从定性评价的角度对住区各系统的现状进行评价。发出的问卷共有40份，最终收回40份，剔除缺少答案的问卷，有效问卷共计37份。

整理上面调研和分析得到的数据以及通过调查问卷得到的等级分值，将这些数据以及指标等级评分结果进行算数平均值计算，从而得到对研究片区最终的评价结果，汇总得到表3-31。

研究片区总体评价结果汇总 表3-31

准则层（B）	因素层（C）	算数平均值	等级赋值				
			9	7	5	3	1
建筑系统	总体建筑质量	4.89	0	5	25	7	0
	建筑保护价值	2.43	0	0	12	3	21
	人均居住面积	1.23	2	2	2	29	2
	违规建设问题	√					
	老旧建筑率	√					
	建筑运营能耗	√					
	建筑改造、重建、修缮能耗	√					
	绿色建筑材料使用率	√					
绿地系统	与外界系统连接	√					
	绿化覆盖率	√					
	树种类型丰富度	1.48	0	0	2	5	30

续表

准则层（B）	因素层（C）	算数平均值	等级赋值				
			9	7	5	3	1
公共服务系统	公共活动公园可达性	1.76	0	0	2	10	25
	教育设施可达性	3.43	4	1	5	16	11
	医疗服务设施可达性	3.81	5	2	4	18	8
	农贸市场可达性	3	0	2	10	11	14
道路交通系统	停车问题	2.95	0	2	10	10	15
	交通站点可达性	4.67	0	10	15	8	4

平均值分析反映的是被调查者答案的集中趋势和定量分析中数据的平均值，结果表明，使用者普遍在人均居住面积、建筑保护价值、人均绿地面积和树种丰富度方面的评价较低。总体的评价得分平均值是2.71分。但是这17个评价指标在整个系统中的重要程度不同，不能仅仅通过总分平均值来反映一个住区的物质环境状况。

2. 模糊综合评价的应用

模糊综合评价是一种以模糊数学为基础，应用模糊关系合成的原理，将一些边界不清楚、不易定量的元素定量化，从多个因素对被评价对象隶属等级状况进行综合性评价的一种方法[1]。

根据朱小雷编制的《建成环境主观评价方法研究》一书中的李克特评价定量标准，评价对象的评价结果分为五个层级，并且赋予对应的评价值，具体数值如表3-32所示。

李克特评价定量标准 表3-32

评价值 n	评语	定级
$n \leqslant 1.5$	很差	E1
$1.5 < n \leqslant 2.5$	较差	E2
$2.5 < n \leqslant 3.5$	一般	E3
$3.5 < n \leqslant 4.5$	较好	E4
$n > 4.5$	很好	E5

资料来源：朱小雷. 建成环境主观评价方法研究［M］. 南京：东南大学出版社，2005.

使用模糊综合评价方法的步骤如下。

①评价目标集X=天津市旧住区构成系统现状条件综合评价。

②评价准则集合U={u_1，u_2，u_3，u_4}={建筑系统，绿地系统，公共服务系统，道路交通系统}，各准则集合的子集用U_i（i=1，2，3，4）表示，分别为：

---

① 雷勇，石惠娴，杨学军，等. 基于模糊层次分析法的生态建筑综合评估模型［J］. 建筑学报，2010（S2）：50-54.

U_1={u_{11}, u_{12}, u_{13}, u_{14}, u_{15}, u_{16}, u_{17}, u_{18}}={建筑质量，建筑保护价值，人均居住面积，违规建设问题，老旧建筑率，建筑运营能耗，建筑改造、重建、修缮能耗，绿色建筑材料使用率}，U_2={u_{21}, u_{22}, u_{23}}={与外界系统连接度，绿地率，树种类型丰富度}，U_3={u_{31}, u_{32}, u_{33}, u_{34}}={公共活动公园可达性，教育设施可达性，医疗服务设施可达性，农贸市场可达性}，U_4={u_{41}, u_{42}}={停车问题，交通站点可达性}。

③根据李克特评价定量标准，评价对象的评价结果分为五个层级，即很好、较好、一般、较差、很差，评语集表示为：

$$V=\{v_1,\ v_2,\ v_3,\ v_4,\ v_5\}=\{很好，较好，一般，较差，很差\}$$

④生成单因素评价模糊关系矩阵R，对每一个单因素U_n，因素论域与评语论域间的模糊关系可用模糊矩阵R_n来表示：

$$R_1=\begin{bmatrix} 0 & 0.14 & 0.68 & 0.18 & 0 \\ 0 & 0 & 0.32 & 0.08 & 0.6 \\ 0.05 & 0.05 & 0.05 & 0.80 & 0.05 \\ 0 & 0 & 0 & 1 & 0 \\ 0 & 0 & 0 & 1 & 0 \\ 0 & 0 & 0 & 1 & 0 \\ 0 & 0 & 0 & 1 & 0 \end{bmatrix}$$

$$R_2=\begin{bmatrix} 0 & 0 & 1 & 0 & 0 \\ 0 & 0 & 1 & 0 & 0 \\ 0 & 0 & 0.05 & 0.27 & 0.68 \end{bmatrix}$$

$$R_3=\begin{bmatrix} 0 & 0 & 0.05 & 0.27 & 0.68 \\ 0.1 & 0.03 & 0.14 & 0.43 & 0.3 \\ 0.14 & 0.05 & 0.11 & 0.49 & 0.21 \\ 0 & 0.05 & 0.27 & 0.30 & 0.37 \end{bmatrix}$$

$$R_4=\begin{bmatrix} 0 & 0.05 & 0.27 & 0.27 & 0.41 \\ 0 & 0.27 & 0.41 & 0.22 & 0.10 \end{bmatrix}$$

其中，U_{jm}表示第j个因素被评为第m种评语的隶属度。

⑤确定因素层各因素的权重，利用层次分析法来确定评价因素的归一化权重。

$$A=[a_1,\ a_2,\ a_3,\ a_4]=[0.605,\ 0.251,\ 0.105,\ 0.222]$$

各要素的二级权重分别为：

$$A_1=[0.143,\ 0.072,\ 0.235,\ 0.044,\ 0.143,\ 0.156,\ 0.156,\ 0.052]$$
$$A_2=[0.547,\ 0.254,\ 0.118]$$
$$A_3=[0.501,\ 0.347,\ 0.152,\ 0.551]$$
$$A_4=[0.438,\ 0.328]$$

⑥假设因素论域上每个因素U_n的权重W_n={n_{11}, n_{12}, $\cdots$ n_{aj}}，单因素模糊评价模型为：

$$B_n=A_n\ \bigcirc\ R_n$$

式中，○代表一种合成算子，在此采用普通的矩阵乘法。

用单因素判断结果B构成总的模糊关系矩阵R'：

$$B_1=A_{10}R_1=[0.01175,\ 0.03177,\ 0.13203,\ 0.7705,\ 0.05495]$$

$$B_2 = A_{20}R_2 = [0,\ 0,\ 0.8069,\ 0.03186,\ 0.08024]$$
$$B_3 = A_{30}R_3 = [0.03886,\ 0.01241,\ 0.07767,\ 0.32586,\ 0.5232]$$
$$B_4 = A_{40}R_4 = [0,\ 0.11046,\ 0.25274,\ 0.19042,\ 0.21238]$$

⑦在经过模糊符合运算公式 $B=AOR$，由最大隶属函数判定得出最终的评价值。

$$B=AOR=[a_1,\ a_2,\ a_3,\ a_4]\begin{bmatrix}B_1\\B_2\\B_3\\B_4\end{bmatrix}=[0.01,\ 0.02,\ 0.29,\ 0.51,\ 0.11]$$

⑧结合李克特评价定量标准，得出最后结果，典型研究片区旧住区的可持续更新评定等级为E2，以及住区综合评定等级为较差，这也表明研究片区有比较大的提升空间。

3.5.2　典型旧城区存在问题及原因分析

1. 旧住区建筑系统方面（图3-67）

（1）问题一：住区生活空间

研究地块中住宅建筑平均面积在50m²左右，且平面布局比较紧凑。住区中居住建筑户型有一居室、二居室和三居室三种类别。面积为41.26m²的一居室，客厅面积仅有3.6m²；面积为65.15m²的三居室，客厅面积也仅有6.1m²。通过统计各住区的居住空间划分情况可看出，研究地块中的居住建筑都存在相似的问题，家庭单元内部公共空间的缺失增加了居民对住区公共活动空间的需求。

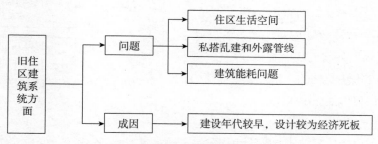

图3-67　旧住区建筑系统方面的问题及成因

然而，随着居住人口的增加，建筑内部辅助空间的缺失，人们通过违规加建来拓展居住面积。在研究地块中随处可见用于物品储藏违章建筑。这些加建建筑在一定程度上缓解了居民对辅助空间的需求，但却侵占了住区的公共空间，造成通行道路的拥挤和杂乱无章。

（2）问题二：私搭乱建和外露管线

研究地块中，不少住宅外立面经过居民自行改建，形成外部储物空间和自建阳台，由于缺乏管控，这些私建不仅影响了住区的形象，还存在严重的安全隐患。如图3-68所示，居民用栅栏和挤塑板围合的私有空间一方面不够坚固，容易产生高空坠物的危险；另一方面，由于这些私搭乱建让建筑立面凌乱，降低了环境舒适度。

此外，住区内建筑大多数已使用了三十多年，虽然主体结构状况良好，但建筑外围护

图 3-68　研究片区调研照片

层、装饰层均出现不同程度的老化问题。空调外挂机、供暖供水管线等设施完全外露不仅影响社区风貌也增大这些设施损坏的概率。

（3）问题三：建筑能耗问题

建筑建于20世纪90年代，在绿色节能方面几乎没有设计。建筑构件保温隔热性能较差，夏季隔热效果不好，冬季容易热散失；且缺乏系统性维护，冷桥较多。建筑的节能关键在于提高建筑围护结构的性能，其中门窗的能耗损失约占总能耗损失的40%，在旧住区改造中增强围护结构的气密性和保温蓄热性是关键。同时，室内环境的设计也能提高建筑的节能率，如采取适合的遮阳措施，提高建筑的外表皮的热效率，采取垂直绿化和通风间层等措施改善室内热环境，提高室内居住的舒适度。总结来说，提高建筑的节能效率要从三个方面入手：一是减少建筑物的外表面积，提高建筑的体型系数；二是提高围护结构的气密性和蓄热能力；三是更多地使用可再生能源（图3-69）。

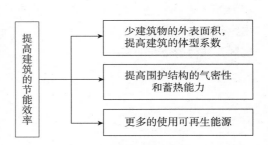

图 3-69　提高建筑节能效率的方法

成因分析如下。

以上问题均由于研究地块的建设年代较早，建筑设计较为经济死板，导致建筑适应性能较差，通过对住区建筑可持续更新，可以提高住区建筑的适应性能（图3-70）。

建筑改造的实施离不开政策的推动或有组织的自发更新，同时，住区建筑的更新也离不开可行性较高的技术支撑，研究地块缺少住区更新的动力、理论和技术支撑。

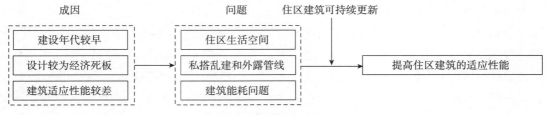

图 3-70　旧住区建筑系统方面问题

2. 旧住区绿地系统方面（图3-71）

（1）问题一：绿地景观体系不连续

上面提出了旧住区绿地系统的更新目标和原则，一是要有合理的绿地系统生态结构，二是有合理的植物群落配置。从现场调研结果来看，研究地块在绿地系统方面存在以下几个问题。

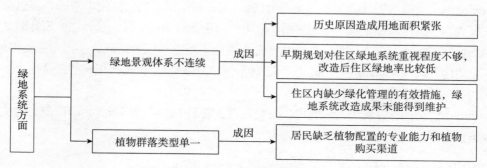

图3-71 绿地系统方面的问题及成因

首先是旧住区绿地景观系统不连续的问题，1976年震后重建之时，住区着力于建筑单体的建设，而景观建设的重要性却被忽视。1980年，天津市政府开始意识到社区绿化的重要作用，通过增加墙体垂直绿化、充分利用宅旁绿地等措施增加旧住区绿化数量，并且取得了一定成果。但由于场地限制，整个住区的绿地景观格局中绿地的孤立性很高，高度破碎的景观绿地系统难以承载多样的生物物种和良好的景观绿视率①。

成因分析如下。

首先是由于研究地块的历史原因造成用地面积紧张，这是在衡量了人民需求、经济效益和成本因素三者利害关系后的结果。其次，早期住区规划对住区绿地系统的重视程度不够，导致改造后的住区绿地率较低。再次，由于住区内缺少绿化管理的有效措施，之前在政府鼓励政策下进行的绿地系统改造成果未能得到很好的维护。

（2）问题二：植物群落类型单一

其次是植物群落类型单一，这使得住区四季季相变化不明显，住区的绿化景观系统中没有具有观赏价值的植物群落。

成因分析如下。

旧住区现存植物群落大多是经过自然选择和淘汰的结果，所以基本上是乡土树种。由于没有用于绿地系统更新的资金流入，住区内绿化的管理和维护主要依靠居民自主性的管理。然而居民缺乏植物配置的专业能力和植物购买渠道，这导致居民在改善住区人居生态环境时呈现有心无力的状态。

---

① 绿视率（green looking ratio）：指人们眼睛所看到的物体中绿色植物所占的比例，它强调立体的视觉效果，代表城市绿化的更高水准。

3．旧住区道路交通系统方面（图3-72）

（1）问题一：共享交通形式单一

研究地块中共有三个公交站点，居民的远程交通出行主要是通过私家车和公交车来解决，由于公交路网局限性，导致住区居民中远程对私家车的依赖性较高。

（2）问题二：缺少停车设施

研究地块及周边无社会停车场（库），机动车占据了拥挤的住区内部道路，非机动车缺少安置点，住区内原有非机动车棚被挪作他用。由于社区建设年代久远，当时设计时并没有考虑到住区的小汽车停车问题。如今由于停车设施不足，小区道路成为小汽车主要停放地，这不仅使得住区内部道路的通行能力大大降低，也不能保证居民通行工具的安全性。

（3）问题三：公共交通站点可达性

从上面的可达性分析中可以看出，公交站点主要沿中山路一侧布置，因而研究地块西侧住区不易步行到达公共交通站点。

4．旧住区公共服务系统方面

（1）问题一：缺少适老型公共服务设施

根据数据统计，从家庭成分组成上来看，老龄化家庭组成比重较高（占30%），核心家庭在住区中的比重为45%，不同的家庭组成对住区公共服务设施的类型需求不同，老年人对户外交流活动场地和室内公共活动场地的需求较高，而核心家庭则是对教育设施的依赖性较大。

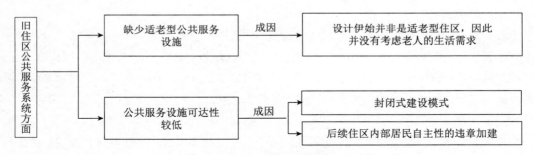

图3-72　旧住区道路交通系统方面的问题

成因分析如下。

由于住区内套型设计的局限性，并不适宜核心家庭居住，有条件的核心家庭会选择搬离该住区。住区设计伊始并非为适老型居住区，因此并没有考虑老人的生活需求，随着老年人的比例越来越大，住区的公共服务设施不能满足这部分人群的日常需求。

（2）问题二：公共服务设施可达性较低

从现场调研的结果来看，住区内人口老龄化现象明显，然而住区内几乎没有专门针对老年人的社区活动中心和场地。此外，从上面的公共服务设施可达性分析来看，住区内小学、幼儿园的数量和分布均存在问题，无法使住区居民在舒适的步行距离内到达公共服务点。

成因分析如下。

其由于20世纪80年代住区以街坊为单位进行建设，这种封闭式建设模式加上后续住区内部居民自主性的违章加建，使得住区道路的通行能力降低，这也在一定程度上影响了住区公共服务设施的可达性。

3.5.3 典型旧城区可持续更新方法及优化建议

1. 旧住区建筑系统可持续更新方法

在上面提到了旧住区建筑系统存在的一些问题，如私搭乱建、建筑能耗、住区生活空间狭小等问题，这是住区建筑系统当前存在的问题（图3-73）。

就私搭乱建问题而言，这些自建构筑物对于居民而言是有实际用途的，这些加建设施是他们外化的储物间，这也是建筑内部使用空间缺失导致的结果，如果只是简单

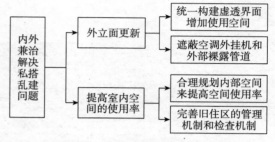

图 3-73 内外兼治解决私搭乱建问题

粗暴地拆除这些搭建设施，并不能从根本上解决这些问题。这就如同天津市在整治违法建设过程中，出现的"重要检查之前，临时拆除，检查过后很快回潮"现象，要从根本上改变私搭乱建的问题，就必须从根本上解决居民的空间需求问题。

可以通过内外兼治的设计方式来解决私搭乱建的问题。

①外立面更新方式。通过统一构建虚透界面来增加使用空间，通过立面更新遮蔽凌乱的空调外挂机和外部裸露管道。

②提高室内空间的使用率。为居民提供有效的内部空间整改的平台，通过合理规划内部空间来提高空间使用率。此外，还需要完善旧住区的管理机制和检查机制，合理引导和规范私搭乱建行为（图3-74）。

本节所说的建筑系统是各类型建筑的集合，从建筑功能角度来说，建筑系统包括两个类型，一是居住型建筑，二是服务型建筑；从建筑结构的角度来说，住区内建筑系统又可分为砖混结构建筑、框架结构建筑和砌体结构建筑等。

在研究旧住区的建筑系统更新方法时，需要明确建筑的使用情况、类型、结构、建设年代、潜在价值等信息，这些因素都会影响到建筑更新方法的选择。

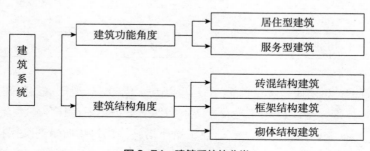

图 3-74 建筑系统的分类

那么，如何来评价建筑单体更新方法的优劣呢？在前面典型研究片区建筑系统量化分析中，已经介绍了评价建筑单体更新的方法与判断标准，接下来将对研究地块中具有代表性的建筑单体进行具体分析，通过方案比较得出合适的更新方法。

首先，根据天津市旧建筑老化的特征设置FRAGSIM情景模拟的基础数据，包括建筑日常使用价值（existing）贬低的比率、修理（repair）后价值增加的比率、翻新（refurbishment）后建筑价值增加的比率、功能置换（transformation）导致建筑增值的比率、新建（new）后建筑增值的比率以及高强度使用下建筑贬值的比率。数据设置如图3-75所示。

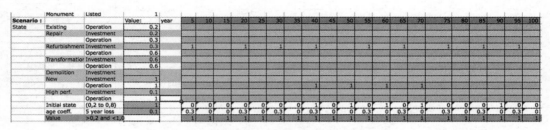

图3-75 研究地块建筑发展策略评价模型基础数据

（1）住区内公共建筑的可持续更新方法

以位于宝兴里的天津橡胶厂厂房为例，20世纪90年代由于橡胶厂倒闭，这座厂房闲置下来，天津人才市场收购该厂房并进行立面改造，建筑功能从厂房变成办公用房（表3-33）。

建筑南立面临街，南立面曾经过局部的改造装修，其余三面则是红砖外露，建筑外墙裸露，没有保温层。建筑原本为一层厂房，室内净高为4m，内部改造时用天花板降低室内高度来适应办公需求，建筑东、西立面基本维持原厂房面貌，但空调机位无组织外挂，严重影响了观感。

研究地块天津橡胶厂厂房建筑单体信息	表3-33
建筑编号	10 ~ 22
建筑信息	厂房改造的办公楼
总建筑面积	2714.4m²
年限评级	0.4
潜力评级	0.6
质量评级	0.8
用途评级	办公

根据《建筑钢结构防腐技术规程》（JGJ/T 251-2011），一般厂房的防腐年限在20~30年，砖结构的主体部分寿命在50年左右，砖木构件的维护年限在15年较为合适。这栋建筑的初始质量评级是0.6，希望通过一定的建筑更新措施使建筑的质量评级保持在0.4以上以满足使用要求。因此，设定在20年后进行一次修补，即对于老化建筑的部分部件进行维修，

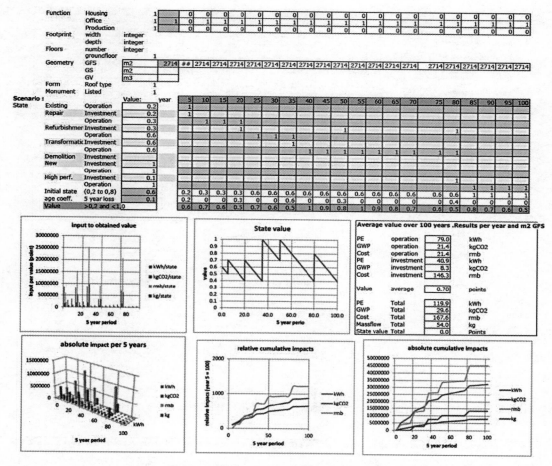

图 3-76　策略一：FRAGSIM 情景模拟结果

对建筑主体结构进行维护。再过20年后进行一次改装，即替换已完成的建筑外装、内装的某些部分。再过40年进行一次大规模改造，包括加固主体结构，根据周边环境使用需求完成建筑功能的更新。使用FRAGSIM情景模拟，得出建筑全生命周期的能源消耗量，分析结果如图3-76所示。

　　从FRAGSIM情景分析的结果来看，对于这栋建筑设定的更新方法可以在100年内使建筑的质量评级保持在0.7以上，每年平均消耗能源119.9kW·h，产出二氧化碳29.6kg，每年消耗物质流54kg，且每平方米的资金总投入量为167.6元。如果换一种更新方式，如将第40年的大规模改造变为正常维修，可以得到如下模拟结果：每年平均消耗能源126.9kW·h，产出二氧化碳29.5kg，每年消耗物质流49.5kg，且每平方米的资金总投入量为155.2元（图3-77）。

　　对比上述两种更新方法，第一种更新方式建筑的质量等级平均值（average value）较高，平均消耗的能耗更低。第一种更新方式和第二种更新方式产生的二氧化碳量相当，但第一种更新方式需要更多的资金投入，鉴于该厂房位于宝兴里住区中心位置，具有良好的改造更新价值，因此第一种更新方式更为合适，符合可持续住区的更新标准（图3-78）。

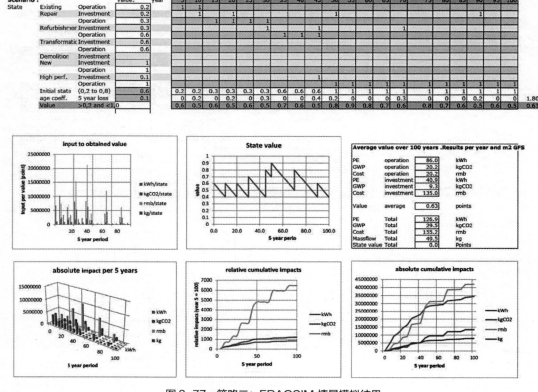

图 3-77　策略二：FRAGSIM 情景模拟结果

Average value over 100 years .Results per year and m2 GFS			
PE	operation	79.0	kWh
GWP	operation	21.4	kgCO2
Cost	operation	21.4	rmb
PE	investment	40.9	kWh
GWP	investment	8.3	kgCO2
Cost	investment	146.3	rmb
Value	average	0.70	points
PE	Total	119.9	kWh
GWP	Total	29.6	kgCO2
Cost	Total	167.6	rmb
Massflow	Total	54.0	kg
State value	Total	0.0	Points

Average value over 100 years .Results per year and m2 GFS			
PE	operation	86.0	kWh
GWP	operation	20.2	kgCO2
Cost	operation	20.2	rmb
PE	investment	40.9	kWh
GWP	investment	9.3	kgCO2
Cost	investment	135.0	rmb
Value	average	0.63	points
PE	Total	126.9	kWh
GWP	Total	29.5	kgCO2
Cost	Total	155.2	rmb
Massflow	Total	49.5	kg
State value	Total	0.0	Points

图 3-78　更新方式一与更新方式二的物质、能量消耗和资金投入对比

（2）住区内居住型建筑的可持续更新方法

通过数据统计可知，研究地块中的居住型建筑中89.6%属于砖混结构，其中72%的建筑质量评级为0.4，单栋建筑的基地面积平均值为610.47m²，建筑层数平均值为6.2层。选择研究地块中一栋砖混结构的居住建筑为例，提取该栋建筑的建筑信息如表3-34所示。

团结里6号楼建于1976年，属于研究地块中震后重建的片区，从建筑的初始状态来看，建筑现状质量评级0.4；从建筑的外维护结构看，有明显受损情况。综合建筑潜力评级和质量评级的结果，得出的即时更新方法为改造或翻新，在前面介绍了各种更新方式的具体定义，在此不再赘述。

研究地块居住型建筑单体信息　　　　　　表3-34

建筑编号	2 ~ 10
建筑信息	团结里 6 号楼
总建筑面积	2778m²
年限评级	0.4
潜力评级	0.4
质量评级	0.4
用途评级	居住

从实地调研的情况来看，该建筑外围护结构存在以下问题：首先是外立面无序改建问题，如楼上居民把原本的开场式阳台封闭或扩建，而首层居民用隔板、铁栏杆围合出私有空间作为杂物院或者宠物间，这些搭建一方面不够坚固，存在安全隐患；另一方面，由于这些私搭乱建让建筑立面显得凌乱不堪，降低了整个社区的空间品质，从而降低了环境舒适度。其次，建筑外围护结构保温蓄热性能一般，导致建筑使用能耗较高。

翻新策略如下。

①通过增加虚透界面的方式，增加居民的使用空间，统一设计可以解决住区杂乱现象的立面形象，在增加使用空间的同时，使旧住区的整体形象得到提升。

②通过对外围护结构改造，从而提高保温隔热性能，外围护结构的改造分为墙体和窗户的改造两个部分，墙体通过增加保温隔热层来实现改造，窗户则通过双层甚至三层玻璃窗来实现，改造方式如图3-79所示。

在旧住区中居住型建筑很难改变其使用功能，常用的更新方法有维修和翻新。居住建筑的质量等级直接决定了居民生活品质的高低，这也是旧住区更新的首要目的。因此，将情景模拟的目标定为在未来50年内，居住型建筑的最低质量评级不低于0.5且建筑质量平均值达到0.7，比较采取单一策略（维修或翻新）所需要的成本和对环境产生的影响值有何区别（图3-80）。

只采用改造策略的FRAGSIM情景模拟结果如图3-81所示。

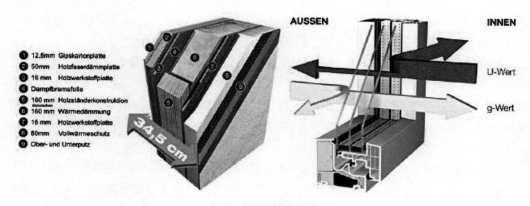

图 3-79　建筑外围护结构更新图示

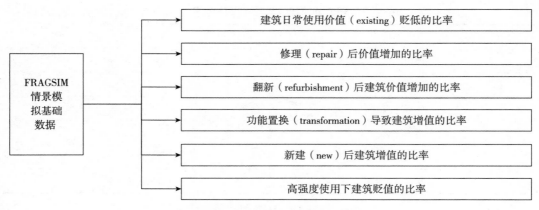

图 3-80 FRAGSIM 情景模拟基础数据

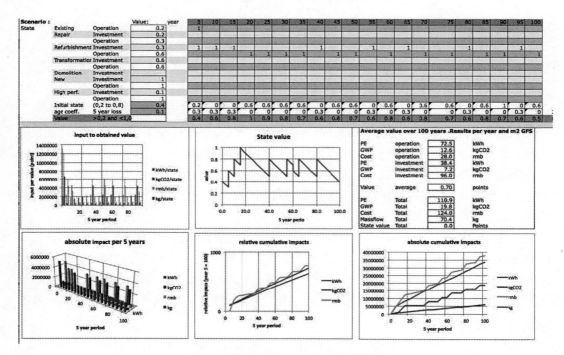

图 3-81 策略一：FRAGSIM 情景模拟结果

只采用维修策略的FRAGSIM情景模拟结果如图3-82所示。

从两种建筑更新方法来看，在满足建筑平均质量相同的前提下，翻新策略所需的物质流（massflow）是维修策略的1.75倍，这意味着翻新策略所需的建筑物质材料量远多于建筑维修，这也不可避免地导致翻新成本的增加；但从能源消耗和二氧化碳排放量来看，翻新策略的总能源消耗量（GWP）比维修策略减少了将近30%，更加符合可持续发展的更新原则。

当然，从建筑全生命周期的角度来说，不可能对一栋建筑只采取同一种更新方法，对于居住型建筑来说，应当将维修和翻新相结合，在控制建筑最低质量的基础上，减少更新次数，以求得投资成本、环境效益和能源消耗平衡发展。

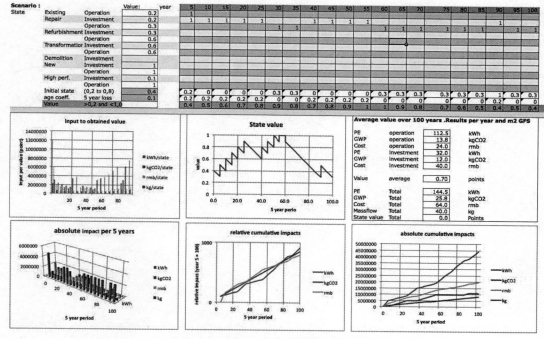

图3-82 策略二：FRAGSIM 情景模拟结果

2. 旧住区绿地系统可持续更新方法

（1）构建绿地系统生态结构的策略

2016年2月21日，《中共中央国务院关于进一步加强城市规划建设管理工作的若干意见》中强调了要加强住区绿地的社会服务功能[①]，并指出：要强化绿地服务居民日常活动的功能，使市民在居家附近可以见到绿地、亲近绿地。限期清理违规占用的公共空间；同时，还要求建设开放式住区和街区式住区，实现住区内道路的公共化，从而达到节约土地资源的目的。这实际上是我国城市住区建设思路的转变，将住区各系统纳入城市系统中进行整体性规划设计，这不仅提升了住区绿地的开放性，也避免了同质资源的重复开发，从而实现资源共享。

①合理疏解。

由于旧住区建筑密度较大以及集中绿地欠缺，可选择拆除废弃建筑物、危旧建筑物和违章建筑物，形成旧住区中的组团绿地或公共活动场地。根据调研，经过统计和分析得到了每栋建筑的更新方法，图3-83中灰色的建筑是建筑质量评级和建筑潜力评级均为0.2的建筑，这些建筑多是违章搭建或存在严重的安全隐患，可以通过拆除这些建筑来达到疏解住区公共空间的目的。如图3-84所示，图中深色部分是新开辟的绿地，通过拆除老旧建筑获得的开放空间具有零散性，开发条件受限等问题存在，并且旧住区中可新辟的绿地面积并不多，因此，在旧住区更新中，不应该片面地追求高绿地率，而是应当通过设计手段提高绿地的使用效率。

---

① 中共中央国务院关于进一步加强城市规划建设管理工作的若干意见［N］.人民日报，2016-02-22（006）.

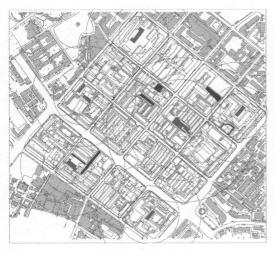

图 3-83　研究地块拆除建筑分布

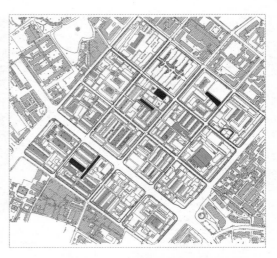

图 3-84　研究地块绿地系统调整

②增加绿化形式。

在旧住区更新中，纯粹地增加绿地面积不是绿地系统可持续更新的主要方式，增加旧住区的绿化形式、提高绿地的使用效率才是行之有效的方式。通过调研了解到，住区内的绿地多为宅旁绿地，以植物观赏为主要功能，然而由于旧住区内绿地常年疏于管理，很多绿地演变为较为消极的空间。要解决这一问题，就应当在绿地更新的同时丰富绿地的使用功能，如将园艺活动场所与绿地结合设计，或与健身场所相结合，促进居民的社会交往，增进住区居民之间的情谊，这也有利于住区文化的形成。

除此之外，还可以利用建筑形体组合预留出公共活动场地以及住区绿地，利用垂直绿化以及屋顶花园等手段增加绿化覆盖率，达到改善住区绿化环境的目的（图3-85）。

③连接各层级绿地系统。

城市绿地系统可以按照等级划分为三个层级：城市绿地、片区绿地和住区绿地。增加城市各层级绿地的联系实际上就是实现城市综合公园、城市街头绿地、道路绿地和住区内部绿地的无间断连接。绿地系统的有效连通可以提高绿地系统的生态效益，同时有助于生态要素在绿地系统中的流通，实现改善区域微气候的目标（图3-86）。

图 3-85　现状绿地改造

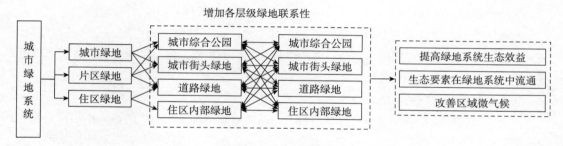

图 3-86　城市绿地系统

从实地调研来看，住区内部硬质地面占较大比重，而可种植地面十分有限，可以通过改造不透水硬质地面来增加可种植地面。采用透水性花砖或嵌草路面代替不透水地面不仅有利于地下水源涵养、减少夏季地面热辐射，还能在不影响通行的情况下增加绿植面积，与此同时，透水性草皮路面还可以与地面停车场所结合在一起考虑，一举两得。

此外，还可以通过在步行道路上空架绿色廊架的方式来实现景观绿化的连通。立体绿化可以有效连接道路绿地，提高住区绿视率，也保证了各层级上景观的连续性。综上所述，通过借用交通道路的方式可以有效提高景观绿地系统的连接度。

（2）构建合理的植物配置策略

合理的植物配置首先要选择适应天津气候和土壤特性的植物，原产地在天津的树种具有更强的适应性且成活率较高，仅靠自然降雨和土壤涵养水即可保持较好的生长状态，从而节约了后期养护成本。

除此之外，还可以选用一些粗养护型的植物，所谓粗养护型植物也就是养护成本较低、比较耐寒耐旱的植物。经过天津市属三大苗圃不断摸索，天津市现已培育出五大类苗木，即落叶乔木类（28种）、常绿乔木灌木类（21种）、花灌木类（61种）、果树观赏乔木类（17种）、藤本草本草坪类（14种），共141种。其中，在天津住区中常用的乔木有绒毛白蜡、国槐、刺槐、臭椿、多头椿、旱柳、泡桐这几种，常用的灌木有月季、珍珠梅、连翘、红瑞木、金银木、榆叶梅、黄刺玫。适当增加粗养护型植物可以改善住区植物种类单一和无明显季相变化的问题。

从实地调研来看，住区中的植物多单株种植或同种植物成片种植，为了提高绿地的生态效益和景观丰富度，建议采用乔、灌、草三种类型植物混合种植的方式，天津常见的乔、灌、草搭配有毛白杨—金银木—羊胡子草、侧柏—太平花—萱草、槐—珍珠梅—紫花地丁。

①调整植物配置结构。

经过不完全统计，研究地块中的落叶植物与常绿植物配置比例不合理，落叶乔木占总乔木数量的72.9%，因此研究地块冬季显得较为萧条。此外，调研地块的灌木数量较少，仅占乔灌总数的24.1%，因此在垂直方向上1～1.5m处的绿色植物很少见，适量增加灌木数量可以显著提高住区的绿视率。

调研地块中的绿化多为乔木，而种植地面层裸露，缺少下木和地被植物，可以为现有乔木种植区域增加地被植物，天津常用的草坪草有：美国兰草、瓦巴斯、本特、野牛草、紫羊茅、结缕草。

②增加垂直绿化量。

选择适用于居住区垂直绿化的植物品种，如紫藤、五叶地锦、爬山虎、金银花、葡萄、美国凌霄、多花蔷薇等。同时，选择适宜的培育方式也很重要，常用的垂直植物种植方式有绳竿牵引式、附壁式、篱垣式和棚架式。

③充分利用绿化辅助功能。

目前住区的植物景观配置与空间营造脱节，植物景观空间不能与人的活动相结合，植物景观可以通过不同的植物种植序列来界定空间的作用。从实地调研来看，各功能地块的分割多采用围墙栅栏等构筑物，这使得原本紧凑的城市空间显得更加局促。随着科技发展，住区的安全不再需要通过物质实体的围合来保障，通过密植绿篱不仅可以实现空间的划分，还能起到美化环境的作用，在天津常用的绿篱有紫叶小檗和金叶女贞。

3．旧住区道路交通系统可持续更新方法

（1）构建合理的出行交通结构

随着私家车的逐渐普及，旧住区内停车难的问题日益凸显。在梳理小区道路的同时，需要考虑住区路外停车设施的建设，使得静态交通配合动态交通的发展。可以通过将闲置厂房改造成停车库的方式，有偿为居民提供停车服务；或者通过拆除棚户区建设停车场的方式来增加住区路外停车位。

日本在停车政策上比较有借鉴意义，日本国土资源十分有限，在应对小汽车普及化方面，日本加强了地下和高架公共交通体系的建设，此外，鼓励路外停车设施的建设，大大减少了路边停车，在此基础上，日本分阶段实行"自备车位"的政策，只有拥有自有停车位的买主才有购车资格，这很大程度上限制了小汽车的使用。

德国弗莱堡提倡"无车社区""汽车退出老城区"等一系列政策，与此同时大力发展公共交通系统，在新建的沃邦社区，业主在购买住房时需要花费2万欧元为私家车购买停车位，无车用户只需要缴纳较少的费用用于停车楼的建设，便于日后有车时使用，此外，沃邦社区还提供小汽车租赁服务，满足无车用户的汽车使用需求。可以通过以下几种方式完善停车设施，调整居民的交通出行结构：①发展公有汽车租赁机制；②完善住区周边公共交通系统；③引导性调整交通结构。

（2）建立具有弹性的停车设施系统

旧住区停车的需求量与住户类型、居民收入水平、城市公共交通发达程度相关，如定位为老年公寓的住区对停车位的需求相对较少。为了适应住区停车位需求的变化，应当建立有弹性的停车系统。

①结合绿地更新设置绿荫停车场。

通过植物分割空间形成停车位，采用透水性好的砖或浅草路面代替不透水地面，将绿地结合停车位一起设计。在没有车辆停放时，可以作为居民的活动场地，充分利用旧住区内使用效率比较低的绿地空间，并解决绿化与停车两方面的问题。

②丰富停车设施形式。

夜间开放部分车流量较少的道路作为停车用地，采用限时停车的方式解决夜间停车难的问题。通过分时管制和科学规划，可以在更新资金短缺的情况下，实现旧住区现有资源的合

理配置。

　　充分利用场地内现有条件，拆除废弃厂房重建停车楼，在没有闲置用地的情况下，可利用校园操场的地下空间建设停车场，这样既实现了公共空间的集约化利用，又解决了校园车辆和社会车辆的停车问题。

4．旧住区公共服务系统可持续更新方法

　　（1）构建合理的公共服务系统结构策略

　　根据2014年编制的《天津市居住区公共服务设施配置标准》（DB/T 29-7-2014），居住区内的公共服务设施按使用性质可分为七大类：教育、社区卫生、文化体育、社区服务、社区管理、商业服务、市政公用①。《天津市居住区公共服务设施配置标准》中的指标规定和实地调研结果对比如表3-35所示。

居住小区级公共服务设施配置标准与实际情况对比　　　　表3-35

分类	项目	一般规模（m²）		配置规定	实际情况
		建筑面积	用地面积		
教育	小学	8640	12480 ~ 14400	千人50座，生均建筑9m²，生均用地面积13 ~ 15m²，按24班配置	五个小学，生均建筑面积为8m²，生均用地面积10m²
	幼儿园	2700	3510 ~ 4050	千人28座，生均建筑10m²，生均用地面积13 ~ 15m²，按9班配置	三个小学，生均建筑面积为7m²，生均用地面积9m²
社区卫生	社区卫生服务站、诊所、医院	230	—	可与其他建筑结合配置，设立独立出入口	两个医院，一个社区卫生服务站，两个诊所
文化体育	户外健身场地、活动场地	—	900	每千人90m²，可与小区绿地结合设置	每千人25m²
	小区中心绿地	—	5000	人均≥0.5m²，绿化面积不低于75%，乔灌木种植率不低于40%	人均 < 0.5m²
社区服务	托老所	1000	1250	每千人5床	无
商业服务	—			每千人105 ~ 230m²	每千人125m²
市政公用	邮政所	200 ~ 400	400		
	环卫清扫点	100	60		
	燃气中低压调压站	42	42		

　　据不完全统计，研究地块的总人口在15000左右，属于居住小区级别。对比配置指标和实际公共设施配置情况可以看出，研究地块内幼儿园、文化体育设施、托老所均不达标。但千人指标具有一定的局限性，不同的人群构成对公共服务设施的需求不同，以核心家庭为主

---

① 天津市居住区公共服务设施配置标准：DB/T 29-7-2014[S]. 2014.

的住区对教育资源的需求较大，而老年住区则对医疗服务设施的需求较大。通过实地调研与现场咨询可发现，研究地块的老年人构成比重较大，而核心家庭的比重较低，且据住区内学校反映，中小学教育资源并没有出现紧张的状况。

为了构建合理的配套设施系统，应该在研究地块内完善欠缺的配套设施类型，主要措施有以下几点。

首先，增加老年服务设施。

由于研究地块内的居民老龄化现象严重，这对住区的更新改造提出了更高要求。根据老年人的身体情况，可以分为生活能够自理的老人、生活需要照料的老人、病重老人；根据老人的生活情况，可以分为独居老人、有子女陪伴的老人。不同类型的老人，生活服务设施的使用情况也不同。研究地块中有提供老人活动交流的场所，但数量上不能满足需求，对于生活需要照料的老人，住区内应当增设托老所。此外，为了保障无子女陪同老人生活的便捷度，应当在住区中增设老年人咨询援助中心，以便为老年人提供上门服务。

其次，增加文化体育活动设施。

现代社会老年人对保健和健身的需求越来越大，而研究地块中健身场所十分有限，不仅缺少室外健身设施，也没有室内健身会所。在实地调研中，我们看到老人们在小区道路上活动，不仅影响正常的交通，自身安全也得不到保障。

最后，调整幼儿园位置。

从前面对千人指标和研究地块的实际情况对比来看，虽然研究地块中的幼儿园数量不能达到千人指标的要求，但从实际情况来看，现有的幼儿园教育资源并没有出现紧缺的现象，这说明居住区公共服务设施配套标准在粗放型的城市开发阶段有一定的规范指导作用，但是随着社会结构和生活模式的变化，城市户均人口下降，对幼儿园的需求量随之减少。此外，由于研究地块建筑户型以狭小的一居室和两居室为主，户型的特点也导致核心家庭逐渐搬离此处，这都使得学龄前儿童的比例下降。因此，住区中的幼儿园数量虽不能满足千人指标要求，却能满足住区的需求量。

但是，调研发现地块中的幼儿园主要分布在住区的中北部，从可达性分析来看，需要适当调整幼儿园的布局，使得住区各区域都能在合理的步行范围内到达幼儿园。

每个地块的更新方式不可一概而论，在确定具体的可疏解区域后，应当根据具体的现状条件展开设计竞选，通过居民和专家评委会选出最优设计方案。以11号地块为例，地块内建筑更新潜力为0.2的建筑是一排违章加建的低矮平房，这些平房一部分作为储藏间，一部分作为日用品小商品店。从建筑价值上来说，这部分建筑不仅阻碍了地块南北的联系，且建筑质量堪忧，然而这些建筑承载的功能不可或缺，因此，针对该地块的更新方法应当满足以下要求：①加强住区联系性；②增加住区绿量；③保留现状功能；④美化社区（图3-87）。

（2）提高公共服务系统使用效率的策略

首先，提高土地使用混合度。

简·雅各布斯在其著作《美国大城市的死与生》中写到，多样性、复杂性、多元性是城市的特征，她提出形成城市多样性有四个必要条件：一是地区

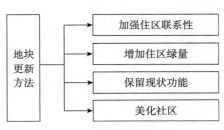

图3-87 地块更新方法

功能的混合，二是较短的街道，三是一定比例的老建筑，四是一定程度的人流密度。对比研究地块的状况，可以看出，地块被100m左右的短街道所分割，住区内也并不缺乏有一定历史的建筑，但从各住区的功能布局来看，住区内部的功能较为单一，可以通过更新住区内闲置建筑来丰富住区内部的功能。通过提高住区的开放性来保证各功能区块的运营，这样既可以达到资源共享的目的，又避免了各住区内功能重复导致的资源浪费（图3-88）。

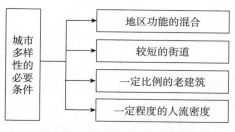

图 3-88　城市多样性的必要条件

　　其次，调整住区的内部道路。

　　提高住区开放性的有效手段是将住区道路融入城市道路系统，使之成为城市道路系统的有机组成部分。从研究地块的实际情况来看，城市车行道路的密度较高，但城市道路中的人行道比较窄，适当地增加贯穿住区的人行道路，不仅可以提高住区的开放程度，还可以确保行人的安全（图3-89）。

　　那么，研究地块中提高住区开放度的难点在哪里呢？一是由于产权划分，土地权属的不同导致住区无法统一规划设计；二是由于居民使用空间的匮乏导致违章加建问题严重；三是周边式建筑布局方式使得住区贴线率很高，不能形成具有开放特征的住区形象。

　　住区改造的实施依赖于政府的组织、群众的参与和专业人士的介入，成立相应的旧住区改造部门，是旧住区更新的前提条件和实施基础。居民使用空间的缺乏可以通过专业的室内设计来实现小户型空间的合理利用。住区的开放性改造则需要完成两个方面的开放：一是住区视觉上的开放，二是住区内部运营模式的开放。

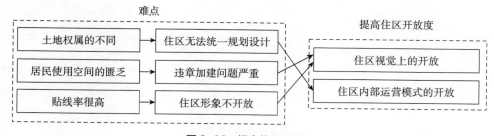

图 3-89　提高住区开放度

　　最后，提高公共服务设施发展弹性。

　　一个住区从设计、施工到不断更新的过程是一个动态发展的过程，随着住区居民生活模式、年龄构成和社会需求的变化，人们对公共服务设施类型的需求也不断更新，如随着现代人对健康的重视程度提高，人们愿意花费更多的资金用于健身和体育锻炼，近年来健身会所也逐渐增多。对于居民而言，无论是健身、美容、聚餐、读书都愿意在离家最近的地方进行。

　　众所周知，香港是一个人口高度密集的城市，其公共服务设施的开放性和混合度极高，一栋建筑就可能承载了许多不同的功能，通常情况下，建筑首层承载公共服务功能，建筑的上部楼层才是居住功能。不妨设想一下，在旧住区中有很大比例的房主通过租赁房屋获取利益，如果通过合理调控，让真正住在首层的房主与上层房主进行楼层置换，将居住建筑首层完全公共化，这样既满足了公共服务设施发展的弹性需求，又能促进开放住区的形成（图3-90）。

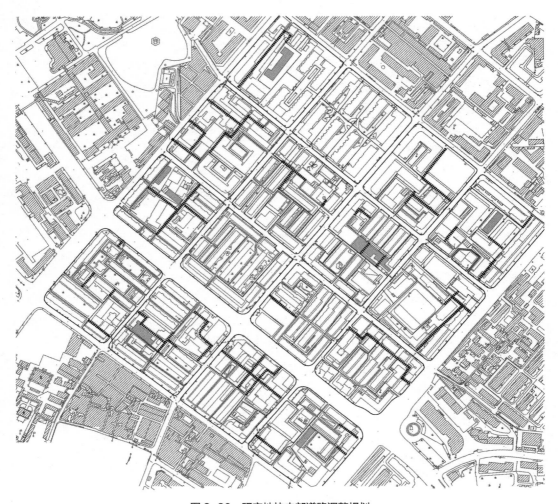

图 3-90　研究地块内部道路调整规划

3.6　小结

本章在研究可持续旧住区的评判标准时参考了美国、英国和中国旧建筑改造及生态住区建设标准，针对实际情况和可持续发展的要求，得到一个具有可操作性的评价标准，为旧住区更新提供参考值。但是即使这些评价标准是借鉴新建住区而得出的，还需要在实际运用中根据具体情况加以完善。

通过研究天津市住宅发展历史和研究天津市中心城区旧住区的分布特点以及旧住区的类型，找到天津市中心城区旧住区的典型代表，在此基础上，对研究地块的四个系统（建筑系统、绿地系统、道路交通系统和公共服务系统）进行量化分析，并提出了相应的更新方法。

　　虽然本章研究取得一定的成果，为天津市中心城区典型旧住区的更新改造提供了参考依据，但是研究中还有很多不足之处，更加侧重于旧住区如何达到可持续的生态化发展状态，在考虑旧住区更新成本制约上有所不足，在旧住区更新过程中经济效益是制约旧住区更新的一个重要因素，但其受到政治、规划、理念、文化等方面的影响。当然本章选择的典型住区进行可持续更新方法的探讨也是具有局限性的，其他住区不能完全生搬硬套，还需根据具体情况做具体分析。

第 4 章

基于综合安全防护的旧城区可持续更新方法

　　通过城市安全和旧城区的理论实践研究分析，从旧城区的空间特点入手分析安全隐患，得出重要的安全问题，从而提出具有针对性的规划应对策略。

　　本章对旧城区的安全风险进行全面总结，从宏观、中观、微观三个层次分别阐述，分析旧城区安全灾害产生的客观环境与人为因素，针对旧城区改造建立城市安全规划的观念，由此提出安全规划的原则与规划重点，以形成具有针对性的安全规划策略。最后，本章以天津市西沽公园地区城市更新为例，以安全防灾为设计导向，将本章研究内容在旧城更新地区进行规划应用，作为实例支撑研究成果。

4.1　旧城区安全特征与典型问题

4.1.1　旧城区主要灾害类型及其特征

1. 旧城区面临的主要灾害

　　（1）自然灾害

　　自然灾害是指由自然现象对自然环境、人居环境及人员生命、财产安全所造成不可挽回的损失与危害，包括突发性灾害、环境灾害两个组成部分，本章所指的旧城区自然灾害主要包括地震、内涝等。

　　①地震。

　　近年来地质活动活跃，据统计，以往10年间我国发生的有感地震有12569次，其中震级五级以上为903次，六级以上为103次，七级以上有10次之多。地震灾害对旧城区的建筑破坏极为严重，是灾害安全风险的重要组成部分。由于旧城区建筑抗震性能差，建筑密度高，避难空间缺乏，逃生路线不清晰，往往造成较严重的灾害后果。旧城区的建筑老化严重，部分建筑功能、结构被改变，同时存在一定数量的居民自建建筑，这些建筑都不能满足基本的抗震需求。历史上天津地区和中卫市都发生过七级以上的地震活动，中卫市的防震严峻，可以说地震是对旧城区破坏力最大、安全风险最高的自然灾害之一。

　　②内涝。

　　旧城区配套市政设施落后，排水系统不完善，管径不满足基本要求，往往在暴雨过后会发生严重的内涝灾害。据统计，旧城区发生内涝的概率要远大于城市新区与规划建设符合规范的地区。内涝灾害对旧城地区破坏频繁。2012年7月26日天津市区普降暴雨，市内积水严重，海河一度超过警戒水位。2014年5月深圳市遭受近六年来最为严重的内涝，旧城区多处积水，其中，南山区、坂田街道、油福新村等内涝较为严重，君新路15-7号房屋有二十多人被困。

旧城区防涝问题严峻，由于排水设施老化或设防标准不足，常常导致暴雨过后，旧城区内一片汪洋的景象，同时加之设备老化，有引发次生灾害的风险，2012年北京因暴雨而引发触电身亡的就超过10人。

（2）人为事故

①火灾。

火灾是旧城区发生频率较高的人为灾害事故，是安全风险的重要考虑方面。旧城区由于建筑密度高，线路老化严重，缺少必要的防火隔燃材料，易引起火灾，并且在灾害发生后，易蔓延，造成重大影响。据不完全统计，旧城区火灾损毁事故频发，破坏频率远高于其他灾害，是发生频率较高的灾害类型（表4-1）。其中，发生在2014年的香格里拉县独克宗古城火灾使2/3的建筑完全被毁，古城整体风貌被完全破坏。

2013年旧城区部分火灾发生统计　　　　表4-1

发生时间	发生地点	发生原因	灾害影响
1月4日	河南省兰考县居民楼	儿童玩火	7名儿童遇难，多名儿童受伤
1月7日	哈尔滨中兴道家饰城	违章电焊作业	过火面积9400m²，财产损失巨大
5月7日	东莞市虎门镇居民楼	电器使用引起	8人死亡，3人受伤
5月24日	佛山市南海区桂城道汽车美容店	用电线路老化	9人死亡

旧城区防火存在的问题包括：

第一，消防设施匮乏。首先，旧城区由于经历了较长的发展历史，建设时期较早，导致建筑防火间距以及道路宽度多不符合消防要求，降低了营救效率。其次，旧城区对防火、救火重视不够，区域内未设置足够的或未设置消火栓、消防水源等消防设施。再次，旧城区多没有严谨合理的消防规划。

第二，旧城区建筑火灾隐患多。首先，旧城区内部建筑老旧，各种功能的建筑混为一体。其次，各建筑间没有合理的防火间距，容易造成连带火灾。最后，由于旧城区建筑的耐火等级较低，易引发火灾。

第三，居民防火意识薄弱。提高居民的防火意识以及对火灾诱因、持续及蔓延特点、扑救措施等的了解对旧城区防火有关键作用。

②公共安全。

公共安全指居民人身和财产的安全，威胁公共安全的行为是指出于故意或过失危害居民生命及财产安全的行为。此类安全风险主要发生于突发事件中，主要有疏散过程中的踩踏事件、暴力事件、个人极端事件等。

（3）旧城区灾害风险总结

旧城区的灾害风险主要由自然和人为风险构成，主要包括地震、内涝、火灾和公共安全等（表4-2）。

旧城区灾害风险总结   表4-2

防灾类型	致灾因子	受灾范围	致灾方式
自然灾害	地震灾害	整体街区	造成建筑损毁倒塌或严重破坏，对市政设施、基础设施、空间环境等所有物质空间均造成不同程度的损坏
	洪涝灾害	整体街区	造成街区内部交通受阻、电路故障、对建筑基础造成不同程度受损、居民室内外财产损失，甚至人员伤亡
人为灾害	火灾	单体建筑群体建筑	造成建筑单体或建筑群不同程度烧毁，并可能造成人员伤亡，带来巨大财产损失
	公共安全	整体街区	多由主要灾害衍生的次生灾害，如人员疏散时的踩踏等安全事故

2. 旧城区主要灾害特征

（1）自然灾害特征

①灾害链现象明显。影响范围较大的自然灾害发生后，主要灾害会引起相关的次生灾害，灾害链现象明显，对旧城区的破坏力较强。例如，2008年汶川地震大概有四分之一以上，都是由于地震引起的滑坡、崩塌、泥石流所造成的伤亡。

②灾害破坏性极大。自然灾害的破坏程度难以预估，往往超过城市的承载能力，几种灾害叠加时，易造成灾难性后果。旧城区的灾害防御系统脆弱，造成的影响巨大。芦山老城区震后倒塌房屋8524套，严重损坏227套，一般破坏276套，过半房屋需要重建。

（2）人为灾害特征

①"放大效应"显著。由于旧城区环境复杂、设施缺乏，灾害发生时容易引起链式反应，导致次生灾害发生，同时，由于救援难度大、破坏程度剧烈，造成重大的人员伤亡和财产损失。灾后得不到有效及时的恢复，严重影响到市民的正常工作与生活，迟缓的政府及相关部门疏散救援工作甚至会引起火灾等次生灾害的发生。

②连锁效应显著。旧城区内由于建筑环境复杂，一旦发生灾害事故，容易蔓延，导致次生灾害的发生，连锁效应显著（图4-2）。

③具有难以预测性。人为灾害发生的随机性大，规律难以掌握，由于主客观因素影响，使得人为灾害难以控制，无法有效预测（图4-1、图4-2）。

4.1.2　旧城区街区层面的安全问题

旧城区作为城市发展的见证，由于时间的推移，空间环境逐步恶化，原有功能不能满足现实需要。该地区多以自然生长的方式进行发展，街道空间狭窄、公共空间极度匮乏，建筑结构安全性往往较差。如何通过与周边区域的协调发展、自身的有机更新来适应城市的发展需求，尤其是在维护原有空间特色，在较少地进行大拆大建的同时能够满足安全可靠的需要，是旧城区安全规划过程中需要注意的关键问题。将旧城区与周边用地相互关系视作宏观

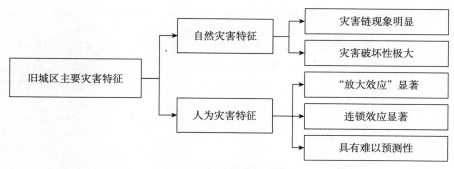

图 4-1　旧城区主要灾害特征

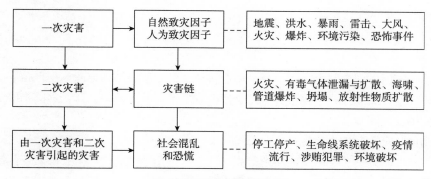

图 4-2　旧城区灾害链分析

空间层次，将旧城内部空间结构视作中观空间层次，将旧城区内部的建筑及其设施视为微观层次，从这三方面分别论述安全隐患。旧城区安全规划的提出是基于旧城区不同空间层次元素及元素间相互关系的分析而得出（图4-3）。

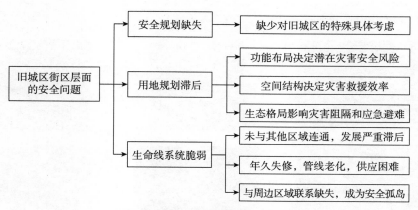

图 4-3　旧城区街区层面的安全问题

1．安全规划缺失

旧城区安全规划是城市旧区管理、建设的依据，是旧城区在一定时期内的发展计划，对其规模、发展方向、各项建设及结构布局等进行明确规定与部署。旧城区安全规划应对旧城区建设有明确的指导、规划，包括土地的合理利用、空间的优化布局以及对地区建设项目进程的推进计划等，科学、合理地指导旧城区建设发展。

旧城区通常人口密度高，建筑密度大，基础设施落后，空间环境复杂，内部空间结构混乱，急需防灾安全规划为切入点的规划整治。现行的防灾安全规划并没有对旧城区做出特殊的考虑，只将其纳入到整体城市空间进行防范。由于旧城区具有自身的特殊性，安全问题集中，应对其进行单独研究，提出重点防灾安全改造策略，突出其空间特征的特殊性。以哈尔滨防灾安全规划为例，规划仅针对商业街区做出规划要求，对老旧城区或以其他功能为主的旧城区并没有具体的防灾措施。

2．用地规划滞后

用地规划滞后体现在两个方面：一是功能布局，二是空间结构方面。用地布局决定了潜在灾害安全风险，空间结构决定了灾害安全问题发生时的救援效率。两者共同构成旧城区宏观用地层面的安全问题。

（1）功能布局存在安全隐患

随着城市不断发展，在时间顺序上最先开发的建设用地成为老旧区，旧城区的用地功能由于缺乏统一规划，表现出自发生长的状态，安全防灾标准无法在旧城区内得到落实。区域用地功能布局较为复杂，体现在二维空间上的无序混合，不同类型的用地穿插交错建设。此外，旧城区的功能定位不明确，导致自身用地与周边区域联系缺失，用地独立性强，发生安全事故时，不能够很好地进行联动协调避难与救援。

下面以天津五大道地区、上海传统里弄地区、宁夏中卫老城区为例说明旧城区用地布局的一般特征（表4-3）。

旧城区用地功能布局比较   表4-3

举例	五大道旧区	上海孔家弄旧区	宁夏中卫旧区
类型	历史风貌保护区	传统居住地区	一般老城区
空间结构特征			
空间现状特征			

续表

用地现状特征	天津五大道地区，相比于周边地区，体现出低层高密度的特征，同周边用地开发模式明显不同	上海孔家弄地区，周边为已连片开发的城市用地，以传统上海里弄居住建筑为特征，用地呈现复杂、破碎程度高的特点	中卫市老城区，用地体现出老化特质，不能够满足城市发展需求，主要为早期的住宅建设用地
灾害安全问题	抗震性能差，火灾易蔓延，避难救援难度大	区域整体条件较差，不能满足各类防灾安全要求	区域建筑和环境老化，灾害发生时，居民避难问题突出
主要应对措施	此类传统区域应以保护为主，对地区进行整体风险评估，加强灾害的源头控制	此类环境功能与现代城市差异较大的区域应以更新保护为主，重新焕发活力	此类老城区应在满足城市发展定位的要求上进行逐步改造，主要应以环境改善为主

（2）空间结构存在安全问题

从结构形态的角度来看，构成旧城区安全防灾体系的疏散道路、避难场地、防灾空间等要素由点、线、面到空间构成了完整的结构体系，根据灾时防灾避难的要求，影响旧城区防灾安全效率的决定因素是疏散通道和避难场地。疏散通道主要由道路系统构成，避难场地主要是开敞的面状空间场所。通过分析旧城的道路，主要存在道路等级混乱、与区域外部连通性差等问题（表4-4）。

旧城区道路格局安全问题　　　　　　　　表4-4

举例	五大道旧城区	上海孔家弄旧城区	宁夏中卫旧城区
类型	历史风貌保护区	传统居住地区	一般老城区
道路空间结构示意			
主要特征分析	区域道路密度高、与外部道路连接不顺畅问题	道路未按等级划分，断头路多，未形成道路系统	道路网密度不均匀，部分道路连通性差，道路分级不清晰
灾害安全问题	基本满足应急救援要求，大型消防设备不能到达	不能满足疏散及救援的基本要求，灾害一旦发生，后果严重	部分功能用地的可达性较差，影响灾时居民逃生与专业救援
主要应对措施	在满足保护需求的条件下进行区域路网重新组织，增强区内外道路的连通性	在现有条件下对道路进行梳理，与城市道路进行连通建设	评估现有道路条件，增加区域内道路，形成道路体系网络

（3）生态格局存在安全问题

旧城区的环境脆弱，污染严重，缺少基本的绿地系统，不利于旧城区的安全减灾。此外，由于旧城区公共空间极度匮乏，往往与外围用地的绿地系统很难形成网络，绿地空间破损程度高，不满足灾害的空间阻隔和应急避难的基本要求（表4-5）。

旧城区道路开敞空间安全问题   表4-5

举例	五大道旧城区	上海孔家弄旧城区	宁夏中卫旧城区
类型	历史风貌保护区	传统居住地区	一般老城区
典型开敞空间举例			
主要特征分析	开敞空间破碎、分布分散、未成体系	开敞空间设置任意、常被生活设施占用严重	开敞空间分布较少、常被商户占用
灾害安全问题	不能满足区域居民应急避难需求、服务半径不能全部覆盖	不能满足疏散及救援的基本要求，灾害一旦发生，后果严重	部分功能用地的可达性较差，影响灾时居民逃生与专业救援
主要应对措施	在满足保护需求的条件下进行区域路网重新组织，增强区内外道路的连通性	在现有条件下对道路进行梳理，与城市道路进行连通建设	评估现有道路条件，增加区域内道路，形成道路体系网络

旧城区往往缺乏公共空间规划，加之区内私搭乱建严重，很多绿化空间被破坏蚕食。由于人为因素的影响，导致旧城区内植被数量与种类锐减，地区环境恶化（表4-6）。

旧城区生态布局的安全问题分析   表4-6

旧城生态系统	存在问题	安全隐患	风险级别
无机环境	水体污染严重、噪声、热岛效应	生态系统破坏、人为干扰严重、修复难度大	高
有机环境	生活垃圾倾倒、生产废物污染	地区环境破坏、严重威胁居民生活质量	高
生物群落	植物种类单一	生态环境系统破坏，修复难度大	高

3. 生命线系统脆弱

由于城市人口和财富的聚集与经济发展，使得城市建成区面积不断扩大，造成旧城区发展落后，形成亟待改造的局面。同时，由于旧城区的生命线系统没有及时与城市其他区域进行连通，发展严重滞后。长期高负荷运转，导致管线老化、消防供水无法保证，降低了地区应灾能力。此外，旧城区的生命线系统任何组成部分受灾损坏，都可能导致整个系统完全停止工作，最终导致瘫痪，并且会引发次生灾害。旧城区由于与周边开发地区联系缺失，形成了一个典型的"安全孤岛",需要通过理顺区域内外的空间格局,连通基本生命线系统,才能使其与其他区域连成有机的整体,从而彻底解决安全隐患(表4-7)。

生命线系统安全问题分析 表4-7

旧城区生命线系统	存在问题	安全隐患	风险级别
供电系统	管线老化、负荷较高	生态系统破坏、人为干扰严重、修复难度大	高
供水系统	水源缺乏、水压不足	地区环境破坏、严重威胁居民生活质量	高
排水系统	管线易堵塞、排水不畅	生态环境系统破坏,修复难度大	中
供气系统	易泄漏、供给不足	供暖不足、燃气泄漏、具有爆炸风险	高
通信系统	设备缺乏、信号不稳	通信易中断、无法掌握受灾人员情况	中

4.1.3 旧城区街道层面的安全问题

1. 街道功能问题

（1）原始功能改变

旧城区原始功能变化带来一系列问题。以传统风貌街区为例,建筑功能多由居住向商业零售功能转变。例如,广州恩宁路是西关特色风貌建筑区,区内建筑以居住功能为主,但随着此处文化游览功能的开发,以前的居住建筑多作商业使用。天津五大道传统风貌区建设之初为居住用地,现在居住总用地比例不到50%,多数已置换为商业和办公用地。上述情况导致众多安全问题。用地功能转变导致人口数量变化,如将原有居住功能转变为办公商业功能,使得人口密度增加,安全防控压力加大,街道空间对人员安全的保障能力减弱。

（2）多种功能混杂

旧城区居住配套已经十分老旧,传统居住地区多数以居民自盖平房为主,私搭乱建严重,导致人员密集,大大增加了灾害发生的概率。居住用地不断扩张,原有的用地功能布局结构滞后,出现了用地混杂的现象。西沽公园地区以居住用地为主,但其中存在有纱布砂纸厂、汽修厂等工业用地,与居住用地混杂,工业生产发生灾害时,波及范围大,影响居民的生活,街道功能的变更形成新的安全隐患。另外,20世纪80年代的居住区规划中还常配有工业设施用地,使得工业用地与居住用地混杂,没有有效的隔离绿化措施,导致安全隐患。现行规划中,工业用地进行单独设置,形成工业区,居住用地内的工业用地应做迁出处理,并且按照工业类型进行绿化隔离,用于降噪、防止污染。

从表4-8中可看出,在历史街区和一般老城地区,都有一定代表城市发展历史的保护用地,结合传统风貌区布置商业用地,并且较为密集;均存在绿化和开敞空间用地不足的问题,造成灾时受灾人员得不到有效和及时疏散。五大道道路结构均匀,但存在分级不清的缺陷;中卫老城区道路分级明确,但存在分布不均匀的问题。

旧城区用地现状分析 　　　　　　　　　　　　　　表4-8

序号	用地举例	用地性质	面积 (hm²)	百分比 (%)	各类用地占比
1		历史保护用地	47.31	42.50	
		居住用地	18.87	16.90	
		办公用地	4.64	4.17	
		商业用地	13	11.68	
		绿地	2.47	2.20	■道路用地 ■市政用地 ■绿地 ■商业用地 ■办公用地 ■居住用地 ■历史保护用地
		市政用地	0.28	0.25	
		道路用地	24.70	22.30	
		总面积	111.27	100	
2		历史保护用地	0.98	1.02	
		商业用地	24.91	25.80	
		广场用地	2.09	2.17	
		办公用地	1.81	1.88	
		学校用地	3.96	4.10	
		居住用地	37.68	39.03	■商业用地 ■历史保护用地 ■道路用地 ■市政用地 ■绿地 ■居住用地 ■学校用地 ■办公用地 ■广场用地
		绿地	2.05	2.12	
		市政用地	1.8	1.86	
		道路用地	21.25	22.02	
		总面积	95.56	100	

2．道路系统问题

（1）道路空间特征

旧城区内部由于自然生长的关系，存在着大量狭窄的街道空间，街道空间弯曲且相似度高，含有大量的断头路，使其在疏散逃生方面存有安全隐患。《建筑设计防火规范》（GB 50016-2014）规定：消防车道应至少有两处与其他普通车道连通。尽端式消防车道应设置回车场，回车场的面积不应小于12m×12m。旧城区内道路很少能满足此项规定。旧城区狭窄的街巷空间具有一定的空间迷惑性，人员置身其中容易迷失方向，同时易发生踩踏事故。以居住为主要功能的旧城区街道空间具有多种职能，不仅包括交通联系功能，还包含交往休憩等功能。由于功能的复杂程度高，街道空间人流聚集，灾害疏散过程中易产生阻塞、疏散效率低等问题。

（2）道路占用现象严重

由于旧城区停车设施缺乏，常采用占路停车方式。同时，道路两旁居民生活物品堆放、零售摊点占街设置均降低了道路通行能力，妨碍了防灾通道的通畅，降低了灾时救援效率。

（3）道路等级结构不清晰

旧城区由于建设时间较早，建设标准较低，街道内部道路分级不明确或均为同等级道路，不能满足灾时应急救援和疏散的需要。划分明确的道路等级，对主要道路进行拓宽，能够有效提高应急救援效率。

（4）道路老化现象严重

旧城区道路运营时间长，路面出现不同程度的老化现象，降低了道路的通行能力，影响灾时救援车辆通行，急需重新敷设解决（表4-9）。

道路系统安全问题分析　　　　　　　　　　　　　　　　表4-9

主要问题	空间狭窄	占用严重	老化严重
问题举例			
灾害安全问题	不满足基本的建筑防火间距要求，灾时应急疏散和救援宽度不足	停车及生活设施对街道空间占用严重，阻碍了道路通行能力，生活物品的堆放同时具有火灾安全隐患	通行能力降低，对管线安全具有威胁
主要应对措施	对不满足基本要求的主要道路进行拓宽改造，以满足最低标准	加强日常管理，合理分布停车范围，提高居民安全隐患意识	进行更新改造，满足城市道路基本规范要求

3. 避难场地缺乏

旧城区公共开敞空间主要包括绿地、广场、公园等。以传统街区为主要特征的旧城区，以天津老城厢改造前为例，首先，由于缺乏开敞空间，灾害发生时人员不能够进行及时避难，存在较大的安全隐患。其次，公共开敞空间与道路联系不紧密，可达性差。街道内发生重大灾害后，导致人员无法有效及时疏散，无法及时进行避难；另外，灾害发生后由于缺乏提供食品、住宿、医疗等基本功能设施的场地，致使受灾区域的居民生活环境得不到有效保障，不能为受灾人群提供基本的生活保障（表4-10、表4-11）。

各项避难场所分级控制要求　　　　　　　　　　　　　　表4-10

主要问题		有效避难面积（hm²）	疏散距离（km）	避难容量（万人）	责任区服务建设用地规模（km²）	责任区服务人口（万人）
中心避难场所		≥20，一般60以上	5.0～1.0	不限	7.0～15.0	5～20
固定避难场所	长期	5.0～20.0	1.5～2.5	1.00～6.00	7.0～15.0	5～20
	中期	1.0～5.0	1.0～1.5	0.20～2.00	1.0～7.0	3～10
	短期	0.2～1.0	0.5～1.0	0.04～0.50	0.8～2.0	0.2～3
应急避难场所		不限	0.5	根据城镇规划建设情况确定		

<table>
<tr><td colspan="4" style="text-align:center">避难场地的种类</td><td style="text-align:right">表4-11</td></tr>
<tr><td>类型</td><td>作用</td><td>内容</td><td colspan="2">形式</td></tr>
<tr><td>防灾建设空间</td><td>灾害防御</td><td>生态隔离带等灾害隔离空间，生态保护区、公园、绿地等灾害缓冲空间</td><td colspan="2">以空间具体的工程措施、建设项目为主</td></tr>
<tr><td>防灾活动空间</td><td>容纳逃生避难行为</td><td>逃生动线、避难空间、指挥空间、医疗空间、物资储备空间等支配相关人员活动的空间</td><td colspan="2">平时建设项目与工程措施转化为灾时功能</td></tr>
<tr><td>防灾管理空间</td><td>防灾区划与管理</td><td>通过行政区划、灾害防治区划、风险区划进行灾害管理控制的空间</td><td colspan="2">以管控的应急机制来保证</td></tr>
</table>

4. 街道空间混乱

街区空间混乱表现在各地块内部建筑密度高，建筑间距不足，普遍呈现高建筑密度等空间特征。天津五大道地区建筑密度高于50%，道路用地与开敞空间面积比例较小。较高的建筑密度导致火灾发生时，灾情得不到有效控制，或蔓延迅速，街道损毁严重。由于街道中可利用的防灾空间不足，缺少相对完整的应灾避难系统，灾害发生时，受灾人员由于逃生路线不明确，不能有效安置受灾人员（表4-12）。

<table>
<tr><td colspan="4" style="text-align:center">旧城区街道空间现状</td><td style="text-align:right">表4-12</td></tr>
<tr><td>序号</td><td>空间举例</td><td>灾害安全问题</td><td colspan="2">主要应对措施</td></tr>
<tr><td>1</td><td></td><td>五大道历史街区空间呈现低层、高密度的特点，街坊内建筑密集成片，建筑间距不足，但仍有一定的空间秩序</td><td colspan="2">梳理街坊内的建筑空间，拆除违法建筑，满足防火间距需求</td></tr>
<tr><td>2</td><td></td><td>建筑密集成片，呈现高度聚集状态，自发生长形成，空间秩序混乱</td><td colspan="2">近期整理弄堂内空地，形成开敞空间网络，远期进行整体改造</td></tr>
<tr><td>3</td><td></td><td>以老旧多层居住空间为主，平房建筑镶嵌在其中，街坊内建筑密度高</td><td colspan="2">改造老旧小区内部环境，对老化建筑进行维护</td></tr>
</table>

5．基础设施落后

由于城市经济的不断发展，我国市政设施建设随着城镇化的进程迅速发展，但是整体处于较低水平，旧城区市政设施建设低于整体建设水平，是城市建设的短板。以绍兴市老城区的供水设施为例，红旗路更新前人均用水量低于全市人均用水量9个百分点。此外，街区存在水量水压不足、消防供水缺乏、管网老旧，整体结构混乱导致供水的可靠性差（表4-13）。

绍兴市红旗路用水量与城市平均用水量比较 表4-13

内容	发达国家 20 世纪 80 年代水平	国内平均水平	绍兴市红旗路历史街区 改造前水平
人均生活用水量（L/人）	206 ~ 320	234.25	100
自来水普及率（%）	100	100	91

城市市政基础设施建设投资水平不同，给排水供热等建设水平低，导致旧城区安全隐患长期存在，得不到妥善处理。绍兴市1997~2000年建设投入比例表显示，旧城道路及其他投入占总投入的95%左右，而给排水、环卫等的总和为5%，燃气、供热及其他方面没有投入（表4-14）。可见，旧城区与街道居民生活紧密相关的各项建设被严重忽视，市政设施水平的建设程度与城市发展严重不吻合，对地区的安全建设埋下隐患。例如，街区在暴雨突袭之后常常内涝成灾；供热燃气设施建设滞后，导致居民的自主取暖设备引发房屋起火与人员中毒事件；电力、电信管线老化严重，导致电线与电器起火与漏电，引发火灾与触电事故，从而引发街区的人为灾害与人身安全事故（图4-4）。

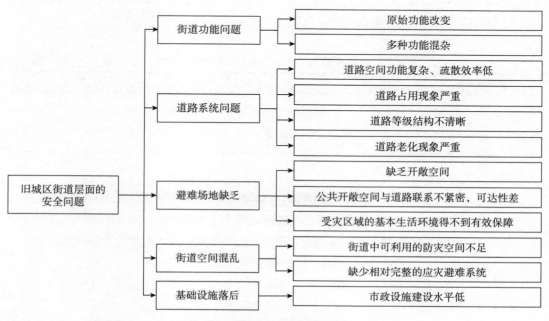

图4-4 旧城区街道层面的安全问题

1997~2000年绍兴市旧城改造的基础设施投资比例　　　表4-14

	给水	排水	道路	防洪	煤气	园林	环卫	供热	其他
占比（%）	2.52	0.39	61.92	0	0	0	1.75	0	43.5

4.1.4　旧城区建筑层面的安全问题

1. 建筑安全度低

以传统街区为主的旧城区中的建筑由于建设时间早，均以木构架和砖混建筑为主，随着混凝土等材料的应用，也存在有部分钢筋混凝土的结构形式。由于建设时期的设计标准和原有建设技术的限制，没有考虑防震、防火等安全防灾要求，使得建筑的安全度较低。此外，由于建筑年久失修，老化严重，使得大部分构件老化，导致整体构架的安全度降低，加上这些地区多有拆迁安置政策的影响，居民对房屋的修整意愿不强，使得许多建筑出现不同程度的损毁，部分房屋已经倾斜，部分房屋出现较大裂缝，个别房屋已是危房，极端的已经倒塌损毁。由此可见，旧城区建筑结构上的安全隐患巨大。

（1）结构改变严重

这里的结构既指单体建筑结构，又指独立的院落结构。建筑结构由于老旧加上多以木结构梁柱为主，导致老化严重，安全风险较大。旧城区院落保存质量一般较差，以红桥区的西沽公园地区为例，大部分住宅被归入三级以上危陋房。建筑墙体出现裂缝，砖雕破损严重，居民随意改变房屋的承重结构，院落占用严重。

（2）私搭乱建严重

由于居住空间严重不足，居民为扩大使用面积对院落或道路空间进行侵占，院落中形成了狭窄"院内胡同"，破坏建筑的整体空间格局，同时改变建筑内部结构，扩大起居生活空间，导致现有的建筑结构不能抵御地震灾害的威胁（表4-15）。

民用建筑防火规范（单位：m）　　　表4-15

建筑耐火等级	防火间距		
一、二级	6	7	9
三级	6	8	10
四级	9	10	12

（3）室内结构损坏

由于屋内结构多用木质材料修建，大部分损坏严重，一座历史保护建筑的吊顶采用传统的纸糊做法，由于年久失修，大部分都已经脱落，露出了木质骨架，室内的电线与骨架缠绕在一起，老化严重，使其存在着严重的火灾隐患，如果引发明火，后果将不堪设想。

2. 建筑环境安全问题

（1）居住环境条件差

以传统居住空间为特征的旧城区，由于历史原因，原本供独户使用的院落被拆分给多户居住，人均居住面积较小，以天津老城厢为例，拆迁改造前，人均住房面积不足6m²。

旧城区由于发展历史较长，区域内人口平均年龄大，以大家庭的居住生活方式为主，一间狭小的房间承担着不同空间需求的复杂的生活功能，每个人的生活空间局促，导致生活质量不高。此外，流动人口众多，也增加了安全风险，失窃等案件屡有发生，增加了地区的安全隐患。

（2）基本生活设施缺乏

西沽公园区域内电气系统、排水设施等老化严重；道路空间狭窄、路面老化严重，通常被居民的生活物品所占用，为居民出入带来不便，在用水高峰经常出现水压不足的现象；卫生设施缺乏，户内没有独立的卫生间，给居民生活带来不便；建筑屋面漏雨、渗水现象严重，为此居民常用防水材料置于屋顶，但由于其多为易燃材料，安全隐患较大。此外，该地区地势低洼，胡同比庭院高、庭院比室内高的现象普遍，排水不畅问题严重。

3．设备安全问题

随着城市现代化发展，旧城区大部分建筑中的电气、照明等设施严重匮乏，不能满足居民日常生活的基本需求，居民随意更改线路与设备的问题严重，使建筑内部存在大量的安全隐患。

（1）线路老化

建筑内部线路老化，绝缘表皮开裂、脱落现象严重，导致存在严重的用电安全隐患；在木屋架的建筑中，由于照明灯具距离屋顶木结构过近，长时间使用容易引起火患；随着建筑的功能转变，进行商业、服务等开发之后会导致用电量激增，如大功率空调的使用等，会因电容过小增加灾害发生的风险。

（2）基本设备缺乏

建筑中缺乏现代化采暖燃气设备。在冬季使用燃煤或大功率电器进行取暖，既不安全又不环保；在夏季安装大功率空调，一旦供电系统由于容量过小承受不了瞬时的强电流，也可能导致火灾、爆炸等灾害发生（图4-5）。

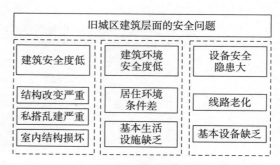

图 4-5　旧城区建筑层面的安全问题

4.1.5　旧城区管理问题与安全评价

1．旧城区管理层面安全问题

（1）地区人口特征

旧城区的人口密度大，流动性高。由于距离市区较近，租住成本较低，同时，本地居民逐步外迁，造成了内部人员混杂，流动人口比例较高的问题。人口密度大导致灾时人员疏散困难，流动性高使得人员管理困难，引发潜在的安全隐患，管理部门应掌握具体数据，提出具有针对性的人员管理措施。旧城区的人口结构呈现老龄化趋势。由于地区发展历史较长，原著居民的老龄化趋势明显。平时，以老人与儿童为主的无业人员长期在区域内活动，造成紧急情况发生时，人员不能够及时进行疏散，造成重大伤亡后果。

（2）缺少可行的安全预案与灾害管理

旧城区中以老旧社区的居住形式为主，同时居住区的整体度不高，缺乏统一管理，没有有效的安全预案，此外以居委会为主要的基层管理组织缺少必要的应急管理经验和专业救援知识，导致紧急情况下，区内居民自救困难，无法在第一时间完成紧急避险的要求。因此，有必要针对旧城区的居民自治组织形成有效的安全预案设计和灾害管理机制。

（3）协调联动性能差

旧城区中的社区较为独立，通常很少开展消防安全教育活动，彼此联系较少，应在上级部门的协调下形成日常联络机制，可以在灾害发生的第一时间形成统一管理的应对组织，保证救援工作的顺利开展。

（4）民众自救与互救能力弱

居民的自救能力高低直接影响到灾害救援有效性。由于灾害发生时，居民心理较脆弱，防范意识下降，应对这种问题应在专业人员的疏导下展开救援，避免恐慌情绪的蔓延，从而提高居民的自救能力。

（5）居民灾害安全意识淡薄

主要是居民对灾害风险的认识度不高，认为自己日常生活方式没有引发过安全风险，因此，安全风险并不会对自己的生活造成影响。同时，旧城居民的文化程度水平差异较大，一些人的小农思想浓厚，以方便自己为做事原则，最突出的一点就是占用公共空间，或摆放自己的生活物品，或进行侵占利用，形成了隐患风险（表4-16）。

旧城区空间层面安全问题　　　　　　　　　　表4-16

		安全规划缺失	
	街区安全问题	总体布局问题	土地利用
			空间结构
		生命线系统脆弱	
旧城区空间层面安全问题	街道安全问题	街道功能问题	原始功能改变
			多种功能混杂
		疏散通道问题	空间狭窄
			占用严重
			老化严重
		避难场地缺乏	
		建筑空间混乱	
		基础设施落后	
	建筑安全问题	建筑安全度低	结构改变严重
			私搭乱建严重
			室内结构损坏
		建筑环境问题	居住环境差
			生活设施缺乏
		建筑设备问题	线路老化
			设备缺乏

2．旧城区安全问题评价

（1）层次分析法

层次分析法是定性与定量相结合的多目标分析方法。该方法首先将复杂问题分解为不同的层次，并且进行重要性判断，之后建立评价矩阵，最后通过计算最大特征值得出权重。

层次分析法应用广泛，主要有安全科学与环境科学领域。安全科学主要有煤矿安全、化学品安全、城市应灾能力的研究与评估等，环境保护主要有水环境、生态环境质量评价等。针对以上安全问题进行评价，得出具体权重（表4-17）。

旧城区空间层面安全问题指标体系综合权重　　　　　　　　表4-17

旧城区空间层面安全隐患	街区安全问题（A1）0.1958	安全规划缺失（B1）0.1220	
		总体布局问题（B2）0.3169	土地利用（C1）0.5000
			空间结构（C2）0.5000
		生命线系统脆弱（B3）0.5584	
	街道安全问题（A2）0.4934	街道功能问题（B4）0.0834	原始功能改变（C3）0.5000
			多种功能混杂（C4）0.5000
		疏散通道问题	空间狭窄（C5）0.3475
			占用严重（C5）0.3557
			老化严重（C6）0.2968
		避难场地缺乏（B6）0.2808	
		建筑空间混乱（B7）0.1613	
		基础设施落后（B8）0.3902	
	建筑安全问题（A3）0.3108	建筑安全度低（B9）0.6144	结构改变严重（C7）0.3758
			私搭乱建严重（C8）0.4256
			室内结构损坏（C9）0.1986
		建筑环境问题（B10）0.1172	居住环境差（C10）0.5000
			生活设施缺乏（C11）0.5000
		建筑设备问题（B11）0.2684	线路老化（C12）0.6000
			设备缺乏（C13）0.4000

（2）评价结果说明

由于本研究受访者分为设计、研究、管理三类不同类型，由于各专业关注的重点不同，因此结果有一定的倾向性，但对结果影响不大。在A层级的比较中，城市规划管理人员和设计者倾向于宏观的要素，从结果中可以看出来，建筑设计者则更加关注建筑本身的可靠性。相比于B层级，安全工程人员则更加关注安全设施的可靠性，而研究人员则更加关注隐患作用的机理，从抽象的结构角度考虑，如用地布局、功能、人口密度的角度。

（3）评价结果分析

通过以上对旧城区安全问题的评价，可以找出规划设计中的相关方法与措施，来防范这些安全隐患。在后续的安全规划中，可以依据相关因子权重来作为拟定策略、方案设计的具体依据。依据这一顺序，制定相关原则，指导具体的规划设计工作。下面便根据B层级的具体排序，提出以下具体的规划重点。由于管理层面的措施与空间规划做法差异性较大，因此不与实体空间问题进行比较。

①旧城区的总体布局和划定风险区域是基础性的安全控制措施。总体布局包括土地利用与空间结构等方面内容，是安全规划的主要前提环节，是其他防灾规划的重要依据，作为最底层的承灾体，城市其他系统均构建在这一基础之上。城市安全规划通过分析旧城区土地利用现状，控制土地利用性质、强度，运用局部功能置换的方式，形成合理的总体布局，理顺旧城区与周边用地的整体结构，构成自身安全规划的基础和前提。土地的使用性质决定了其在安全规划中所承担的职能，土地的使用强度决定了区域内的开发规模与人口规模，进而形成了人口分布、流量、密度等多层面、多维度的特征，直接影响安全规划人口疏散等方面的内容。此外，通过对高安全隐患地区进行划分，加强日常管控，是旧城区安全的有力保障。可见，总体布局和风险区域划定是旧城区安全规划的基础。

②旧城区街道空间和避难场地是重要且直接的安全控制措施。街道空间和避难场地是旧城区城市公共空间的重要组成部分，在平时承担着交通和居民活动等功能，灾时，一定规模的绿地广场及街道具有隔离缓冲作用，能够防止火势蔓延，阻止形成链式效应。街道是主要的疏散路线，公园绿地可以用作避难场地，并提供临时生活及医疗救助等功能。如果灾时居民能够及时疏散到空旷的场地，可以最大限度地减少人员伤亡及财产损失，由此可见，街道空间和避难场所的合理性是直接的安全控制措施。

③旧城区的建筑安全可靠度是空间安全的保证。由于旧城区的建筑大多年久失修，加之建设时期并未考虑到防灾安全因素，材料方面又以木质结构为主，产生了很大的安全隐患。同时，位于这一区域的建筑私搭乱建严重，建筑群体结构模糊，加剧恶化了地区环境，降低了疏散效率。因此，合理恢复原有建筑的空间结构，对建筑进行必要的安全改造更新，是整体区域安全的有力保证。

④旧城区的基础设施建设对地区安全起决定性作用。无论介于何种尺度下，大到城市整体的生命线系统，小到一个街头的消火栓，这些市政基础设施的运作，能够保证旧城区在发生紧急安全情况时迅速地做出反应，防患于未然，能够将影响和损失降到最低。这些设施如果能够合理分布，实现智能管理，那么犹如旧城区的"安全卫士"，保障居民的生命、财产安全。

4.2 旧城区更新中的综合安全防护策略

4.2.1 旧城区安全规划的原则与框架

1. 旧城区安全规划的原则

（1）实现安全风险的综合管控

旧城区由于其自身复杂的空间环境，引起了诸多安全隐患。为实现安全管控的目标，首先应把城市作为一个整体，并将防灾安全视作所要达到的诸多目标中的一个来进行规划，同时城市规划不仅仅以防灾为目标，而且是将安全规划的理念纳入其庞大体系进行统一考虑，以安全理念为契机配合旧城区安全规划的全面推进。

安全风险综合管控包含两个层次的内容，即广义和狭义。广义的综合管控是指对城市所有涉及防灾安全工作进行统筹安排，包括编制各层次的防灾安全规划，制定政策法规，改革管理机制，建立协调联动响应机制，安全风险监测与预警，采集和管理基础信息平台，开发新技术，开展教育培训等，侧重于政府管理的职能特征。狭义的综合管控是指物质空间等工程方面的安全规划，以城市规划和建设部门为编制实施主体，针对具体区域、面向不同因素，在一定时期内对与城市安全要素有关的土地利用、空间布局，以及各项防灾安全工程、空间与基础设施进行综合规划设计、统筹安排和实施管理。

（2）实现安全规划的全阶段实施

旧城区多属于既有城区的一部分，安全规划缺失，环境复杂。通过合理的城市更新建设是弥补安全规划不足，使安全规划的理念贯穿于旧城建设的保证。在旧城安全规划初期应考虑潜在致灾因子、灾时时空分异规律以及孕灾环境稳定程度等，有倾向性地选择旧城区的功能类型；在具体的建设布局规划和空间设计阶段，构筑多层次、多目标的空间防灾体系；同时，针对灾时应急机制，设置合理的避难空间与危机处理预案。通过对安全规划完整路线的"全阶段"综合考量，一方面可以降低灾害发生概率，同时减轻灾害所造成的损失；另一方面，提高灾时响应和应急处理效率，减轻灾害影响和损失，完善旧城区的安全环境。

（3）实现避难空间的纤维化设计

在旧城区的空间规划中，暴露出两个主要问题：区域用地的建筑密度过高，安全避难空间极度匮乏，以及缺少必要的避难设施，灾害发生时避难基本需求无法得到满足。狭窄的街道空间，复杂的街巷结构，使得灾害发生时受灾人员的疏散行为和安全心理的目标无法保证。由于事发突然，场面混乱，受灾人员逃生自救行为总是趋向于选择最近的可直接到达的避难场所，很少会按照事先预定的疏散路径或场所进行逃生。日本东京大学教授大野秀敏针对城市旧城区内建筑密度高、开敞空间不足的问题，在东京总体规划中提出"纤维绿廊"的概念，强调开敞空间规划的灵活性与适应性，在增加开敞空间总量的同时保证绿地使用的便捷性。这一理念也适用于旧城区安全规划，构筑多尺度、多层次、均好性的安全空间体系，以充分满足用地复杂紧张情况下的安全空间总量和使用效率。

（4）实现安全设施的智慧化运行

在城市安全规划领域，"智慧城市"的理论和相关应用具有巨大的潜力和优势。"智慧城市"的概念是IBM公司于2009年提出，强调运用智慧手段协调城市各方面运营，提高政府服务水平，改善居民生活品质等。美国纽约"智慧城市"的建设在其城市安全防灾体系的运营中发挥了积极的作用，实现了城市安全体系的"智慧化"。城市安全防灾体系由众多环节联系组成，涉及大量的不确定因素，是大规模、高投入的复杂自然—经济—社会—工程的巨系统，用简单、传统的技术手段基本无法维持其正常运行。在"智慧城市"的建设背景下，以互联网、物联网、三网融合、智能信息计算处理、云服务等信息技术应用为技术支撑，整合海量的城市信息、社会信息、灾害时空信息，加强对信息化基础设施建设、信息平台的建设，推动实现城市安全防灾体系的"智慧化"（图4-6）。

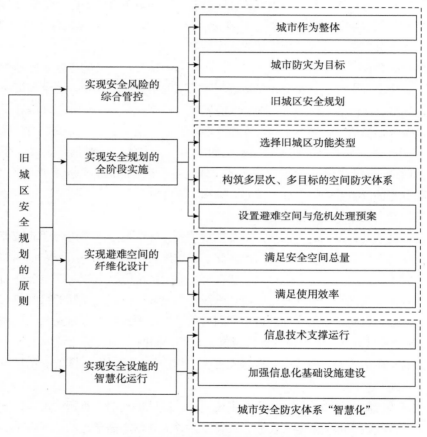

图4-6　旧城区安全规划的原则图示

2. 旧城区安全规划工作框架（表4-18）

在明确了安全规划的重点、理解了安全规划的原则之后，需要制定具体合理的工作框架和步骤，以便指导旧城区规划的编制与实施。

首先，在旧城区安全规划的前期研究阶段，应依据地区的基本特点和现状调查，建立符合地区特点的评价要素，从而建立评价数据集，得出最终评价结果。随后，根据结果对规划实践提出规划要点，以解决评价阶段形成的地区规划问题。最终，根据规划要点形成具有针对性的安全规划方案，指导后期的管理建设。

旧城区空间层面安全问题指标体系综合权重　　　　　　　　　表4-18

研究内容	研究项目
规划设计	用地功能布局 发展规模预测 建筑容量研究 生态景观格局 道路空间设计 建筑形态 街道空间 开敞空间
城市设计	总体设计目标 城市空间设计 区域意向控制 建筑实体控制

前面已经分别论述了旧城区所面临的主要安全风险，并提出规划原则，分析确定了安全风险的规划重点。本章以旧城区安全规划为主要内容，从街区、街道、建筑三个层次来分别论述旧城区用地布局、道路交通、开敞空间、基础设施、建筑空间方面规划策略，结合管理制度和智慧信息系统的应用，实现在社会管理、安全运营方面的安全应对措施，从而提出基于城市安全的旧城区规划策略。

4.2.2　街区层面的安全规划策略

1. 加强安全控制，划定防灾分区

划定城市中亟待更新的旧城片区，通过风险评估确定安全控制范围，明确更新的原则与目标，实现从源头的控制与管理。降低潜在灾害发生的概率，规定限制危险源的空间布局，提供防护措施。

《城市抗震防灾规划标准》（GB 50413-2007）要求：根据不同区域的特点和灾害特征以及风险评估和抗震要求对规划区域进行划分。这里的不同研究区域，即指防灾分区。防灾分区根据用地现状、城市布局以及形态，从风险控制角度划分为若干分区，并保持各分区之间的联系，类似于日本与我国台湾地区所指的防灾生活圈，对灾害防治意义重大。

《城镇综合防灾规划标准》（征求意见稿2012）中指出，防灾分区单元人口规模宜控制在5万~7万，人口规模不宜超过10万，用地不应大于15km²。首先，从城市总体防灾功能入手划定老旧城区防灾分区，便于日常管理服务，便于灾时避难、应急与救援工作的开展。其次，可以在考虑旧城区的灾害风险的基础上，科学核算防灾空间设施和容量，从而对其进行均匀合理的布局和控制，随着更新的推进实施，实现防灾空间的有机组织。最后，防灾分区内部可划分一定数量的防灾单元，应将特征相同的街坊划分为一个单元，确定各防灾单元的规模，计算防灾设施的具体需求，同时在各区域之间建立相关联系，当灾害发生时，各区域均可为受灾地点提供支援，提高灾害控制能力。

日本东京都地区，在调查区域内不同结构建筑的基础上，进行火灾和地震破坏预测。从

而形成危险度评价图（建筑火灾危险度和建筑倒塌危险度）。根据多次地震破坏经验，地震所引发火灾蔓延会对其周围广大区域产生破坏性次生灾害。火灾危险度是针对这一安全风险程度的预测，是火灾发生的可能性和火灾蔓延的危险性两个指标的综合叠加。这一指标为旧城区的防灾分区划分提供了基础依据（图4-7、图4-8）。

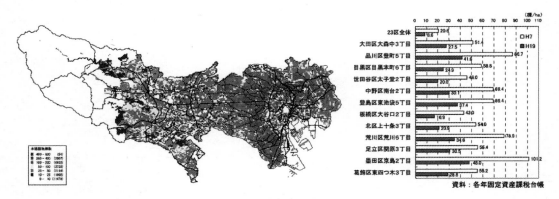

图 4-7　东京都木质结构建筑栋数分布及分区统计

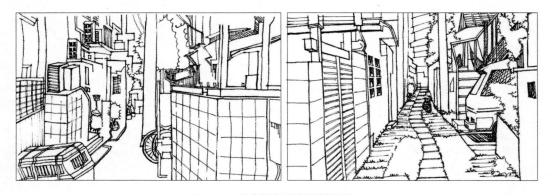

图 4-8　东京都木质结构建筑现状

建筑倒塌危险度是以防灾分区内建筑类型以及地质条件分类进行判定。首先建筑类型的危险度主要是从建筑密度、建筑构造（木结构、钢筋混凝土结构）以及建造年代三个方面加以分析考察，建筑密度越低，建造年代越晚，钢筋混凝土结构的建筑地震时坍塌危险度越小。

通过对区域内的安全风险进行总体的评价与预估，依据风险进行分区管理控制，是对旧城区防灾安全规划的基础性的工作，同时是协调周边联防联控的前提条件，依据具体条件进行有针对措施的防控，是街区尺度下安全规划的有效措施。

2. 土地合理置换，优化布局结构

（1）外部布局结构

优化旧城区的外部布局空间结构，对旧城区通过调整整体功能布局，降低周边用地对旧城区的干扰，并且将周边的居住功能逐步外移。例如，北京东城区是北京传统胡同四合院保存完好的密集区域，在恢复原有街区风貌环境的同时，减少周边居住功能对核心区域的干扰，并消除生活灾害源对街区安全的影响。

（2）内部布局结构

由于目前的旧城区位于城市的中心或者附近，所以一般是当地的繁华地段，周边早已成片开发，因此人流量大、车流量大，此外，旧城区随着时间的推移，局部功能不能满足基本需求，并且对旧城区环境造成威胁。旧城区的用地功能相互掺杂，应协调周边相关用地，重新确定街区的用地性质与更新目标。合理分配各项用地比例，协调整体的土地利用结构。将旧城聚集大量人流的功能建筑进行置换，如将行政办公或大型商业设施迁出，以减少人流量以及车流量，增加道路和广场用地可以用来在发生火灾时疏散人群，使其能够承担疏散救援的功能。合理组织街区周边道路结构，增加旧城区内外部道路联系。采用环路或外围新建道路从而减少机动车在区内穿行及停靠，可以提高旧城区的防灾效率。

3. 完善生命线系统，确保基础设施安全

首先，对旧城区内的现有基础设施进行全面评估，依据结果有针对性地提高基础设施的安全性，并适当提高设施标准。改造时应进行增容，增强应灾能力。另外，提高基础设施的抗破坏能力，如使用耐腐蚀、抗压力等材料，提高自身的稳定性，保证灾时不受破坏，提高生命线系统的稳定性。

其次，针对新建基础设施，应进行基本的指标设定，增加设施的冗余度。将旧城区现状支状系统连接成网，同时增加辅助藤状布局。同时，将其划分为具体的独立设施单元，每个单元是独立运行的设施网络，这样在灾害发生时能够不受局部破坏从而导致整体生命线系统的瘫痪。

最后，将基础设施与生态环境做法相结合，以旧城区防治内涝为例，将低冲击开发理念运用到其中。低冲击开发（low-impact development，LID）是运用生态自然理念，采用小规模、分散的机制，从源头进行控制与利用的雨水管理方法，目的是使区内水文系统尽量接近自然的水文状态，实现自然环境与建成环境的相融合，达到对环境影响的最小化。针对旧城区的基础设施主要安全问题，现提出以下安全应对策略。

（1）消防供水安全提升

旧城区供水管网存在敷设时间较长、管径容量偏小、腐蚀严重、水压较小等问题，可依据片区火灾的危害性、火灾发生的频率来预测消防用水量，根据消防用水量来更新改造或连通市政供水管网络。《城市消防规划规范》（征求意见稿2012）中指出，形成环状供水管网，保证消防供水的可靠性。依据消防用水量确定管道直径，按照标准应不小于100mm。市政设施完备的地区可适当提高标准，以满足区域未来发展需求。室外消火栓距离不宜大于120m，保护半径不应超过150m。因此，确保片区内用水及水压充足，提高供水系统的防灾能力，减小供水系统受灾损坏的风险，是满足供水安全的基本要求。在旧城区消防用水不能够满足需要时，有必要设置独立的消防水池。城市消防水池既可以单独设立，也可以结合人工的景观水池进行设置。同时，应充分利用现有的水体环境，如西沽地区临近北运河河水作为消防补充用水来源。

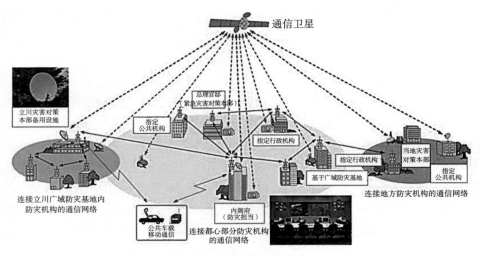

图4-9　防灾通信系统构成

[资料来源：（日本）国土交通省. 都市安全課_参考资料[R]. http://www.mlit.go.jp/index.html]

（2）保证供电系统安全

平时应保证旧城区供电系统的稳定性，应依据用电现状对地区供电进行增容，并选择合理的电器线路，运用耐腐蚀、耐震的材料，将线路入管提高线路的抗灾能力，减小瘫痪风险。依据《城镇综合防灾规划标准》（征求意见稿2012）的要求，灾时应急供电保障应采用两路独立电力系统引入，并由两个电源进行供电，每个电源应满足平时负荷不低于正常照明50%的用电需求，容量同时满足灾时和平时的总负荷。

（3）完善供气供暖系统

旧城区天然气管线大多还未敷设，居民以自家单独液化气罐的方式满足生活用气，供暖以燃煤为主，这造成了潜在的火灾隐患，并且冬季采暖期还有一氧化碳中毒的危险，应加快区域天然气及供暖设施系统建设，消除潜在的安全隐患。在规划新建管线时，应采用耐震、耐腐蚀的材料，并保证连接处的安全，提高供气及供暖系统的应灾能力，减少灾害发生时供气供暖系统引发的次生灾害问题。应该多投入一些资金进行旧城区的供暖设施改造，尽量在这些街区中采用集中供暖方式。该方式前期的管道建设和后期的维护是重点内容。在那些已经供应燃气的地区，可以考虑采用分户式供暖设施。

（4）保障通信系统安全

运用智慧管理技术，实现安全隐患的实时监控与通信网络保障。通过加建应急无线网络、敷设地下光缆、增加移动通信设备接收站等方式，保证旧城区内街道的通信安全，提高通信系统的应灾减灾能力，降低灾害对通信网络系统的破坏。

4.2.3　街道层面的安全规划策略

1. 街道用地的重新组织

（1）改变不合理用地

旧城区由于建设时间较早，用地规划混乱，造成了其内部夹杂着具有安全隐患的功能用地，因此需要通过功能的调整来解决。与旧城区系不大而又存在很大安全隐患的功能用地称为危险源，应以迁出的方式消除安全隐患，如大型商业设施；与旧城区自身生活有关而又存在安全隐患的必要服务设施，如液化石油气换装站等，应调整用地分布。

（2）对建筑分类整治

街道内的用地功能体现在不同的建筑类型上。应对街道内建筑进行具体分类，按照建筑类型进行更新改造。通过对不同用途的建筑进行分类整治，消除安全隐患，实现旧城区的可持续发展。例如，将保护建筑进行格局恢复，拆除违建，实现原貌更新，可作为博物馆及展示用途。对于重点建筑，可以维护现存建筑，通过修整恢复的方式，实现现有功能的延续。一般建筑可以进行拆除或改建，通过彻底改造，或与现有建筑进行功能整合，或直接变为公共开敞空间，以弥补避难空间的不足等问题。

（3）降低人口密度

旧城区往往由于配套设施不完善，邻近城市中心，生活便利，但生活环境较混乱，易形成租金低廉、大量流动人口聚集的特征，使得街道内往往形成高建筑密度、高人口密度的特点，这就造成街道潜在的安全隐患，发生突发事件时，大量人口不能得到有序及时疏散，街道空间识别性差，缺少公共开敞空间，最终导致伤害事件的发生。

通过功能置换、环境整治、建筑空间恢复等方式重塑空间环境。旧城区住房政策应从根本入手，不少住户会因货币补偿这种方式增强居住在老旧街道内部的意愿，诱导了政策下的投机行为。由于政策引发内部人员外迁的主动性被遏制，所以政府应在制定相关政策时同时考虑居民的真正需求，应采用引导政策解决人口的疏散问题。

旧城区因房屋租金较低，地理位置条件优越，从而吸引了大量的中低收入外来人口，从而导致迁出了一定的人口后又会集聚大量的外来人口。因此，应从租金的调节上降低外来人口的盲目涌入。所以，制定合理的房屋租赁政策也可在一定程度上促进解决旧城区人口疏散问题。

2. 疏散通道的安全改造

街道内部道路空间在灾时主要承担疏散和隔离两方面职能，最为主要的是疏散功能，及时有效疏散是保证旧城区安全性的重要因素。如何进行灾时人员有序疏散是旧城区改造更新重点。前面提到旧城区存在街道空间狭窄、占用严重、等级混乱等问题，因此以改造解决以上问题是确保街区尺度下安全性的重要措施。《城市抗震防灾规划标准》（GB 50413-2007）规定，对老城区进行较大面积改造时，对疏散场所和通道提出规划要求，紧急避难场所连通外界的通道有效宽度不应低于7m。两侧建筑在灾害发生时不会阻碍道路通行。

山田信夫等（2013）在研究日本金泽传统街道的灾害发生时通过比较优先疏散路径和其他路径从而提出"双向疏散"的时间问题，量化街道空间对疏散的作用。研究区域以木质结构建筑为主，街道空间狭窄，区内主要道路为长崎路，其余道路宽度均小于2m（图4-10）。

研究指出，在这种传统街区中，由于道路狭窄、建筑密集，"双向疏散"或多向的道路布局十分重要，这也是加大疏散通道冗余度的一种手段。其他研究中对避难道路宽度进行如下方法计算：（8+x）m，其中8m包括道路两侧落下物可能占用的宽度和一侧停放车辆以及消防救援宽度，x（避难道路需增加的宽度）则通过避难人员数量计算得出，即避难道路宽度=1m+2m+4m+xm+1m，x的确定方法为：x=疏散人员数量÷人员步行密度÷人员步行速度÷人

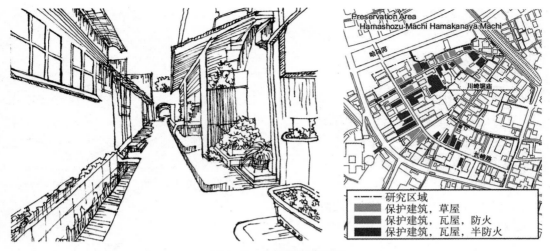

图 4-10　金泽传统街区现状

（资料来源：Nobuo Mishima，Naomi Miyamoto，Yoko Taguchi，Keiko Kitagawa. Analysis of current two-way evacuation routes based on residents' perceptions in a historic preservation area[J]. International Journal of Disaster Risk Reduction，2014（8）:10-19.）

员避难时间。其中，避难人员数量=受灾地区人口密度×地区面积÷4（4个方向）（图4-11）。

从图4-12中可以看出，在疏散距离一定的条件下，疏散路径宽度越小，疏散时间越长。此外，过窄的街道空间同时给救援和灾害隔离带来巨大挑战。文中还对一般常人和行动不便者进行了分类讨论，传统地区虽然街巷狭窄，但可选择疏散路径冗余度大，实现"双向疏散"的可靠性是变劣势为优势的重要因素。旧城区可以借鉴"双向疏散"的概念，通过改造原有街巷空间，打通断头路，保证避难场所的多向可达性，是降低安全隐患、保证灾害时人员安全的有效措施。此外，在城市范围内，将疏散通道与旧城道路进行整合划分为四个不同的等级，形成安全疏散路径地图（表4-19）。

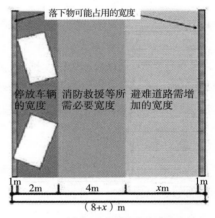

图 4-11　应急避难道路宽度确定方法

旧城区空间层面安全问题指标体系综合权重　　　　　　　　　表4-19

	宽度（m）	服务半径（m）	层级	作用	要点
特殊避难通道	≥ 20	≥ 2000	固定避难场地与中心避难场地间的道路	灾区、防灾分区、防灾据点联系道路	提高道路及桥梁耐震安全等级；保持灾时通畅，进行交通管制
一级避难通道	≤ 15	≤ 2000	紧急和固定避难之间道路	转移人员、运送物资的道路	结合防灾环境轴设计

续表

	宽度（m）	服务半径（m）	层级	作用	要点
二级避难通道	≥ 8	≤ 500	联系紧急避难场所	通往应急避难场所	确保消防通道的畅通
三级避难通道	≤ 8	≤ 300			防止疏散通道两旁建筑的坠物
出入口与对外交通	—	—	—	外界与城市联系的救援通道	每个与外界相连的道路具有两个以上出口
过街设施	—	—	—	联系疏散通道	宜采取地下过街道形式

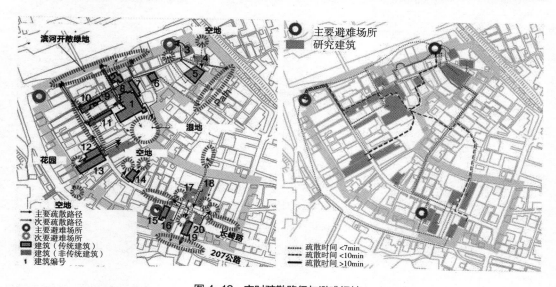

图4-12　灾时疏散路径与避难场地

（资料来源：Nobuo Mishima，Naomi Miyamoto，Yoko Taguchi，Keiko Kitagawa. Analysis of current two-way evacuation routes based on residents' perceptions in a historic preservation area[J]. International Journal of Disaster Risk Reduction，2014（8）:10-19.）

　　道路空间除了疏散外，同时也承担着空间隔离的功能，即可以切断火势的蔓延。除了道路，水系、广场、绿地也可以起到隔离的作用。街巷起到分隔防火片区的作用，将景观、活动空间串联起来，可以达到实用、美观一体的效果（表4-20，图4-13）。

防止火灾蔓延分割设置要求　　　　　　　　　　　表4-20

级别	宽度（m）	设置条件
1	40	防止特大规模次生火灾；区域人口规模宜小于30万，建设用地规模宜小于30km²
2	28	防止重大规模次生火灾；区域人口规模宜小于10万，建设用地规模宜小于15km²
3	14	一般街区分割

　　此外，旧城区也可通过防火性能高的建筑物或构筑物等实体进行隔离，这种实体隔离的方式能够降低灾害的蔓延。同时，也可将绿化景观作为隔离带，根据街道的具体条件选择适

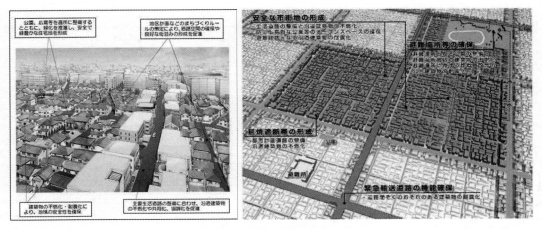

图 4-13　延烧隔离带示意

（资料来源：Nobuo Mishima，Naomi Miyamoto，Yoko Taguchi，Keiko Kitagawa. Analysis of current two-way evacuation routes based on residents' perceptions in a historic preservation area[J].International Journal of Disaster Risk Reduction，2014（8）:10-19.）

宜的种植植物，高矮错落，枯荣相间，使其防火作用能够全年有效。

3．开敞空间的合理组织

通过合理组织旧城区的疏散通道、规划完善避难场地，在紧急情况发生时，为人员提供有效的避难场所，是提高旧城区安全性的重要措施。因此，根据街道的人口密度、街道条件、建筑空间等特征，合理组织或新建街道中的开敞空间，对于受灾人员就近疏散、及时避难是十分有效的。

在以传统街巷为主要空间特征的旧城区中，由于住宅密度大，缺乏开敞空间，规划的重点就是通过梳理街道功能，理顺街区肌理，实行部分拆除，变换建筑性质等，开拓开敞空间，合理组织避难场地。日本针对这类地区提出防灾环境轴的应对方案。防灾轴主要是集开敞空间、疏散通道与实体隔离功能于一体的综合防灾空间结构。旧城区内应通过环境整治来形成防灾环境轴，作为阻止灾害蔓延扩大、形成开敞的避难空间场所的主要措施。防灾环境轴的道路宽度应大于6m，不燃建筑实体带应大于30m。不燃建筑的设置要求主要有建筑占地面积、开口率、高度等。要求高度应不低于5m，开口率应大于0.7。防灾街区应以防灾环境轴为主要结构，以城市道路和其他界限所围合的用地为范围，对火灾的蔓延起到隔离限制作用（图4-14）。

除在空间上形成防灾轴外，避难场地的增加对旧城区安全性能提升具有重要作用。避难场地一般由开敞空间构成，可以安置紧急情况下的疏散人员，包括公园、广场、街道、其他建筑空地及闲置空地等，一般是安全空旷的场所，并满足一些救灾设施的安放与应用。公园是重要的避难场所，可由公园的现状条件来确定防灾公园的类型（表4-21）。

由于旧城区缺少开敞空间，通过小范围更新方式进行加建，并且考虑到用地的紧张与复杂，尺度过大的绿地并不适合建设于其中。旧城区开放绿地空间建设由于自身的局限性，使用"绿地纤维系统"开敞空间规划理念更加适宜。所谓"绿地纤维"是指通过运用"纤维"

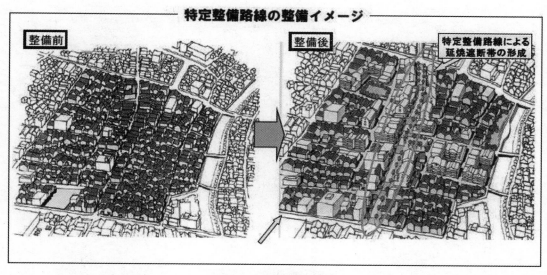

图 4-14 延烧隔离带示意

（资料来源：Nobuo Mishima，Naomi Miyamoto，Yoko Taguchi，Keiko Kitagawa. Analysis of current two-way evacuation routes based on residents' perceptions in a historic preservation area[J]. International Journal of Disaster Risk Reduction，2014（8）:10-19.）

防灾公园分类 表4-21

类型	服务半径（km）	规模（hm²）	改造目标	灾后预期效果
紧急防灾公园	0.5 以内	1	有利于快速逃生	减少生命危险
固定防灾公园	2 ~ 3	10	有利于采取避难行动	减少生命危险和经济损失
中心防灾公园	3 以上	50	有利于实现安全生产	尽早恢复生产和经济活动

组织纤细、灵活、多样、立体、均质的特点，组合成为一种替代大型集中绿地空间的方案理念。这一绿地空间规划理念在实现旧城区安全建设、提高应灾能力方面有着不可替代的优势和作用。

"绿地纤维"这一概念由日本建筑师大野秀敏为解决旧城区开敞空间不足问题在东京总体规划2050年版中提出。为实现在东京都旧城区建设土地使用高度紧张的前提下，补充建设绿色开敞空间，大野秀敏提出应用"纤维"绿廊的方式来解决该问题，方案倡导使用中小型的开敞绿地（"绿垣"）构成的有机形态系统补偿用地紧张造成的开放空间匮乏局面，这些"绿垣"本身相互连通，而且与城市级的大型开放空间紧密联系。细小灵活的绿地开敞空间具有较高的适应性，通过有机的形态网络形成高密度的隔离单元，可以在较小尺度街道范围内起到安全隔离作用（图4-15）。

实现旧城区的开敞空间体系的构建，可以从以下方式着手。

（1）点线面网络化

形成合理有序的开敞空间系统，在旧城区—街区—街道尺度下，构成点线面交错的网络系统，实现绿地空间的安全防灾功能。绿地开敞空间从宏观到微观、从大尺度到小尺度可分为市级服务公园、街头公园及绿地、线性绿廊、绿道等，形成一个完整开放的绿地系统。

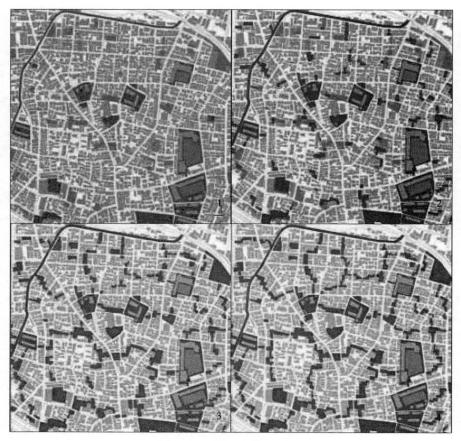

图4-15 "纤维"绿廊的形成过程

（资料来源：大野秀敏. 东京2050[DB/OL]. 東京2050//12の都市ヴィジョン展運营事务局，http://tokyo2050.com/ex1/04.html）

开放"绿地纤维"系统   表4-22

类型	空间分类	特征	尺寸（hm²）	服务半径
面状	城市公园	面积较大，服务半径较大	60	3.2km
线状	绿廊、绿道	布置灵活，类型多样	—	范围较广
点状	街区公园	面积适中，以健身活动场地为主	20	1.2km
	社区公园和开放空间	小区级开放空间，提供居民室外活动	2	400m
	小型开敞空间	小型活动场地	小于2	小于400m
	微型公园	庭院空间、休息凉亭等	小于0.4	小于400m

　　从表4-22中可以看出，旧城区内部的开放绿地以点状绿地为主，现状多以小型开放空间的形式存在于街巷之中，应从整体街区的角度考虑增加街区公园、微型公园等点状开放绿地，形成内部的开敞空间系统。

　　（2）规模细微化

　　开敞空间"纤维"系统的主要理念是以尺度较小的绿地代替较大尺度绿地，小尺度的开

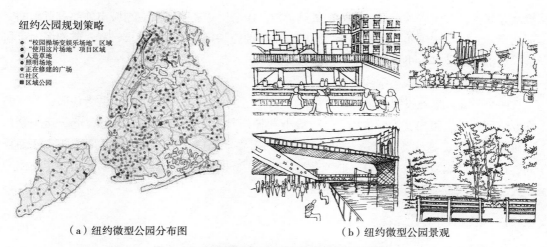

（a）纽约微型公园分布图　　　　　　（b）纽约微型公园景观

图 4-16　纽约微型公园分布与纽约典型微型公园

（资料来源：A Greener, Greater New York）

场绿地空间形态灵活度、投资运营方面都有着不可替代的优势。大尺度开敞空间规划建设对土地条件、基地现状有着较高要求，小型开敞绿地可以避开这些限制条件，在不改变旧城区整体结构的条件下，塑造灵活多变的公共开敞空间。通过对现有条件的更新改造，如河道两侧、废弃工厂、老旧道路、闲置用地等街道消极空间，对现状条件合理提取的前提下，赋予其新的内涵，充分发挥小型绿地的灵活优势。纽约充分利用街区边角夹缝空间新建了许多微型公园，这些公园均匀分布在街区之中，成为最具活力的空间（图4-16）。

在改善微气候方面，小型开敞绿地的渗透性、可达性以及较高的使用率，在调节社区、街区微气候方面具有直接有效的作用，随处可见小型绿地对其环境美化的效能。在实现安全风险防控方面，小型开敞空间绿地能够满足受灾人员第一时间的避难要求，不会因灾害发生时不能够找寻合理的避难场所而使人员受到威胁。

（3）增强开放度

就大型开敞空间绿地而言，为了方便管理和运营，一般都会设置围墙或栅栏，这就造成了明显的边界和领域效应，从而降低了使用效率，同时在灾害发生时，对受灾居民的安置速度大打折扣。运用场所理论分析认为，异质边界的交错和耦合往往能够催生出超出预想的活力地带。小尺度、分散化的"纤维"空间由于灵活的形态与高效的利用率，形成了自身较好的过渡性边界空间。这些边界能够很好地与其他用地进行关联与耦合，增强开敞空间的开放度。开敞的空间边界促进街道活动的交流，增加开敞空间使用效率。这些小型的开敞空间绿地创造出连续的柔性界面，当灾害发生时起到空间隔离的作用，防止灾害扩散，减少损失。

（4）开敞空间体系与安全防灾的结合

开敞空间绿地纤维组织对于旧城区防灾效能提升有着不可替代的积极作用。首先，街道开敞空间形成自然屏障，对于一般灾害起到减缓和疏解的作用，提升街道的稳定性。其次，灾时其可作为柔性的缓冲空间，阻隔灾害蔓延，降低灾害损失，同时作为灾时的避难场所，对受灾人员提供基本的生活设施及有效的安全保障，作为支持救援与恢复重建的工作场地，指导救灾与物资运输，同时提供宣传教育和防灾演练。

《城镇防灾避难场所设计规范》（征求意见稿2012）规定：避难场地的形态应与周边用

地联系紧密，方便避难人员的进入和继续疏散。中心固定避难场所应与城市外部有可靠的交通联系，方便物资运送、伤员转运，固定避难场地应满足长期避难需求，紧急避难场地可利用广场街头绿地等中小型开敞空间进行布置。

（5）避难场所与中小学的结合

中小学在规划建设时较多考虑了用地、规模、空间的具体设置要求，并考虑服务半径的需要，因此灾时可转变为避难场地。一般小学服务半径为500m，中学为1000m，可与紧急避难场所和固定避难场所进行对应，满足救灾需要。以日本为例，中小学要求防灾性能较高、灾害抵御能力较强、建设标准较一般建筑有更高的安全度与可靠性，并且公共活动空间较大，满足灾害发生时的人员避难需要。

4．应急设施的针对性完善

旧城区设置适合的救灾设备，对提高灾时应急救援效率十分有利，可以通过选择专用的应急设备来实现，如小型消防车、设置高压消火栓以及新型智能设施。

（1）选用小型消防车

《建筑设计防火规范》（GB 50016-2014）规定：建筑沿街长度超过150m或总长超过200m时，应设置消防通道。消防通道宽度不低于4m。旧城区街道尺度狭窄，应选择主要的街道作为消防通道，根据不同种类消防车辆尺寸和转弯半径选取与之相对应的救灾路径。消防用水主要由供水管网提供，因此，可选用微型消防车进行扑救，以适应狭窄的道路宽度及较小转弯半径。例如，国产的轻型泵消防车，车身宽度约为2m，转弯半径不大于6.5m，满足狭窄道路的通行要求，此外根据灾害的具体情况，配置通信、照明、消防设备。街道特别狭窄的考虑应用消防摩托进行救援。例如，微型消防摩托车体型小，可装100L灭火溶剂并且配备水枪、水龙头等灭火器材，可以及时消除火灾隐患。

（2）增设高压消火栓

在狭窄的街道中可用高压消火栓替代消防车进行救援，根据街道的具体结构布局情况合理设置高压消火栓，选择适宜的地点，依据合理的间距设置，保证其服务半径的全覆盖。

（3）应用新型扑救设施

将GPS定位消防报警系统、无人驾驶直升机、消防机器人、智能消防设备、无人消防飞机等新型扑救设施应用于灾害的救援，提高救援效率，具有重要意义。

4.2.4 建筑层面的安全规划策略

1．建筑安全性能提升

（1）建筑抗震性能提升

旧城区建筑老旧、结构改变大，受地震破坏可能造成严重的后果，地震中的人员受伤主要由于室内物品砸伤、结构破损致伤和建筑整体将人员掩埋等。日本阪神地震中，77%的人员是由于建筑倾覆使其窒息死亡。

避免地震灾害最直接有效的方式是提升建筑的抗震性能。建筑抗震改造可采取加设结构墙、加设支撑结构、建筑基础加固等措施增加建筑强度，改造中应注意与原有结构的连接，

使其具有整体性。以传统街巷为特征的旧城
区内建筑主要是砌体结构，此类房屋的抗震
主要从结构上进行加固处理，如对构造柱增
加圈梁、设拉杆支撑等方式，增强结构的牢
固程度，防止建筑在地震中瞬时倒塌，争取
逃生、救灾时间（图4-17）。

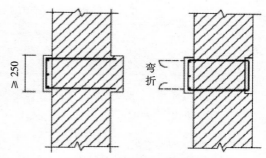

图 4-17　混凝土扶壁法加固墙体
（资料来源：谭萍. 砌体结构加固方法[J]. 中外建筑, 2008
（4）：154-155.）

　　对于新建建筑，可采用弹性基础来消除
地震的影响，通过在建筑物的基础和地基之
间增加减震、消震装置来减轻地震影响，这
样的结构可以避免强震的影响，减小建筑在
地震时所受到的巨大剪力，减少由于建筑整体震动不均匀导致的坍塌，可使建筑整体吸收地
震所产生的震动能量，保证室内受灾人员的安全。日本的此项构造技术多用于集合住宅。

（2）建筑防火性能提升

　　《建筑设计防火规范》对（GB 50016-2014）耐火等级有具体的要求，不同要求的
建筑燃烧时间应符合表4-24所示具体规定，旧城区老旧建筑防火改造时应参考具体标准
实施。

　　旧城区建筑多组成复杂，既有老旧居住建筑又有居民自建房，同时还存在一定的历史风
貌建筑，各建筑根据自身使用要求具有不同的防火构造要求。由于区内建筑材料耐火性差，
结构上的一些重要构件不满足耐火极限规定。例如，木门窗、纸糊吊顶、防水苫布等，一旦
发生火灾，很容易引起扩大蔓延，无法及时进行控制。因此，改造时应替换易燃材料，确
实无条件的应刷耐火涂料，并定期检查建筑环境的防火安全度。对于新建房屋严格遵照表
4-23～表4-25的规定进行建设。

不同防火等级建筑形式构件燃烧性能　　　　　表4-23

构件名称	一级	二级	三级	四级
防火墙	不燃性	不燃性	不燃性	不燃性
承重墙	不燃性	不燃性	不燃性	难燃型
楼梯间和前室的墙、电梯井的墙、住宅建筑单元之间的墙和分户墙	不燃性	不燃性	不燃性	难燃型
疏散走道、两侧的隔墙	不燃性	不燃性	不燃性	难燃型
房间隔墙	不燃性	不燃性		难燃型
柱	不燃性	不燃性	不燃性	难燃型
梁	不燃性	不燃性	不燃性	难燃型
楼板	不燃性	不燃性	不燃性	可燃性
房屋承重构件	不燃性	不燃性	难燃型	可燃性
疏散楼梯	不燃性	不燃性	不燃性	可燃性
吊顶（包括吊顶格栅）	不燃性	难燃型	可燃性	可燃性

资料来源：建筑设计防火规范（GB 50016-2014）

民用建筑的分类 表4-24

名称	高层民用建筑		单、多层民用建筑
	一类	二类	
住宅建筑	建筑高度大于 54m 的住宅建筑（包括设置商业服务网点的住宅建筑）	建筑高度大于 27m，但不大于 54m 的住宅建筑（包括设置商业服务网点的住宅建筑）	建筑高度不大于 27m 的住宅建筑（包括设置商业服务网点的住宅建筑）
公共建筑	（1）建筑高度大于 50m 的公共建筑； （2）任意楼层建筑面积大于 1000m² 的商店、展览、电信、邮政、财贸金融建筑和其他多种功能组合的建筑； （3）医疗建筑、重要的公共建筑； （4）省级以上的广播电视和防灾指挥调度建筑、网局级和省级电力调度建筑； （5）藏书超过 100 万册的图书馆、书库	除一类高层公共建筑外的其他高层公共建筑	（1）建筑高度大于 24m 的单层公共建筑； （2）建筑高度不大于 24m 的其他公共建筑

资料来源：建筑设计防火规范（GB 50016-2014）

不同耐火等级的建筑相关防火参数规定 表4-25

名称	耐火等级	允许建筑高度或层数	防火分区的最大允许建筑面积（m²）	备注
高层民用建筑	一、二级	按本规范第 5.1.1 条确定	1500	对体育馆、剧场的观众厅，防火分区最大允许建筑面积不应大于 1000m²
单、多层民用建筑	一、二级	按本规范第 5.1.1 条确定	2500	—
	三级	5 层	1200	—
	四级	2 层	600	—
地下或半地下建筑（室）	一级	—	500	设备用房的防火分区最大允许建筑面积为 1000 m²

资料来源：建筑设计防火规范（GB 50016-2014）

2．建筑分类安全整治

旧城区的建筑依据规划前后的街道功能、自身的建筑等级应采取不同的更新措施，从建筑层面保证居民安全，分别提出适应各自改造要求的防灾原则，综合提高旧城区建筑的安全性和可靠性，降低灾害发生时的建筑安全风险。建筑安全规划策略主要分为保护保留、维护修复、更新整治、拆除重建四种方式，其分类定义与安全规划原则如表4-26所示。

（1）保护保留建筑安全对策

建筑结构的加固：旧城区的保留建筑首先应考虑抗震的构造要求，根据建筑的现状条件对建筑的各部分进行构造加固，如对基础、墙体、维护结构及承重结构的加固，最大限度地消除潜在的安全隐患，减少灾害发生时的损坏风险。

建筑设备维护：保留建筑应严格控制电器等设备的运营，对于砖木混合结构的建筑，不应随意改变主要线路的走向，并且禁止随意串并联已经老化的线路，可以结合原有的通风换

建筑安全规划策略 表4-26

分类	主要特征	改造原则	改造策略
保护保留	建筑自身承担着发展历史,有一定的历史文化意义,接近历史保护建筑,通过维护保留进行文化历史传承	原有结构不改变,装饰色彩按照原有形式复原,材料构件进行原样恢复,对建筑进行防灾抗震改造	对关键的建筑结构进行防灾抗震处理,对建筑的空间进行改造,消除原有的安全隐患
维护修复	建筑有自身特色,与街区的整体风貌相差不大,有一定的保存价值	根据建筑的现状条件进行修复,保存建筑特有元素,可以在不更改外部风貌的条件下进行改造	对影响建筑安全的结构进行替换,建筑空间可依据需要进行重新布局,尽量维持原有功能
更新整治	建筑老旧程度过高,需要进行一定的改建更新措施才能够继续维持自身的功能	改造前后应注意与整体风貌的协调,符合街区的主要功能	可以适当运用新材料与新技术对其进行改造,加强安全性与可靠性
拆除重建	建筑本身与街区的整体风貌不协调,建筑破坏了街区原有的格局,只有经过拆除重建才能够实现更新的目标	通过对街区整体格局进行设计,拆除之后的用地既可进行建筑重建,也可用作其他用途	在缺少避难设施的街区中,拆除的建筑应最大限度地改作开敞公共空间,重建应考虑作为防灾隔离实体建筑

气装置进行管线的重新布局,管线应采取穿管敷设,功率较大的应采用漏电保护装置。

在供暖方面,应在街区内进行市政供热管网的接入,采取集中供暖措施。管线应与街区的总体布局相适应,材料选择抗震防水保温的环保材料,提高供暖系统的安全可靠性。

安装预警系统:在保护等级较高的建筑内可增设火灾自动报警系统,随时监控潜在的安全风险,对于要求较高的建筑可采用红外对射探测器。针对以居住功能为主的建筑,还可以通过与电视台信号传输系统的协作,在灾害发生的第一时间内将预警信息快速切换到电视屏幕上。此外,还可以在家中应用"家庭实时防灾系统(R-System)",其将显示、控制、智能协作于一体,当灾害发生时可自动切断家中各种电器、燃气、用水设备,以避免发生火灾、触电等次生灾害。

增设扑救设施:自动喷淋装置的安装要因建筑而异,在市内无法满足自动喷淋装置安装要求的,可在室外安装灭火设施,应在建筑的公共区域安置消火栓,提供紧急灭火用水。《建筑设计防火规范》(GB 50016-2014)规定,消火栓采用环状管网布置,设两个进水口,安置于公共空间墙体内,可装饰,但要有醒目提醒标志。

增加疏散标识:应用标准的疏散标志,尤其是在公共建筑中,满足其醒目、易读的要求,在紧急情况发生时,起到有效疏散人群的作用。在建筑明显的位置设置提示标志,正确引导人们逃生,对于居住建筑,由于人员对环境相对熟悉,可不安置安全标志。

(2)维护修复建筑安全对策

建筑构件的替换:维护修复的建筑可以进行建筑构件的更换,用耐火、耐腐蚀材料进行代替,对于局部结构的维修,可根据需求进行部分结构改变,修复后内部应满足不妨碍原有功能的保持要求,外部应尽量恢复建筑原有风貌,使其在整体风格上与主体建筑相呼应。

建筑空间的修复:建筑空间分为内部空间与外部空间,梳理外部空间,消除空间堆放物品所导致的安全隐患，打通建筑外部空间死角，疏通安全逃生路线；公共建筑内部应划分合理的防火分区，居住建筑由于人口的数量逐步扩大，使得私搭乱建现象严重，应在保证居住空间安全的前提下进行修复改造。

增设安全设备：维护修复建筑由于可以进行部分改造，因此，在更新时应布局规划适宜的安全预警装置，如防烟警报、自动喷淋装置、煤气泄漏装置等。

（3）更新整治建筑安全对策

与原有功能协调：更新整治建筑较前两种类型具有更高的灵活性，可依据周围建筑的类型进行适应性改造。改造前后应注意尽可能地保留原有的功能，或在不进行建筑室内空间较大改变的条件下做功能转换。例如，将居住建筑改为餐饮建筑或商业建筑，由于对空间结构改变较大，改造前后的安全要求无法满足，因此，较宜改作文化展览类等功能建筑。

与原有风貌协调：更新整治建筑改造时应注意与周边建筑风貌进行协调，在改造过程中可以对其原有结构和空间进行改造以保证其与周边建筑的风貌相一致。

（4）拆除重建建筑安全对策

拆除重建的建筑用地，应进行统筹考虑，如果街区中缺乏开敞空间，应保留用地，改建成为开放场所，形成街区的开敞空间系统。如果因特殊原因需异地重建的，应对原有材料进行编号保存，以便日后原样复原。

3. 建筑设备安全管理

旧城区建筑设备随着经济的发展逐步进行更新换代，如空调、照明等设备，这些大型的大功率设备通常会给街区带来更大的能源负荷，因此，为了提高设备的安全性能，应采用低耗能、安全度高的建筑设备。

（1）维护电气设备

应根据旧城区的地区负荷来规定电气线路敷设，安装电气设备。应重新布置管线，较大的用电设备应采取保护措施，确保安全。一般老旧建筑内，管线应敷设在难燃体中，选择节能型设备，在厨房中梳理电线布置，设置独立开关，并安装漏电保护装置。

（2）增加采暖设备

由于一些未接入市政设施地区采暖仍是利用自主的采暖锅炉，增加旧城区内的采暖设备来满足冬季采暖要求，将市政供热管网接入该区域，发展集中供热。管线应不破坏建筑原有结构，管道材料应选用抗震、防水、保温性能高的材料，提高供暖的可靠性。

4.2.5 管理层面的安全规划策略

灾害的自适应管理是近些年国外致力于研究的一种安全应对模式，以居住区规模为建设单元，就旧城区来说，类似于街道尺度，对于以居住为街区而言可以借鉴其灾害管理的模式，提高自身的安全性。

1. 防灾弹性社区建设理念

米勒提最早将灾害防治与可持续发展相结合，提出防灾弹性社区的概念，即"在没有外部支持救助的情况下，自身仍能保持生活质量，不遭受破坏性影响"的社区。随后，美国"影响工程"建设接受了这一观点，认为建设防灾弹性社区，要通过居民和其他利益相关者的行动和努力，使社区不断发展、壮大以便能够应对任何挑战。其中，居民的个体行为对防灾社区塑造至关重要。

2. 防灾弹性社区的基本组成

社区是城市灾害防救的基本单元，由社区物质空间环境和社会系统所构成。物质空间环境包括建筑、道路、基础设施、绿地等，社会系统包括政府管理机构、自治组织、物业企业、社区居民等。物质空间环境的抗灾可靠性和社会系统的高效组织、应急反应是社区防灾建设的重点。传统防灾社区倾向于工程技术防灾和政府主导的灾害预防机制，社区自身的防灾组织建设并未得到重视，大大削弱了社区的防灾能力。

防灾弹性社区强调防灾的主动性，通过强化自身系统的防灾水平，达到促进应急响应机制完善、提高灾后恢复能力的目的。由于防灾弹性社区注重内部的自组织、自响应、自恢复建设，本章将政府管理机构（如街道办、地区综治委、辖区派出所等）视为外部协助组织，将自治组织（居委会、业委会等）和物业企业定义为内部主体机构，承担着防灾弹性社区组织管理的职责，社区居民是防灾建设的主要参与者，两者共同构成防灾弹性社区的社会系统（图4-18）。

3. 智慧技术概念的引入

智慧技术是集计算机、信息网络和人工智慧及物联网、云计算等技术于一体，形成的综合信息技术。通过传感器的信息获取，物联网的数据传输，云计算的分析处理及智慧信息平台的管理发布四个信息处理阶段实现。将智慧技术应用于防灾弹性社区防灾建设的各阶段，实现弹性设计和功能整合，进而优化社区自主防灾组织，提高防灾应对效率。

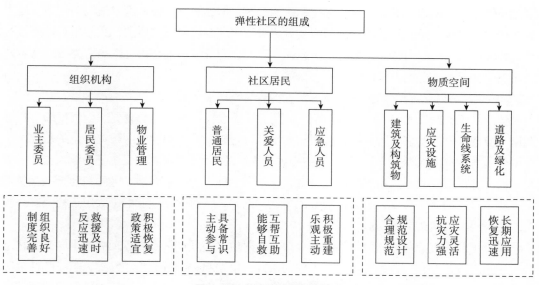

图 4-18　防灾弹性社区的组成

4. 智慧技术支撑下的防灾弹性社区建设重点

（1）健全基于智慧技术的防灾弹性社区减灾机制

加强各利益相关者在减灾阶段协调性和参与性尤为重要。防灾弹性社区减灾要通过健全社区安全机制来确保减灾工作的顺利实施。在社区居民积极参与、组织机构联动协调的基础上，运用智慧技术，构建防灾弹性社区的"安全共同体"。"安全共同体"是一个"组织机构—社区居民—物质空间"的三级联动防灾网络，使用智慧技术形成"人—物"互联的减灾组织形式。实时监控、物联网、移动终端的应用，为构建"安全共同体"提供了技术支撑。

防灾弹性社区从本质上来说，就是在主动积极防灾的基础上，建立一个"安全共同体"。这一共同体因为有共同的组织协调机制、防灾应对措施、灾后恢复对策，才使得防灾弹性社区的各部分组成具备"韧性"。同时，智慧技术的应用使得三级网络联系更加紧密。

（2）形成基于智慧技术的防灾弹性社区应急响应机制

防灾弹性社区的应急响应机制是灾害防治的关键，是通过社区组织迅速反应、居民自救、外部机构给予支持，达到灾时损失降到最小，尽可能维持社区正常运转。在灾害预警、应急疏散、信息发布、灾民管理方面，运用智慧技术可以有效缩短反应时间，有序进行居民疏散，无间隙的信息实时发布。一个灵敏的响应机制由可靠、安全的技术支持所保证，平时可有效应对局部的紧急事件，如煤气泄漏、刑事犯罪等问题；灾时可协调救援，维持秩序。

（3）建立基于智慧技术的防灾弹性社区管理运行模式

防灾弹性社区的防灾建设是全周期、全阶段的，应形成"反馈—修正"的可持续防灾模式。现阶段的灾害环境复杂、灾害种类繁多，应在充分积累应急经验的基础上，对灾害实行综合防治。由于智慧技术发展迅速、硬件设备更新速度快，因此维持智慧基础设施的基本功能，并且对部分硬件与软件动态管理、及时更新，是实现智慧技术"弹性"运用的有效措施。

"反馈—修正"管理运行模式是指，通过对灾时应急相应的评估和灾后损失的分析，从而对整体防灾体系和危机管理模式进行完善和补充，增强防灾弹性社区自适应的能力。运用智慧技术，对基础设施的破坏程度和修复可能进行研究，以提高之后的抗灾水平。此外，对其他救灾设施进行全面评估，如逃生路线的合理性、避难场所的建设标准等，为更加从容地应对之后的紧急情况提供保证。

（4）构筑平灾结合的防灾弹性社区防灾综合管理信息平台

建立基于智慧技术，实现灾前防范、风险评估、会商决策、应急处置、信息反馈、资源调度、应急调度等功能的防灾综合管理信息平台，是构建防灾弹性社区防灾体系的基础。这个平台包含"灾前数据采集管理""灾中应急指挥""灾后评估恢复"三个子系统，这些子系统又同时包括对应的不同功能模块。同时，这个平台耦合于防灾弹性社区的综合管理服务平台，实现平灾结合信息化、智慧化的管理模式。例如，实时的视频监控平时用于社区安保服务，灾时用于人员疏散指挥。

信息平台不仅为社区居民提供服务接口，同时也是实现社区实时管理的技术媒介。它是防灾信息获取、储存、管理、决策的中枢，由外部协助组织进行建立和维护，防灾弹性社区内部主要负责运行管理，并由上一级系统平台进行联网对接，最终成为城市精细化管理信息平台的一个子集。

5. 防灾弹性社区智慧化构建方法与实现路径

基于智慧技术的防灾弹性社区防灾体系的构建是通过防灾弹性社区的功能结构组织和全阶段的防灾信息综合管理平台的搭建所完成。两者的融合实现是通过智慧技术这个媒介来完成。

在防灾弹性社区中，组织、居民、空间三者的功能组织是通过建设以智慧技术为支撑的"安全共同体"所实现。通过三大核心智慧技术，传感器、物联网、云计算将社会系统和空间系统进行整合，形成一个防灾整体。运用智慧技术，使各功能部分在灾前、灾中、灾后三个阶段的作用发挥出来，构建完整的防灾弹性社区功能系统。

之后，在智慧技术的支撑下，将防灾弹性社区的功能组成使用防灾信息平台进行耦合，面向不同的用户，实现信息层面的共享和处理。平台的各功能模块与社区功能系统在灾前、灾中、灾后全阶段进行一一映射，组建成一个信息应用管理平台。

防灾弹性社区智慧化实现的原理从根本上来说，就是通过物物互联形成物联网，再由信息平台运用智慧技术，进行"人—物"交互，形成以信息平台为中枢的综合防灾体系。这一体系的最大特点是，不借助于外力，可以进行自组织、自反应、自恢复，形成城市基本的自适应防灾单元（图4-19）。

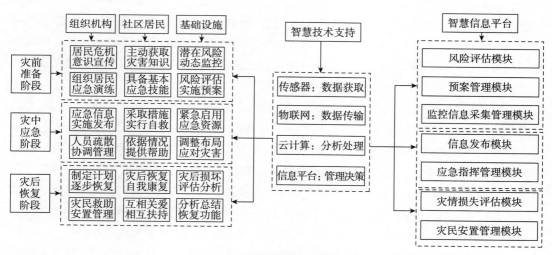

图4-19　防灾弹性社区智慧化建构

6. 基于智慧技术防灾弹性社区全阶段综合防灾重点功能实现

智慧技术是建设防灾弹性社区的方法手段，应用于社区灾害防治的3个主要阶段，即灾前预防、灾中响应、灾后恢复，针对其重点功能实现进行探讨。

（1）灾前预防——应用智慧技术构建社区"安全共同体"

在灾前预防阶段，通过组织机构的宣传教育、信息管理，基础设施的实时监控，社区居民的积极参与，运用智慧技术构筑社区"安全共同体"。这些灾前预防的措施由信息平台灾前预防子系统控制，并且由不同功能模块映射。

居委会负责统计社区居民的信息，建立基本信息数据库，定期组织紧急情况的疏散演练，并对现存的风险进行调查评估，编制应急预案等。业委会负责应急救援知识的宣传及协助进行应急预案评估与实施。物业管理公司具体负责区内监控系统运行与维护，以及防灾设施的管理。外部政府机构对社区内部组织进行指导和技术支持。社区居民主动学习了解基本灾害知识，积极参加应急疏散演练，通过不同渠道进行实时信息获取。物质空间环境的灾害风险评估，重点基础设施实时监控，防灾设施的合理规划分布，均通过信息平台与物业管理、居委会相关人员进行对接。

社区组织机构操作信息平台相关功能模块（如预案管理模块、风险评估模块、教育培训模块等），实行"点对点"的服务，实现基于自身职责的智慧化服务管理。面向居民可感知的移动终端为其提供灾害教育，并得到其他相关服务支持。居民还可以借助本地的无线传感器网络，通过终端设备对社区潜在的风险进行实时上传，使问题得到及时解决。此外，运用"软传感器"（即社交网络），进行居民之间的沟通交流，学习了解相关防灾知识。在基础设施监控方面，运用嵌入式传感器、物联网对社区进行精细化管理，如对消防设备可靠性进行监控，对防灾避难场所、应急物资进行实时管理。

（2）灾中响应——应用智慧技术进行疏散及安置管理

在灾时应急处理响应阶段，发挥智慧技术实时监控的优势，进行迅速安全疏散和妥善安置是防灾弹性社区防灾建设的关键。通过组织机构的信息实时发布，疏散组织管理，居民的自救与共救，应急资源的响应，保证防灾弹性社区灾时自适应过程的完整实现。居委会使用灾时应急处置子系统的相关功能模块实现灾时的应急指挥、安置管理等功能，并通过网络接口与上级部门进行信息共享；物业企业通过信息平台进行应急物资的启用和救灾设备的监管。

运用参与式感知等技术进行灾害时的人群疏散。参与式感知是一种智慧技术，利用移动设备的形式参与传感器网络获取、处理和共享本地信息。它支持多种应用程序，如医疗保健、监控、环境监测和市政管理等。参与式感知使用智能移动终端作为传感器的应用集合，一般包含温度、视觉、声学传感器和加速度计、陀螺仪，感知人群密度、移动速度及方向等，监测居民灾时的具体行动，指导居民正确有序疏散。灾害信息平台利用传感器网络得到分布式参与者（持有嵌入传感器的智能终端的居民）的行动信息，对疏散过程进行监控，以便采取安全措施，如人群流量控制、减压策略和技术，防止居民在紧急状态下的冲撞。

在灾害信息管理平台的基础上，应用基于物联网的传感器网络技术。灾时，记录的数据用于分析居民所处的环境和应采取的紧急行动，可以使该平台在基础设施损坏的情况下，将基本数据存储在云服务器中。在信息平台部分功能受损的情况下，仍然可以实现对受灾地区的实时监控，并实行动态管理。

（3）灾后恢复——应用智慧技术实现"反馈—修正"恢复重建

在灾后恢复重建阶段，应用智慧技术是实现防灾弹性社区灾后迅速自恢复的保证。组织机构通过协调逐步开展重建工作，如社区环境恢复、基础设施修复、伤员救助与康复支持。运用灾时的数据记录，评估防灾组织各环节的脆弱性，运用"反馈—修正"的模式进行恢复重建，提高防灾弹性社区的防灾水平。

　　组织机构在灾后运用信息平台进行伤员跟踪反馈、心理安抚，使用存储在平台上的灾时数据对重建标准提出要求。居民可以通过社交网络进行心理干预，实现精神上的迅速康复（表4-27）。

灾后恢复智慧技术实现

表4-27

应对主体		应对措施	智慧技术	应用实现
组织机构	居委会	制定恢复重建计划，灾民安置管理，伤员救助安抚与康复支持	大数据，物联网，云存储平台	信息采集、存储、管理使用平台
	业委会	对需要支持的人提供跟踪帮助，建立互助体制		社交媒体，应用软件
	物业管理公司	协助完成基础设施的辅助修复工作		信息监控管理平台
社区居民		自我恢复、干预治疗，互帮互助、共同康复	互联网技术、便携移动终端	社交媒体，应用软件
基础设施		损坏评估、逐步恢复，吸取经验、延长寿命	传感器，物联网，云存储平台	信息监控获取平台

4.3　基于综合安全防护的天津市西沽公园地区更新实践

4.3.1　天津市西沽公园地区现状安全风险评价

1．研究范围

　　将《天津市历史城区保护规划》划定的"传统特色风貌片区"中的西沽公园地区作为本次研究范围：东南至北运河、西至红桥北大街、北至光荣道，总用地面积72hm²。其中，西沽公园用地面积30hm²。根据天津市空间发展战略规划，西沽公园地区作为天津西站的城市副中心，现有的用地功能不能满足规划需求，亟待更新整治来解决。

　　该地区位于1949年城市建成区边缘、天津西站城市副中心内，区位优势明显，北有西沽公园，东、南临北运河，环境得天独厚，西邻快速路出入口，区域交通便捷。此处见证了天津城市发展的历史变迁，有部分历史遗存，同时是天津传统民居集中片区。

2．历史沿革

　　明时期设卫筑城，西沽建村。明代漕运为主，三岔河口取代大直沽日趋繁华。由漕运中转引发的陆路交通使西沽成为入京大道的重要节点。西沽的名称因其地处天津卫北运河即沽河之西而得名。清中期建制提高，日趋兴盛。光绪年间（1899年）《重修天津府志》中写道："三官庙一处在西沽。龙神庙一处在西沽，名龙泉寺，康熙三十八年重修。"

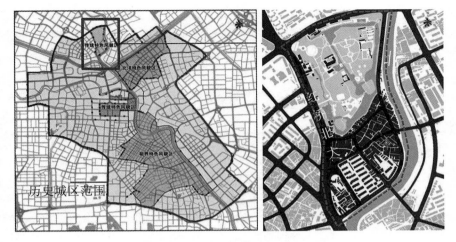

图4-20　西沽公园地区研究范围示意

民国初期，西沽地区由于城市中心转移至租界区，本地区漕运衰落，但商业和民族工业不断发展，街区雏形初现。码头经济逐渐消退，开始向服务老城厢的经济职能转变。公司前街民族工业兴起，丹华火柴公司（民国七年）的落户使西沽的经济职能由漕运转向工业。

新中国成立后至今大致经历了四个重要发展节点。1958年铁路局农场改造为西沽公园；同年的私房改造和之后的"文化大革命"使四合院变为大杂院。1976年大地震后，大量房屋毁坏、倒塌，新建大量平房。20世纪90年代危房改造兴起，新建小区"流霞新苑"等。

3．西沽公园地区现状分析

（1）用地现状分析

对于西沽地区整体而言，西沽公园面积占到总用地面积的一半以上，因此总用地面积中，公园及水域面积达50%，自然环境优势明显。该区域除公园外，以居住用地为主，居住类型为平房建筑，隶属于环境较差的四类居住用地达24%，公共服务设施较少，街巷狭窄，市政设施水平低，安全隐患大。

通过调研发现，地区内以居住用地为主，但混杂部分工业用地，外围含有部分商业与市政设施用地，在居住用地层面，二类居住用地被四类用地所包围，居住条件恶劣（图4-21，表4-28）。

（2）空间布局结构分析

西沽公园地区三面环水，一面临城，红桥北大街是主要的对外联系道路，主要街道贯穿街区直抵北运河，街巷呈扇形分布。其空间特征以传统的居住形式为空间肌理，但多层住宅建筑对空间结构破坏较重，破坏了街道的连续性与有机性。

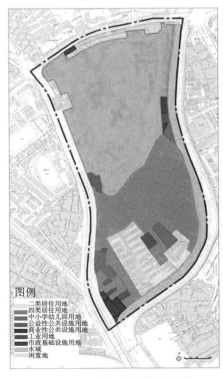

图例
二类居住用地
四类居住用地
中小学幼儿园用地
公益性公共设施用地
商业性公共设施用地
工业用地
市政基础设施用地
水域
闲置地

图4-21　西沽公园地区用地现状

通过现场调研分析得出，西沽公园地区的道路主要分为街巷、胡同两级。街巷主要有西沽大街、盐店街、药王庙后街、龙王庙前街，街宽4～5m，街巷两侧建筑高度与街巷宽度之比在1∶1左右。胡同主要有姚家胡同、冯家胡同、屈家胡同、范家胡同。胡同与主街垂直，呈鱼骨状分布，胡同宽1.5～3m。街巷两侧建筑高度与街巷宽度之比在1∶1左右（表4-28，图4-22）。

西沽公园地区街巷、胡同（单位：m）　　　　　　表4-28

街道名称	宽度	长度	胡同名称	宽度	长度
西沽大街	4.2	395	姚家胡同	2.8	91
盐店街	3.8	177	冯家胡同	2.2	89
公所街	4.0	236	屈家胡同	1.8	95
龙王庙东街	5.0	68	范家胡同	3.0	66
老河口街	5.2	305	庞家胡同	3.6	105
三合街	3.5	300	曹家胡同	2.0	64
东平街	3.2	253	北朱家胡同	2.5	111
东安街	3.0	179	聚顺德胡同	1.8	60

该地区内以居住建筑为主，居民生活设施物品对道路占用严重，生活垃圾堆放、小型汽车随意停放使原本就狭窄的街道空间更加拥挤。此外，区内道路老化现象严重，仍是20世纪的水泥砂浆路面，透水性差，破损严重（图4-23）。

（3）开敞空间分析

多岔路口自发形成开敞空间，滨水地带建筑界面参差不齐，形成多样化的庭前小型活动空间。如图4-37所示，主要开敞空间为多条道路交汇口，空间略大于主要街道，但并没有主要的活动场地，缺少明显的指示标志，被占用情况严重。1号开敞空间位于姚家胡同、西沽大街与盐店街的交叉口处，是一处三条路口交汇的空地，面积为71m²；2号开敞

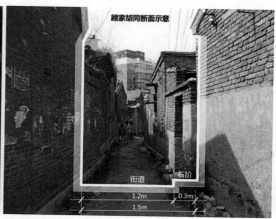

图4-22　主要街道断面

图4-23　街道占用严重1

图4-24　街道占用严重2

空间位于范家胡同、东安街、小到子的交汇处，面积为98m²；3号开敞绿地位于龙王庙东街、金家胡同公司前街的交叉口处，面积最大494m²；开敞空间位于北运河西路沿线，面积为140m²。

（4）建筑环境分析

西沽地区现状建筑一半以上是新中国成立前的老平房建筑，其中有保护价值的传统四合院建筑，较大体量的建筑为20世纪90年代危房改造时期所建的多层住宅，新旧交织，近几十年间翻建、改建及插建建筑数量较大，空间结构安全隐患较大。该区域四分之三以上的建筑是低矮的平房，多层住宅建筑为地区内最高建筑，高度不超过24m，建筑密度较高，容积率较低。其高度呈由南向北逐渐降低的趋势，其中有少量办公建筑，如红桥区住房管理所为4层建筑，高度为18m。该地区建筑质量较差，房屋出现倾侧、裂缝现象严重，年代久远的建筑多为木质结构建筑，损毁严重，其中韩家大院等建筑均有倒塌危险，建筑安全现状令人担忧（图4-25～图4-27）。

图 4-25　建筑年代分析　　　　图 4-26　建筑高度分析　　　　图 4-27　建筑质量分析

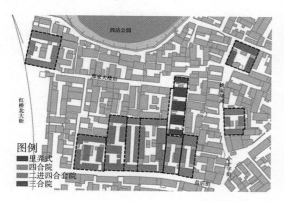
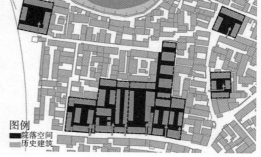

图 4-28　合院建筑基本组合形式

由红桥区文保所证实，该地区内有三处尚未核定公布为文物保护单位的不可移动文物，分别为龙王庙前街15号基督教西沽堂、公司前街16号丹华火柴厂职工宿舍、庞家胡同2号韩家大院。

民居以合院式、里弄式为主。合院式中又以四合院居多，也有三合院、二进四合套院等。院落空间多为工字形、T字形。宅门通常在院落东南角，俗称"乾宅巽门，不用问人"，为明清京津民居建筑形制（图4-28）。

其建筑风格具有典型北方传统民居特征，富有天津地方特色。因受封建等级制度制约，色调及装修均以青色为主，青砖磨砖对缝，面阔通常为三间五架，直线硬山两坡顶，坡度在30°～33°；青瓦屋顶。

4．GIS在安全规划方面的应用

GIS（地理信息系统）在安全规划方面有着广泛的应用。刘吉夫基于安全防灾的视角介绍了GIS在气象、地质等灾害领域的运用。郑茂辉等提出了切实可行的基于GIS城市防灾数据库管理逻辑体系。陈静在其硕士论文中运用基于GIS多准则空间决策方法对唐山的灾害风险性和城市用地适宜度进行了系统评价。刘海燕运用GIS空间分析模块对西安市防灾公园避险能力进行了量化分析。

5．西沽公园的安全风险

西沽公园街区层面的安全风险主要集中在南部地区，北部为西沽公园，西部为红桥北大街，东南部为北运河蜿蜒而过。由于西沽公园为封闭的公园，四周由围墙遮挡，导致灾害发生时受灾人员不能及时疏散到安全地区，这使得公园的防灾避难功能大打折扣。同时，由于只有一侧为该片区的疏散通道，如果灾害发生将造成不可估量的人员及财产损失。

6．西沽公园地区开敞空间安全评价

西沽公园街区层面的安全风险主要有街区内部用地功能混杂，道路空间狭窄，完全不能够满足基本疏散要求，开敞空间极度匮乏，避难空间容量有限。根据西沽公园地区现状开场空间服务范围运用GIS的网络分析技术进行模拟，模拟范围为100m、200m、300m。

网络分析的主要原理是根据区内道路的可达性所决定的，由于区内道路与外界互不连通，自身又多为丁字交叉口，这就导致开敞空间实际覆盖范围的不规则形状，如果道路连通性好，为十字网络结构，那么开敞空间的覆盖范围应为等边的多边形形状，现为不规则三角形形状，主要由于区内道路通达性较低所致。

如图4-29所示，可看出仅有的四处开敞空间远不能覆盖整体区域，由于街区内的道路系统是与外界互不连通的，这就导致仅有的开敞空间的可达性非常有限，因此需要使内部道路与外界相互连通，形成道路空间网络，并增加开敞空间数量。

7．西沽公园地区建筑安全评价

西沽公园地区建筑层面的安全风险主要有建筑年限久远、安全度低，此外，加建、违建数量过大，使得建筑空间复杂，室外开敞空间被蚕食，灾害发生时，不能够在有效时间内疏

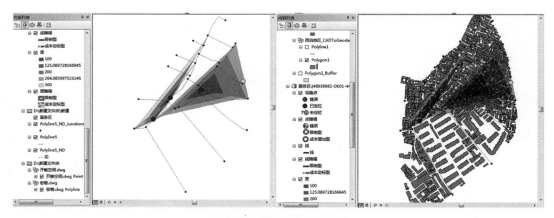

图4-29　开敞空间覆盖范围

散到开敞空间区域，造成人员伤亡等严重结果。运用GIS的单一要素结果分析和要素叠加分析，从建筑安全度、疏散安全度、避难安全度三个方面进行综合评估。建筑安全度主要指建筑的损坏程度、结构材料的安全可靠性等方面内容；疏散安全度主要指建筑平面空间形态复杂程度，建筑室外空间的通达程度，以及距离街道等开敞空间的距离和所跨越的障碍；避难安全度主要指距离直接避难空间的距离和所要经过的具体路线等。

　　建筑安全度通过对地区建筑的现状调研，分别进行安全评估。评估主要指标有建筑年代、建筑结构改变程度、建筑材料，三个指标内容通过加权归一化处理得到5个等级结果，将评价结果与栅格数据进行关联，得到建筑安全度评价结果图［图4-30（a）］，疏散安全度［图4-30（b）］与避难安全度［图4-30（c）］的评价过程与建筑安全度类似。以上三个因素分为1~5 5个等级，由安全向危险的程度进行递增，给出具体的评价，依据上面三者所占的比例和重要程度进行加权计算，最终得出建筑综合安全度。具体算法为：建筑综合安全度=建筑安全度×0.3+疏散安全度×0.3+避难安全度×0.4［图4-30（d）］。

（a）　　　　　　　　　　　　　　　　（b）

（c）　　　　　　　　　　　　　　　　（d）

图 4-30　建筑安全度综合评估

4.3.2　天津市西沽公园地区安全规划策略

1．用地布局调整与防灾分区划定

西沽公园地区具有旧城区的混合特征，区内既有传统保护建筑又有多层老旧建筑，同时以底层自建平房为主的居住建筑又体现出北方传统居住空间的一般特征，因此其代表了本章所指旧城区的一般特征，同时又是安全隐患的集中地。根据地区发展定位和传统风貌街区保护要求，依据地区现状将其划分为三个主要的分区：西沽公园区、传统风貌保护区、更新改造区。根据分区进行用地调整，传统风貌保护区内对保护建筑进行修缮，对违法建筑进行拆除，恢复传统街区空间，增加开敞空间等。更新改造区主要对老旧居住区内环境进行整治，将工业用地进行置换，腾退办公建筑，形成满足副中心的商业用地规模，新建商业设施应满足抗震、防火的基本要求。同时，对西沽公园进行避难改造，形成平灾结合的公园空间，满足地区的应急避难需要。

防灾分区按照用地功能分区进行划定，不同功能用地进行符合街区特征的防灾设施与标准设计。针对传统风貌街区配备小型消防设备和设施，对传统建筑的防灾性能进行优化，适当降低建筑密度，加大建筑间距，针对改造地区应进行抗震加固和防火构造处理。

2．道路交通规划策略

在地区道路规划方面，传统风貌区中应注重历史街区及其他特色街巷空间的肌理留存，在满足必要疏散和防灾需求的条件下保持原有空间尺度。对于某些不满足疏散和消防要求的街区，可选择在历史街巷的相邻街区进行适当拓宽，通过较宽路段承担或疏解历史街巷空间的疏散功能。拓宽疏散道路的选择可结合防灾分区的设置进行。更新改造区通过道路的重新规划，形成良好的灾害救援通道，另外，还可以使建筑获得更多的临街界面，有利于发生火灾时消防救援的开展。

该地区应倡导公共交通换乘模式，一方面在分区外围设置充足停车设施，并通过单向交通和拥堵收费等机制调节其内机动车通行和停放的比例；另一方面，结合公交车和自行车换乘系统，并根据条件设置公交系统专用道、自行车专用道和连续人行道系统。在地区内部积极形成以公共交通为骨架、以自行车和步行作为补充的慢行交通为主的出行方式。

3．开敞空间的规划策略

该地区内开敞空间较少且面积较小，表现为分散的小型点状开放空间，开放空间难以形成系统。并且，区内人工环境与自然环境分化明显，难以形成相互渗透的肌理。由于传统风貌区整体格局已定，难以增加大面积开放空间，进一步规划中应尽量利用区内空地、棕地等进行改造，形成地面微型公园、沿北运河带状公园、沿路绿化空间。更新区内可以通过用地更新来达到增加开敞空间的目的。

4．基础设施的规划策略

该地区内各类管线以裸露的空架设置方式为主，管线相互混杂，存在严重的灾害隐患。灾害发生时空架管线容易被破坏，阪神大地震中，空架电缆破坏程度为0.6%，地下仅为

0.02%；且空架电线受损后极易引起次生灾害，2012年北京的暴雨引发触电身亡的就有多人。

另外，区内的排水设施老化，遇到暴雨经常形成街区内涝，同时，区内缺乏供暖管线，传统风貌区的居民供暖还是使用土锅炉，供暖期内的一氧化碳中毒风险严重。因此，更新时应首先进行市政管线的连通敷设，更新排水系统，新加传统街区内的供热与燃气管线。

5．建筑层面的规划策略

街区内建筑环境质量差，安全性较低，应采取改造措施。对于具有保护价值的传统建筑应进行修复，还原原有的院落空间，增强建筑结构安全性。对于现存格局较完整、建筑质量较好并且代表天津传统建筑形式的建筑，应进行维护、维修。依据建筑安全风险评估结果，认定为风险较大的建筑，应做拆除处理，清理出的用地应最大限度地作为开敞空间（图4-31）。

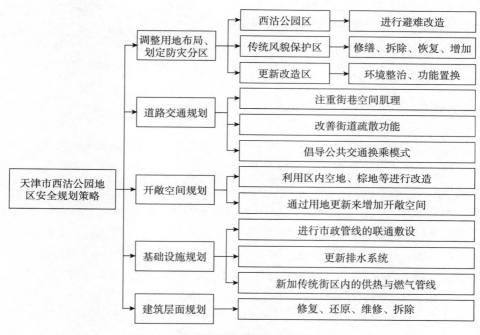

图 4-31　天津市西沽公园地区安全规划策略

4.3.3　天津市西沽公园地区安全规划方案与实施建议

1．西沽公园地区规划方案

规划方案保留了传统建筑区域，同时对多层建筑区域进行更新改建，理顺了区域内的道路，与外界相互连通，形成了连续的开敞空间系统，为防灾减灾提供了安全保障。方案首先在街区的层面，将公园变为开敞空间系统的一部分，与传统建筑风貌区进行连通，打通地区与外界的道路，增强连通性，对部分行政和工业功能用房进行清退，完善整体片区功能的一致性。在街道层面，运用"绿地纤维"的手法对传统区域进行开敞空间增建，与相邻地区形

成空间系统，同时改变建筑组合空间形式，形成
良好的建筑空间组合关系。在建筑层面，除对建
筑进行维修保护外，对违建进行拆除，增设安全
设施，敷设市政设施，在微观层次进行安全风险
消除。

2．西沽公园地区安全规划实施建议

西沽公园地区由于有着数量可观的保留建
筑，因此，在更新过程中应在满足整体安全要求
的条件下循序渐进地对规划进行分阶段实施。要
明确规划实施的首要条件是消除潜在的安全隐
患，运用可行的设计手段对空间的风险要素进行
控制，使得整体区域满足更新安全方面的基本
要求。

图4-32　西沽公园地区规划方案

4.4　小结

旧城区是城市建设的重要组成部分，随着我国城镇化的逐步完成，旧城区更新改造必将
会成为日后城市建设发展的重点，由于旧城区建设时间早及相关技术不完善，使得安全隐患
较为突出，因此，进行旧城区的安全规划问题显得十分重要。

旧城区安全规划问题是一个综合性的研究课题，涉及社会文化、历史传统、规划管理、
安全工程等具体研究方面，本章只将规划策略作为切入点进行了系统论述。首先，论述了旧
城区的空间特征，分析了其所面临的主要灾害类型。其次，对旧城区存在的安全隐患进行多
尺度分析，分析了旧城区街区、街道、建筑三个层面的安全问题；之后，确定了安全规划原
则与工作框架，从旧城区的实际情况出发，提出针对旧城区现有问题的安全规划策略。最
后，以西沽公园地区为例，说明了安全规划运用GIS进行实践的具体操作方法。

本章通过对旧城区的安全防灾研究认为，增强旧城区建成环境的安全度应采用
"疏""堵"结合的办法，尤其是低层高密度地区，提出疏散带来安全隐患的用地功能、高度
聚集的人口、增加开敞空间等主要措施；"堵"则以安全控制为主要原则，运用工程做法消
除安全隐患，如增加生命线系统的耐灾可靠性，对建筑进行分类安全改造，增强实体空间环
境的安全度。同时，本章对具体措施进行了详细论述。

本章对天津市西沽公园地区进行了初步研究，借鉴归纳了国内外常用的技术与措施，并
给出了安全规划的具体应对策略。本章内容需要在旧城区安全规划中进行实践验证，从而进
一步完善安全规划策略。此外，由于旧城区的环境复杂，各自特点鲜明，因此书中只对共同
存在的一般问题提出了解决方法，但是针对具体地区还需进行具体特点分析，在本章基础上
制定更加有针对性的安全规划方案。

第 5 章

基于老旧建筑多元改造提升的旧城区可持续更新方法

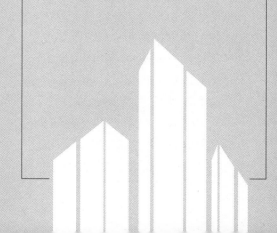

随着社会时代的发展，城市中部分老旧建筑经历了几十年的使用后，逐渐出现建筑性能衰退，成为老旧建筑或老旧建筑群。老旧建筑及群体所在区域也成为城市问题凸显的区域。老旧建筑中的安全隐患问题、文化缺失问题尤为突出。本章以安全缺陷问题和文化传承问题为导向，在规划和建筑双重视角下，提出了普适性的旧城区老旧建筑及群体可持续更新的方法。

5.1 老旧建筑改造的必要性与相关理论发展

5.1.1 老旧建筑类型与特征（图5-1）

1. 根据使用功能分类

按照使用功能划分，老旧建筑可以分为四大类。

第一类是具有历史价值的文物保护建筑，以及可纳入文物保护相关规定的历史街区和古建。其人文价值及历史意义大于它的经济更新价值。

第二类是老旧居住建筑。主要包含以居住或曾经以居住为功能的老旧建筑：明清传统民居、民国风格住宅、殖民风格住宅、原苏联风格住宅、改革开放时期住宅等。

第三类是新中国成立后不同时期的建筑物（1949年之后）。其中，民用公共建筑主要是指改革开放以后建造的，它们是历次中国城市运动中被改造的目标。这些建筑中存在着大量可再生或更新的建筑。

第四类是城市公共产业建筑，还包括现在的一些老旧厂房、厂区改造项目。其保留了特定时期的特

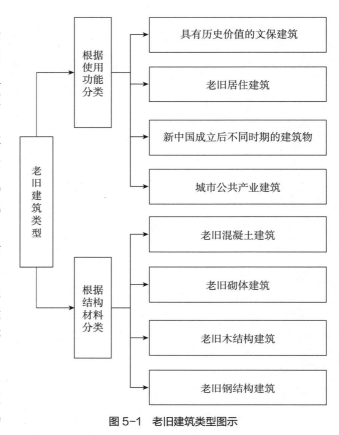

图 5-1 老旧建筑类型图示

定文化内涵和元素，延续人们对生存空间的情感积淀。

2．根据结构材料分类

结构材料不同的建筑具有不同的特点，在对老旧建筑进行分类时，也可根据老旧建筑结构材料的不同进行分类。根据结构材料不同老旧建筑可以分为：①危旧混凝土建筑；②危旧砌体建筑；③危旧木质结构建筑；④危旧钢结构建筑。

5.1.2　老旧建筑与城市灾害防控

1．城市灾害类型

在各种灾害中，对建筑物产生较大影响的灾害主要有地震、地质灾害、火灾、暴雨洪涝灾害、人为因素等。老旧建筑及群体由于使用年限较长、缺乏维护、先天不足、人为破坏等原因，在建筑结构、建筑构件、防火性能、空间环境及设施等方面存在较大的安全隐患，应对灾害冲击具有脆弱性和敏感性的特点，更易于发生安全事故，造成人员伤亡和财产损失（表5-1）。

灾害对老旧建筑产生影响相关事件

表5-1

致灾因子	典型事件	伤亡及损失	老旧建筑情况
地震	天津市内有记载 5 级以上地震 18 次	造成较为严重损失	老旧建筑倒塌
	唐山大地震（1976 年）老旧建筑倒塌并造成人员死伤	对天津产生较严重影响	死伤 24000 人
	2016 年 2 月 6 日凌晨台湾南部发生 6.7 级地震，16 层维冠大楼倒塌	造成 116 人遇难、550 人受伤，其中 114 人死于维冠大楼倒塌	维冠大楼早已被确定为老旧建筑，未得到有效改造，在地震中倒塌，造成重大伤亡
	印度孟买塔那危房倒塌（2013 年至今发生三起）	共造成 95 人死亡	塔那地区位于孟买东北郊，危楼 2600 多栋
	2013 年 4 月 20 日雅安地震	共造成 196 人死亡，11470 人受伤，102 处文物建筑损毁	雅安历史文化底蕴丰富，具有众多历史建筑，其中不乏危旧建筑，在地震中受损严重
地面沉降	1965 ~ 1996 年，天津中心城区与东部沿海地区形成了 700mm 的沉降	多数老旧建筑损失较大	老旧建筑下沉、地面开裂、地下管道损坏
火灾	2013 年 3 月 11 日丽江古城光义街火灾	过火面积 2243m^2，107 间民居损毁	因火势蔓延迅速、消防设施不合理等原因，丽江古城遭到不可逆的严重损毁
暴雨洪涝	2013 年 7 月延安特大洪涝	共造成 42 人死亡，受灾人口 150 多万，直接经济损失超过 90 亿元，110 处文物建筑损毁	洪涝灾害伴随滑塌、泥石流等灾害，造成老旧建筑、文物建筑损坏
人为破坏	2016 年 2 月 13 日上海普陀区延长西路 180 号楼二、三层倒塌	房屋严重损坏	因装修建设活动导致房屋坍塌
基础设施老旧	2015 年 12 月 6 日北京永乐西小区燃气管道爆炸	造成小区燃气系统瘫痪，该栋居民楼窗户及外立面损坏，重伤 3 人	发生在居民区，人员密集

2. 灾害对老旧建筑及群体的影响

老旧建筑及群体面临的主要灾害有地震、地面沉降、火灾、暴雨洪涝、人工建设活动、基础设施老旧等。

（1）地震对老旧建筑及群体的影响

地震对老旧建筑及群体的影响分为缓和与剧烈两种：一种是较低等级地震，有轻微震感，会对部分老旧建筑造成结构变形、开裂等影响，使其结构安全性能降低；另一种如1976年唐山地震、2008年汶川地震，极为强烈，这一类地震灾害往往给老旧建筑造成毁灭性打击。以2008年汶川地震北川县城为例，老旧建筑密集区域在震后出现了集体倒塌的情况，而新建建筑则大多还能保持主体结构稳定。由此可见，老旧建筑抵抗地震的强度低于新建建筑，因此在地震灾害发生时，老旧建筑及群体往往会受到毁灭性打击。

（2）地面沉降对老旧建筑及群体的影响

地面沉降对老旧建筑的影响主要体现在地基下沉、建筑倾斜、建筑结构变形、地面开裂、地下管道受损等灾害。此外，地面沉降还会引发洪水、城市内涝、水准点失效等次生灾害。

老旧建筑应对地面沉降灾害的能力较弱，更容易发生倾斜、结构变形开裂甚至倒塌。

（3）火灾对老旧建筑及群体的影响

火灾作为城市常见灾害之一，几乎发生在城市的每个角落，但是老旧建筑及群体因为在消防设施、消防分隔和耐火性能等方面存在一定的安全缺陷，成为火灾的高发区和高损区（图5-2）。

总体来说，在老旧建筑及群体所在区域，火灾发生原因可以分为三类：一是自然灾害，老旧建筑自身耐火性较低，易被大自然的物理或者化学现象引发，如雷电引发的火灾、地震链引发火灾；二是人为因素，老旧建筑及群体所在区域存在电气线路杂乱、生产生活违规用火、储存易燃易爆危险品等问题，易于人为不慎引发火灾；三是综合性因素，即因为天气、气候、社会与自然界的综合性因素造成的火灾。

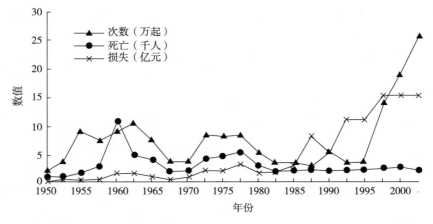

图5-2 我国1950～2010年火灾发生次数、死亡人数和直接经济损失变化曲线

根据以往老旧建筑及群体发生的火灾情况分析，火灾对于老旧建筑及群体的影响主要体现在以下三个方面。

①因老旧建筑及群体建筑间隔较小，防火分隔较差，当发生火灾时，极易引发连片火灾，造成大面积过火。

②因老旧建筑及群体区域消防设施不尽完善，消防通道拥堵或缺失，有些地方甚至没有消防供水设施，造成火灾发生时得不到及时控制，造成火灾失控和扩大。

③因老旧建筑自身建造材料原因，造成其耐火性能较低，遇见明火更易发生火灾。

（4）暴雨洪涝对老旧建筑及群体的影响

近些年来，随着全球自然环境的不断恶化，各地暴雨洪涝灾害的发生也越发频繁，对人类生活的破坏和生命财产的威胁也越来越大。暴雨所引发的洪涝灾害主要是指洪涝灾害所产生居民伤亡、财产损失、环境破坏、社会功能瘫痪等。

老旧建筑及群体所在区域在自然地势、排水设施和能力、建筑防漏性能等方面存在一定的安全缺陷，因此对暴雨洪涝灾害具有极强的敏感性。

城市暴雨洪涝灾害主要是因为短时间内的大量集中降雨造成。此外，还受到人为因素的影响，在老旧建筑及群体所在区域，这种影响更为明显（表5-2）。

老旧建筑及群体所在区域洪涝灾害的人为因素分类　　　表5-2

分类	影响	产生原因
降水量的影响	城市区域降水量有增大趋势	城市化发展、热岛效应、城市阻碍效应以及城市大量的凝结核被排放到空气中，促进降雨的形成
产流量的影响	地表径流大幅度增加，径流总量增加，洪峰流量增大，城市的防洪压力增大	老旧建筑及群体所在区域因长期沉降原因，部分区域地势低洼，造成雨水汇聚；一般建筑密度较大，透水面积较小，导致地表径流增加
汇流量的影响	汇流在量上增多，在时间上缩短	老旧建筑及群体所在区域排水设施落后，排水能力不足，缺少自然下渗和阶梯下渗能力，造成汇流量增大

暴雨洪涝灾害对老旧建筑及群体的影响主要体现在以下几个方面。

①老旧建筑及群体所在区域由于地势低洼、排水设施落后、排水能力不足、自然渗透能力弱等原因，极易发生内涝灾害，有些区域甚至达到"逢雨必涝"的情况，其安全缺陷可见一斑。

②暴雨洪涝灾害形成局部或较大面积积水，浸泡建筑的基础，产生不同程度的损害，特别是对老旧建筑及群体的损害更大，造成裂缝加大、沉降增加，甚至变成危险建筑，不再适合居住。

③老旧建筑因为建设年代较久远，建筑多出现漏水、漏雨等现象，特别是屋顶、墙面漏雨的情况，几乎都发生在老旧建筑中。

（5）人工建设活动对老旧建筑及群体的影响

随着城市的发展，老旧建筑及群体所处区域及周边随时面临着各种类型的建设活动，包括各类用途的地下空间的利用与开发，如地下隧道、地铁建设、邻近位置开挖基础等工程，邻近地上建筑建设工程，老旧建筑本身建设工程等几个方面。这些建设工程会对老旧建筑及群体产生一定的影响，造成地面沉降、建筑物倾斜、高空坠物、建筑结构失效等安全问题。目前人工建设活动对老旧建筑及群体的影响主要有以下几个方面。

①下建设工程。

地下工程是城市各种地下工程的规划、勘察、设计、施工和维护的总和，

其中地铁、公路隧道、人防工程、地下管线等工程较有可能在老旧建筑及群体所在区域穿行，对老旧建筑造成一定的影响。

②邻近地上建设工程。

随着城市的更新发展，老旧建筑及群体周边不可避免地会产生新的拆建工程，这些拆建工程如果不进行合理的管理和防护，便会对既有建筑（尤其老旧建筑）造成损坏。其中，主要包括邻近建筑拆除、邻近建筑基础开挖、邻近建筑新建、邻近建筑改造等工程。

③老旧建筑自身建设工程。

老旧建筑进行的修缮建设工程或装修工程，也会对老旧建筑产生一定的危害，在修缮建设过程中，脚手架等的搭建等会对老旧建筑产生增加荷载、冲击等影响，从而对老旧建筑造成损坏。

（6）基础设施缺陷对老旧建筑及群体的影响

老旧建筑及群体因其自身原因，在空间环境和基础设施方面都存在较大的风险。脏乱的空间环境不仅对环境卫生不利，而且在遇到突发灾害情况时会阻碍灾民逃生、延迟救援，甚至会助长灾害的蔓延。老旧落后的基础设施会对老旧建筑在使用过程中增加一定的风险，管道漏水、漏气这些除了造成生活不便以外，更容易诱发一定的次生灾害。既有老旧建筑因其独特性，在环境和基础设施方面的风险较一般建筑更高。

5.2 典型城市老旧建筑安全问题与多元改造技术

5.2.1 老旧建筑典型安全问题（图5-3）

1. 结构缺陷

建筑结构安全性能缺陷是老旧建筑及群体所面临的最为严重的安全隐患，直接威胁到使用者的生命、财产安全。老旧建筑结构缺陷分为混凝土缺陷、梁柱墙体缺陷、基础结构性缺陷三个方面。

（1）混凝土缺陷

在老旧建筑中，主要结构构件多数为混凝土结构，经过长期的使用，混凝土构件存在较多的安全缺陷。混凝土缺陷主要表现为：①表面存在水渍斑、铁锈斑，出现漏水现象；②表面出现开裂；③混凝土出现膨胀、脱落，钢筋暴露并生锈；④表面石膏、瓷砖等脱落。

混凝土由于老化和开裂而产生安全性能缺陷在老建筑中随处可见，持续的漏水现象会影响钢筋的结构性能，因混合水盐分高造成混凝土的强度降低或者负荷过载也会造成混凝土开裂。

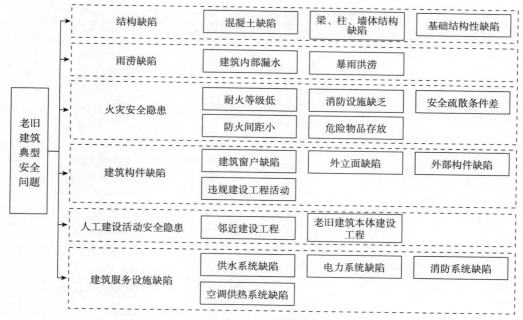

图 5-3　老旧建筑典型安全问题

（2）梁、柱、墙体结构缺陷

老旧建筑梁、柱结构缺陷多表现为：①裂缝穿透混凝土或砖墙；②裂缝伴随金属锈迹；③混凝土结构酥裂、脱落；④混凝土结构与墙体脱离；⑤混凝土与钢筋黏连性降低；⑥结构变形。

老旧建筑墙体结构缺陷表现为：①裂缝穿透混凝土或砖墙；②长且连续的裂缝贯穿墙身厚度；③门、窗口或角落处的斜裂缝；④裂缝伴随金属锈迹。

结构性裂缝由多种因素构成，如过度变形运动的建筑结构，不可预见的地面沉降，严重的超荷载，薄弱处材料的腐蚀恶化，意外事故损坏，不合格的设计和施工等。

（3）基础结构缺陷

老旧建筑基础结构陷缺主要表现为：①周边土地塌陷或拱起；②建筑物倾斜，建筑物下部出现裂缝，延伸至地面；③地面局部出现裂缝；④建筑基础开裂。主要产生原因为地面沉降、地震等活动引起，具体情况可能是由于地下水过度使用、建筑过载等原因。

2. 雨涝缺陷

（1）建筑内部漏水

外墙、窗户、屋顶、楼面的漏水缺陷表现在：①表面存在水渍斑；②表面墙漆或墙纸剥落；③存在水滴线，表面生长真菌；④混凝土、石膏、瓷砖存在一定程度的缺陷；⑤金属锈迹。

外部向内漏水可以有各种各样的原因：混凝土墙裂缝，出现蜂巢孔隙，窗户密封剂失效，屋顶防水层失效，外部排水管道缺陷等。

老旧建筑中，出现漏水情况的原因众多，根据发生漏水位置的不同，总结其成因，分析如表5-3所示。

老旧建筑漏水位置与原因分析   表5-3

漏水位置	可能原因
屋顶	（1）屋顶防水层损坏； （2）天窗密封处泄漏； （3）屋顶材料连接处损坏； （4）栏杆、墙壁等不同构件间防水层损坏； （5）各种管道在屋面开口处的防水处理不足； （6）建筑构件过度变形
内部天花板	（1）卫生间或者厨房天花板经常因为浴缸、淋浴、排水管线密封或安装不当，产生裂缝漏水； （2）楼上没有按照规范要求涂装防水层、排水管线渠道，或者防水层受损； （3）附近悬挑结构发生变化引起的漏水，如阳台、空调板倾斜等
墙面	（1）透过外墙面渗水的问题可能是因为存在裂缝、剥落、蜂巢孔隙、孔洞等； （2）透过外墙面渗水的问题可能是因为瓷砖、油漆表面覆盖层较差产生开裂、幕墙结构防水组件失效等； （3）墙体与建筑其他构件之间的连接处裂缝
地板	（1）地下管道工程或卫生设施破损、渗漏； （2）突发性暴雨、洪水溢出； （3）卫生间或者厨房天花板经常因为浴缸、淋浴、排水管线密封或安装不当，发生裂缝漏水
窗户	（1）窗户四周缝隙不正确的填充材料； （2）窗户框架变形，窗框与玻璃间密封胶失效； （3）窗台变形，变为向内倾斜； （4）窗户玻璃破损
地下室	（1）由于沉降、穿刺等原因造成的防水层损坏； （2）凹形区域，形成聚水区
地下市政管道	（1）因为安装问题、建筑结构运动或地质运动造成管道渗漏的缺陷； （2）接近地板或墙面的管道被腐蚀； （3）外部压力过度造成破裂和堵塞； （4）攻击性啮齿动物或者植物根部对管道的破坏
外部供水（排水）管道	（1）排水管直径过小、过于小的弯曲角度等； （2）在弯曲、出口处被垃圾、砂石堵塞； （3）因外力破坏供水管道； （4）开放式管道被植物、垃圾堵塞漏斗； （5）未经允许的排水量增加，致使超过排水负荷

（2）暴雨洪涝

老旧建筑及其建筑群一般属于城市老旧街区，其市政排水设施年代久远，排水能力基本上难以应对现如今的暴雨等情况，一旦遇到集中降水情况，极易形成内涝；建筑过于密集，排水路线曲折是造成排水不畅的原因之一；因其设计较早，缺少蓄水设施、提升泵站、生态渗透等现代可持续防涝设计，也是造成洪涝灾害的重要原因。

洪涝缺陷主要表现在：①遭遇暴雨，排水系统无法应对，雨水、生活污水外溢；②低洼地区无法有效排水，形成积水；③积水退却时留下淤积的污染物，造成极大的安全隐患。

片区排水系统老旧，不能承载现如今的排水需求；老旧片区缺少蓄水设施、生态吸收等；老旧地区地势低洼，或长期地面沉降引起。

3．火灾安全隐患

（1）耐火等级低

老旧建筑及群体耐火等级低，主要有两个原因：第一是自身结构和建筑材料的原因，老旧建筑的建设年代背景限定，大多数建筑结构采用砖木结构或者木质结构，经过长时间使用，建筑中的木材变得极为干燥，并且极度易燃；第二是因为老旧建筑及群体的整体空间特点所致，老旧建筑及群体一般出现在棚户区、城市老旧片区等，建筑密度高，建筑互相交错，且外部空间环境杂乱，堆放众多易燃物品，一旦发生火灾，火势蔓延快，难以控制。

除此之外，老旧建筑及群体在装修过程中，在过去没有防火要求，所以大多采用我国传统的木材质作为装饰材料，这也直接导致老旧建筑及群体的火灾隐患增加。

（2）防火间距小

老旧建筑及群体空间布置相对杂乱无章，建筑与建筑之间的空间较小，当火灾发生时，根本不能有效隔断火灾，极易造成火灾蔓延，发生较大范围的火灾。

（3）消防设施缺乏

早期建设时很少规划建设消防设施，造成消防水源、消防栓、消防管道、消防设备缺少或设计不足，并且由于空间等的限制，在后期也难以增加大型消防设施，因此，如果在这些区域发生火灾，就会出现自身没有消防设施，消防车无法靠近火源的情况，导致火灾造成的损失规模较大。

（4）危险物品存放

老旧建筑及群体因缺乏管理，常会违规存放危险货品，生活中常见的危险品包括酒精、精油、压缩可燃气体、煤油等物品，此外还包括工业和商业中使用的各类危险货品，这些危险货品必须极其谨慎地进行处理，尤其附近应禁止明火，以避免发生爆炸和火灾。

（5）安全疏散条件差

老旧建筑及群体所属区域，安全疏散标识大多不明显，大多数街道较为狭窄，仅有1～2m宽，一旦遇到突发情况，居民不能实现有效快速疏散，不能有效引导居民逃往安全地点。个别楼房楼梯、走廊狭窄、陡峭、通风性能差等，存在极大的火灾安全隐患。

①建筑单一楼梯安全缺陷。

一般来说，具有单一楼梯的建筑是不超过6层和高度不超过17m的建筑。由于只有一个楼梯，因此是居住者唯一的逃生通道，保护和维持其通畅至关重要。

单一楼梯只能允许作为居住、办公、停车场、首层商业的目的使用，不可将建筑用作其他功能使用，否则会增加其危险性。作为逃生楼梯，应始终保持通畅和足够的逃生空间。平屋顶老旧建筑，楼梯应直接通向屋顶平面，作为应急避难场所。

违规造成楼梯安全缺陷的有很多，常见的有以下几种。

将楼梯间防火门违规换成非标准防火的玻璃门，违规加建门、房间等阻碍疏散路线，在平屋面加盖屋顶结构，将通向屋顶的门锁闭，违规加盖阁楼并延长楼梯等。

②通道、道路和开放空间安全缺陷。

通道主要是供人们穿行，并在地下铺设供水管道、电力和通信电缆、排水管道，在许多地方也用于市政服务通道，用于收集和处理垃圾。这些通道上一般会有建筑在首层的出入口、货物通道等，在这些区域存在以下安全隐患。

首层非法扩张占道经营或者被侵占，建筑附近堆放障碍物阻塞通道，地下管线系统损坏，雨水和地表径流排放不畅，路面破损、环境脏乱、照明缺失等。

4. 建筑构件缺陷

（1）建筑构件常见缺陷

窗户是建筑与外部环境隔断中最为脆弱的构件之一，其中对窗户的多重功能需求也进一步加剧了其脆弱性，因此应定期对窗户进行检查，并对玻璃进行替换以防止破碎脱落的发生。

老旧窗户出现问题通常因为钢铁材质框架生锈变形和木质腐烂所导致，造成密封胶开裂、框架断裂、玻璃面板脱落。

铝合金（断桥铝）窗户如果缺少定期检查维护，可能会导致五金配件变形失效、铆钉螺栓松动腐蚀，缩减其使用寿命，甚至在极端环境条件下，受到风荷载、变形或移动的作用，产生严重的公共安全问题。

建筑外部构件通常包括屋檐悬挑结构、预制构件、阳台、空调罩等，尽管这些构件在结构设计时已经考虑了其悬挑支撑性能，但由于老旧建筑老化、缺乏保养、自然侵蚀等原因，也会缩短其寿命，并导致结构性崩溃。

外立面缺陷（装饰、瓷砖、石材、幕墙等）主要表现为：①因瓷砖脱离墙体结构，造成使用锤子敲击产生"空洞的声音"；②墙壁表面裂开；③脱落；④裂缝；⑤部分构件松动。

石膏或其他材料的收缩形成的裂缝会影响外观，不确定的脱落会产生安全隐患。它们属于细小裂缝，不穿透钢筋混凝土结构。

2014年12月5日，上海一里弄建于20世纪80年代的居民楼发生阳台坍塌事件，造成一名妇女坠楼死亡。

有两个主要原因使悬挑构件因荷载超出承受极限而出现安全缺陷：首先，因为这些外部构件常常暴露在自然环境中，受到天气环境侵袭或者因违规建设改变其结构基础；其次，老旧建筑的钢筋混凝土结构外部悬挑构件，因风吹、日晒、雨淋，在其上墙面等底部附近的裂缝，会造成防水层破损，水进入构件连接处内部，腐蚀内部钢筋，减小结构有效截面积，从而产生突发的安全问题。

外部构件常见安全缺陷有如下表现：在建筑转角处发生开裂；墙体与表面材料之间发生膨胀、脱落；混凝土发生开裂、脱落，使钢筋裸露；金属构件生锈老化；真菌或者植被的生长造成的损害；渗水造成的损害；被腐蚀或者活动的附件。

（2）违规建设工程活动

未经授权的建设活动通常有以下几种。

突出建筑墙外的防盗网、雨篷、花架、空调支架；雨篷或者预制构件伸出到公共道路，遮挡路面或车道；屋顶加建、悬挑平台、开设采光天井；私自开挖地下室；拆除疏散通道防火防烟门；将防火门改为不防火的玻璃门（通常发生在办公室或者工业单位）；排污管道（地上或者地下）接入雨水排水系统；空调的金属支架和冷却塔；极度不安全的广告招牌等。

5. 人工建设活动安全隐患

老旧建筑及群体所面临的主要人工建设活动安全隐患中，以邻近建设工程和老旧建筑本体建设工程安全隐患为主。对老旧建筑的影响根据情况不同可以分为影响外貌完整、影响功能使用、影响结构稳定性三个方面，其中影响结构稳定性的情况风险最高，最易造成严重后果。

人工建设活动所造成的影响结构稳定性的安全隐患主要有以下几种。

①地下建设工程或邻近基础开挖造成地表均匀沉降、地表倾斜、地表曲率变化等情况，致使老旧建筑发生地基开裂、建筑倾斜、结构构件开裂（水平和纵向损害）等情况，最严重时甚至发生建筑整体坍塌的情况。

②邻近建设活动主要指老旧建筑周边的所有施工活动，包括建筑建设、拆除、改造、市政施工等。在施工过程中因为违规操作、防护不当等原因对老旧建筑产生影响：脚手架、高空坠物、工程机械等损坏邻近建筑；施工意外造成次生灾害，如爆炸、水淹等损坏邻近建筑；建设工程支护系统失效，对建筑造成损坏。

③老旧建筑本体建设活动。老旧建筑经常会遇到自身修缮加固等建设活动，在建设过程中，因为违规改建等原因，造成老旧建筑出现安全隐患，主要包括施工过程中的安全防护不到位、增加荷载超出结构承受能力、拆改结构且没有有效支撑、破坏性施工等，都会对老旧建筑产生致命的危害。

6. 建筑服务设施缺陷

大多数建筑服务设施的机械构件寿命比建筑结构寿命要短。机械部件的缺陷通常需要修理、维修。因此，需要有可预见的计划用以安排维修和替换组件，避免因耗尽机械构件的设计使用寿命而发生突然崩溃的情况。服务设施构件中常见的缺陷如表5-5所示。

建筑服务设施缺陷调查　　　　　　　　　　　　　　　　　　　表5-4

服务设施	缺陷表现	可能原因
供水系统	（1）供水压力或流量不足； （2）水中存在褐色砂石、沉淀； （3）供水中断、漏水； （4）突然上升的需求	（1）供水组件的堵塞或泄漏,如管道系统、阀门； （2）供水泵衰竭、损坏； （3）水箱、管道（管道接口）、阀门存在缺陷； （4）水泵压力过大造成缺陷
电力系统	（1）停电／电力系统崩溃； （2）突然或频繁断路器切断保险丝造成停电； （3）开关或电线过热； （4）突然或频繁断电； （5）超过负荷供电； （6）电击火花	（1）保险丝或断路器老化失效； （2）漏电、过载； （3）不均匀分布的用电时段； （4）不充分的电线连接； （5）不充分接地线； （6）线路老化

续表

服务设施	缺陷表现	可能原因
消防系统	（1）消防供水压力不足； （2）没有消防供水； （3）漏水、生锈，功能失效； （4）自动报警器不工作、错报，指示信号等不工作； （5）手动报警器开关丢失、损坏； （6）无功能设备	（1）供水组件的堵塞或泄漏，如管道系统、阀门； （2）管道生锈或者储水容器污染； （3）供水泵衰竭、损坏； （4）报警线路短路、切断； （5）报警设备管理保护不足； （6）报警设备维护、维修不足
空调、供热系统	（1）不能有效制冷、供热； （2）噪声、没有气流； （3）发动机运转但无气流； （4）室内空气质量差； （5）运行中会产生水滴	（1）效率低、制冷剂泄漏、灰尘污垢阻隔传热； （2）鼓风机或风扇松动破损； （3）灰尘阻塞管道和格栅，需要进行清洁； （4）空气过滤器发生故障，新鲜空气摄入不足

5.2.2 老旧建筑及群体安全性能提升技术框架

老旧建筑及群体包含外部空间及建筑单体两种属性，但是城市中一个区域的安全性能提升不能脱离城市安全体系而单独存在，必须在提升自身安全性能的同时，与城市安全空间进行有效联系，才能全面有效地提高老旧建筑及群体的安全性能。因此，以城市空间、群体空间、建筑单体三种元素为研究基础，提出安全性能提升技术框架：首先，从更高层次的城市安全规划引领开始，加强对老旧建筑及群体所

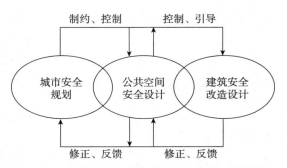

图5-4 公共空间安全设计与城市安全规划及建筑安全改造设计的关系

在区域的安全联系与支持；其次，对老旧建筑及群体空间进行公共空间安全设计，提高外部空间安全性能；最后，再针对老旧建筑单体进行建筑安全改造，提高建筑单体安全性能（图5-4）。

老旧建筑及群体城市安全规划引领、公共空间安全设计和建筑安全改造设计都是对物质空间展开研究，但是层次和重点并不相同（表5-5）。

老旧建筑及群体城市安全规划引领、公共空间安全设计、建筑安全改造设计比较　表 5-5

	城市安全规划引领	公共空间安全设计	建筑安全改造设计
目标	为老旧建筑及群体提供可靠的外部城市安全支持	对接城市安全空间，提升老旧建筑及群体外部空间安全品质，为建筑改造提供支持	满足老旧建筑使用的安全要求，使建筑自身、内部空间及使用人员免受威胁要素的侵害

续表

	城市安全规划引领	公共空间安全设计	建筑安全改造设计
研究对象	城市安全空间要素	外部公共空间物质形态的防灾设计	老旧建筑安全缺陷及应对措施
研究重点	城市各安全空间要素与老旧建筑及群体的联系	针对不同安全缺陷的外部公共空间形态要素的整体组织	针对老旧建筑安全缺陷的结构、空间、材料、施工、设备等
委托人	政府机构	以政府机构为主，也存在民间组织或企业等多种委托人	开发商及业主

城市安全规划引领主要从城市要素层面，对老旧建筑及群体所在区域进行安全空间发展引导，使其与城市安全要素如疏散救援通道、安全隔离空间、防灾救灾设施、生命线系统等产生紧密联系。加强城市安全设施对老旧建筑及群体的安全支持，并引导老旧建筑及群体公共空间安全设计。

公共空间安全设计是对老旧建筑及群体外部空间的安全设计，通过空间恢复与拓展，建立具有足够潜力的安全空间结构体系，并与城市安全空间联系起来。其设计重点包括安全空间结构、地质灾害安全、暴雨内涝安全、火灾安全、基础服务设施安全等方面设计。充分的公共防灾空间和防灾设施，为建筑安全性能提升提供了有效支持。

建筑安全改造设计是针对建筑单体的安全提升设计，研究重点包括结构加固、建筑防火、建筑防涝防漏、人工建设活动控制、建筑基础服务设施提升等技术方法。

5.2.3　老旧建筑与城市安全规划

我国城市安全防灾规划主要针对地震、火灾、洪涝灾害安全威胁展开，以防灾系统工程规划和灾害应急处置预案为主。城市安全规划系统包括抗震、消防、防洪、防灾救护与生命线系统工程规划等几个方面。城市安全规划引领即通过对城市内老旧建筑的分布规律进行分析，研究确保城市安全规划与老旧建筑有效对接。对老旧建筑及群体所在区域而言，城市安全规划的系统性设计和构建，是对老旧建筑及群体所在区域综合安全性能提升的宏观引领和安全支持，具有极大的引导意义（表5-6）。

城市主要防灾规划对老旧建筑及群体的引领意义　　　　　　　　表 5-6

防灾规划主要类型	对老旧建筑及群体的引领意义
城市抗震系统工程规划	（1）提出老旧建筑及群体抗震标准； （2）为老旧建筑及群体提供抗震疏散通道和避震疏散场地等
城市消防系统工程规划	（1）明确老旧建筑及群体所在区域周边城市消防环境，包括防火设施、防火通道、消防设施等； （2）提出老旧建筑消防间距、消防用水等的要求； （3）确保消防站、消火栓、消防供水管线等对老旧建筑区域的支持

续表

防灾规划主要类型	对老旧建筑及群体的引领意义
城市防洪系统工程规划	（1）明确老旧建筑及群体所在区域周边城市洪涝环境：城市防洪、防涝标准（根据城市等级和经济发展水平等因素）； （2）确保老旧建筑及群体周边存在蓄洪、排洪、泵站等设施； （3）为老旧建筑区域提供城市排水接口； （4）对局部低洼地区的地面高程进行处理
城市公共基础设施安全规划	（1）加强城市公共基础设施对老旧建筑及群体所在区域的支持； （2）全面提高老旧建筑及群体公共基础设施水平
城市防灾救护与生命线系统规划	（1）加强城市救护与生命线系统对城市老旧建筑及群体所在区域的支持； （2）提高抗灾性能，指导标识系统设计

5.2.4　老旧建筑与公共空间安全设计

公共开放空间安全设计作为衔接城市安全规划与建筑安全改造设计的中间环节，主要针对老旧建筑及群体外部空间所存在的安全隐患进行安全设计。公共空间安全设计可以有效地将城市安全规划中各项安全规划设计要求通过公共开放空间设计予以实现，是老旧建筑及群体安全性能提升技术方法中，针对群体及外部空间安全缺陷的直接提升方案，具有明确的空间设计、设施标准和技术性（图5-5）。

公共开放空间具有极强的安全属性，主要有两个方面的含义：一是公共开放空间自身安全性，主要体现在公共开放空间自身抵御各类安全风险的能力；二是公共开放空间对老旧建筑及群体空间的安全作用和职能，主要在于公共开放空间对建筑、设施等主要承灾体的保护，具体体现在公共开放空间对城市自然灾害（地震、地面沉降、暴雨洪涝）、人为灾害（火灾、人工建设活动、服务设施灾害）等安全缺陷要素的影响和防控作用。

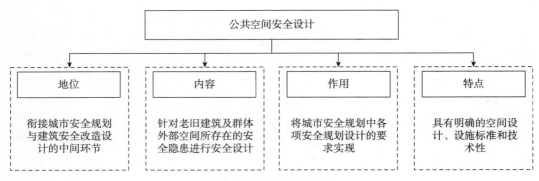

图 5-5　公共空间安全设计

1．公共开放空间的防灾减灾职能

（1）公共开放空间的灾害调节职能

城市生态环境是一个复杂系统，城市生态环境的破坏和物质能量流动过程的失衡导致城市环境中的热、水、风等要素的时空分布异常，引发热岛效应、空气污染、地质灾害、暴雨和洪涝灾害等。公共开放空间是维护城市生态环境的重要物质载体，不仅有利于缓解密实的城市形态所造成的空间环境压力，还具有生态调节功能。

（2）公共开放空间的灾害缓冲隔离职能

地震、地面沉降、火灾、暴雨洪涝等灾害的影响范围具有一定的领域性，表现为致灾因素从灾害源头向外扩散，因能量衰减和物质减少而对一定空间领域具有危害。设置具有一定宽度及规模的开放空间可以保证灾害源头与老旧建筑之间的安全距离，使建筑及人员远离、回避受害地区，免受灾害侵袭。失衡导致城市空间各要素紧密连接，形体密实的空间形态，易于造成火灾等灾害的扩大与延续，而在城市空间环境的各层面，公共开放空间的存在可以将受灾地区与非受灾地区有效隔离，使相邻区域免受灾害侵袭，从而将灾害限制在一定空间范围。1871年10月9日，美国芝加哥发生城市大火，中心区受灾面积达730hm²。在灾后重建中，设计者提出以绿地等开放空间分隔建筑密集的市区、提高城市防灾能力的设想。在之后进行的杰克逊公园（Jackson Park）和华盛顿公园（Washington Park）设计中，设计者又将两个公园以道路相连接，在局部地区形成了连续的开放空间体系，这种以系统性的开放空间布局来防止火灾蔓延、提高城市防灾能力的设计思想和实践成为日后英国、日本等国进行防灾型开放空间系统规划设计的先导。

老旧建筑及群体所在区域，通过建立公共安全空间结构体系，合理布局缓冲、隔离公共开放空间，可以对危旧建筑提供有效的外部防护，避免灾害侵袭。

（3）公共开放空间的灾害避难救援职能

一般情况下，地震、火灾、洪水等常见城市灾害发生时，建筑中的人向外部公共开放空间疏散、逃生是最主要的避难方式。灾害救援人员、车辆也必须通过道路等开放空间，才能接近建筑物及其中的受灾人员而展开施救。而且，灾后避难生活及灾后重建也主要依托公共开放空间展开。道路、广场、绿地、公园等公共开放空间对灾害避难、救援、重建都具有重要作用。因此，城市公共开放空间是灾害避难、救援、生活及灾后重建活动的主要物质载体，对防灾避难具有重要意义。

在老旧建筑及群体公共开放空间中，道路、广场、绿地、公园、水体因性质差异而具有不同的防灾职能（表5-7）。

老旧建筑及群体不同类型公共开放空间的主要防灾减灾职能　　　　表 5-7

类型	老旧建筑及群体公共空间安全设计
道路	（1）灾害避难、消防救援、运输物资及伤员通道； （2）灾害紧急避难场地； （3）灾害缓冲隔离（防止、延缓火灾蔓延）； （4）防灾服务设施通道（消防供水、排水管线、市政服务线路）； （5）灾害调节功能（可作为通风廊道）

续表

类型	老旧建筑及群体公共空间安全设计
广场	（1）灾害紧急避难场地、临时避难生活及救援场所、灾后重建据点； （2）灾害缓冲隔离； （3）灾害调节功能（可作为通风廊道）
绿地	（1）灾害紧急避难场地、临时避难生活及救援场所、灾后重建据点； （2）灾害缓冲隔离（防止和延缓火灾蔓延、防风、降噪）； （3）灾害调节功能（降温、降尘、净化空气、涵养水源通风廊道、自然排水廊道等）
水体	（1）灾害避难救援应急水源及备用通道； （2）灾害缓冲隔离（防止、延缓火灾蔓延）； （3）灾害调节功能（降温）； （4）蓄水调洪、自然排水廊道

老旧建筑及群体所在区域灾害环境较为复杂，各种因素相互影响，合理组织其道路、广场、绿地、水体等公共开放空间，综合运用其不同的防灾减灾职能，是提高老旧建筑及群体所在区域安全公共空间安全性能的重要途径。

2. 公共开放空间安全设计的设计内容

老旧建筑及群体所在区域的公共开放空间安全设计落实于微观具体的空间环境，并对相邻地段及周边整体安全性产生影响。因此，老旧建筑及群体所在区域的公共开放空间安全设计的设计内容主要应处理好局部安全与整体安全、建筑安全与周边环境安全的关系。

以老旧建筑及群体为研究对象的安全设计从公共开放空间安全的角度，对建筑群体空间、独立的公共开放空间进行设计，如街道安全设计、广场安全设计等。老旧建筑及群体公共开放安全设计与安全缺陷要素联系密切，并对其空间环境中致灾因素的聚集和释放、建筑等承灾体的保护，以及绿地等公共开放空间的灾害调节、缓冲隔离及避难救援等防灾减灾职能和效力具有直接的影响。

在老旧建筑及群体层面，公共开放空间安全设计的主要内容如下。

①公共开放安全空间结构设计：根据老旧建筑及群体所在区域情况的不同，进行交通廊道、通风廊道、排水廊道、广场、绿地等公共开放空间的布局设计，提出切实有效、可行的公共开放安全空间结构体系。

②专项安全空间设计：根据安全缺陷要素、灾害风险水平及设防等级要求的差异，依托公共开放安全空间结构体系，对老旧建筑及群体外部空间进行防地震、防地质灾害、防火、防暴雨内涝、防灾基础设施等专项安全空间设计。

③生态可持续安全空间设计：公共开放空间布局，道路、广场等地面材料的选择，绿地分布及树种构成和结构配置，环境设施设置等内容。

总体来说，老旧建筑及群体的公共开放空间安全设计内容是以公共开放安全空间结构体系为空间基础，包含防震、疏散救援、防火、防暴雨内涝、防灾基础设施等方面专项空间设计的道路街道系统、广场、绿地等公共活动空间布局设计。

3. 典型空间形态公共开放空间安全设计

（1）排列平房型空间形态

排列平房型空间形态集中出现在早期规划建设的宿舍区、居住区范围内，年代较为久远，属于较为良性的城市老旧片区或棚户区，此类空间形态具有形态相对规整、交通结构性相对良好的外部空间特点，其主要安全问题在于建筑密度高、建筑质量较差、私搭乱建严重、空间拥堵阻塞、缺乏防灾设计、基础设施缺乏等。

排列平房型空间形态具有较为规整的空间布局和交通系统，但是建筑密度较大，公共开放空间开发潜力相对较低，因此，应结合布局和交通系统进行安全空间结构设计，以最小防火分区为一个单元，在每个单元中形成一条尽端式安全空间轴线，尽端建设公共开放安全空间节点，并向外并联接入城市安全规划结构体系，即城市道路，形成"一点一线，多区并联"的安全空间结构体系（图5-6）。

（2）自组织型空间形态

自组织型空间形态属于早期自由发展的街巷片区，街道曲折狭窄，属于相对较差的城市老旧片区，此类空间具有较多的空间安全隐患，如空间可达性差、建筑质量较差、基础设施不全，以及火灾、雨涝灾害风险高等。

自组织型空间形态空间布局和交通系统较为自由，建筑密度极高，公共开放空间开发潜力相对较低，因此，在尽量不破坏空间格局的基础上，选取一条主要道路改造设计为安全空间主轴线，作为安全空间结构的主要结构，周边自由支路围绕主轴线形成安全空间次轴线，利用现有交通空间，适当拓展开放空间。主轴线向外两方向串联接入城市安全规划结构体系，形成"一主多次，串联接入"的安全空间结构体系（图5-7）。

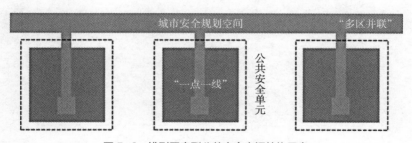

图 5-6　排列平房型公共安全空间结构示意

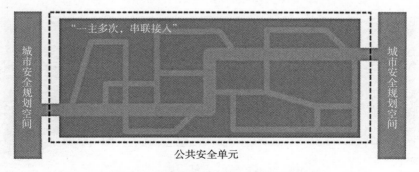

图 5-7　自组织型公共安全空间结构示意

（3）排列围合型空间形态

排列围合型空间形态主要是20世纪50～90年代建造的居住区，具有一定的秩序感，属于相对较好的城市老旧片区，此类空间具有公共开放空间结构较为明显、建筑间距较大等特点，其主要问题的特殊性在于建筑质量较差、私搭乱建严重、空间拥堵阻塞、基础设施缺乏等。

排列围合型空间形态具有较为规整的布局和交通系统，建筑间距较大，多数区域都可以作为公共开放空间，因此，应结合布局和交通系统进行安全空间结构设计，采用环形发散模式，设计形成一个环形安全空间，一条贯穿的主要安全空间轴线、多条发散安全支线的安全空间结构，并向外并联接入城市安全规划结构体系，形成"一环一轴多发散"的安全空间结构体系（图5-8）。

（4）厂区组织型空间形态

工业建筑的空间组织形态是与其生产工艺、产品特征密切相关的，因此在空间形态上具有独特性和多样性，应根据不同的空间特征，有针对性地进行公共开放空间安全设计。但是工业建筑也具有一定的共性特征，其空间组成一般根据功能设置，包括生活区、服务区、办公区、生产区、仓储区等，这些区域一般采用串联的方式联系起来。因此，可以根据这一特征，提出一般性的公共开放空间安全设计策略。

厂区组织型空间形态具有较为清晰的交通流线，建筑间距较大，公共开放安全空间潜力较大，因此可根据厂区交通流线组织公共安全空间结构设计，串联生活区、服务区、办公区、生产区、仓储区，形成"生产流线，多区串联"的安全空间结构体系（图5-9）。

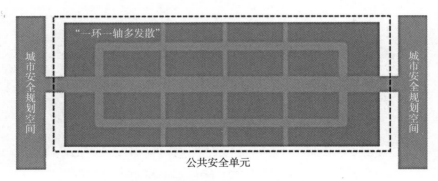

图5-8　排列围合型公共安全空间结构示意

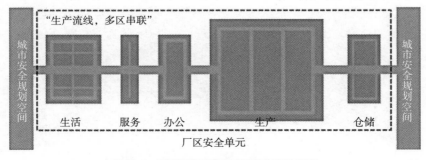

图5-9　厂区组织型公共安全空间结构示意

5.2.5　老旧建筑结构加固技术方法

为了提高老旧建筑及群体的整体抗震性能，延长建筑的安全使用年限，对老旧建筑及群体进行结构性加固是最为有效的方法，这也是老旧建筑安全性能提升中最重要的一个环节。

根据老旧建筑及群体存在的结构安全隐患进行分类，提出了钢筋混凝土结构加固方法、砖木结构加固方法、抗沉降基础加固方法等主要的结构加固技术方法（图5-10）。

1. 钢筋混凝土结构加固技术方法

钢筋混凝土结构应用在部分老旧建筑的梁、柱结构中，存在开裂、酥裂、混凝土和钢筋脱离等缺陷，因此，针对混凝土梁、柱结构缺陷，设计以下结构加固方法。

（1）增大截面积加固法

钢筋混凝土结构的增大截面积加固法，是一种通过在原有构件外增加配筋和混凝土包裹厚度，从而提高原有结构构件结构性能的安全性能提升方法。

特点：该方法属于最为常见的安全性能提升方法，这种方法与原有结构契合度较高，加固后使结构稳定性和可靠性都得到较好改善。

加固形式：根据结构构件缺陷情况，安全性能提升形式可设计为单面加固、两面加固、凹形加固和环绕加固（图5-11）。不同的结构构件有适合的加固形式，单面加固和两面加固

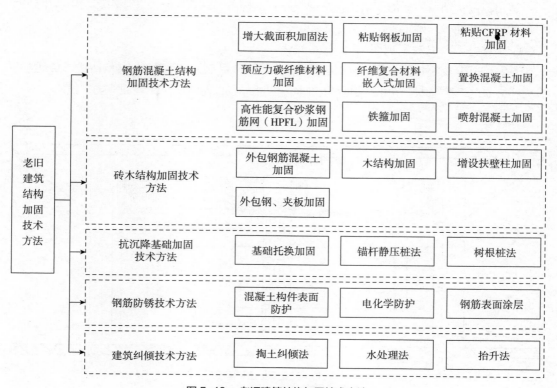

图 5-10　老旧建筑结构加固技术方法

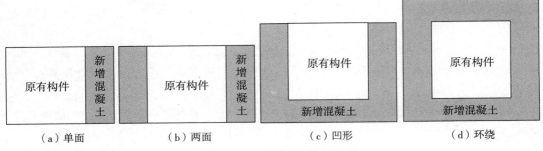

| （a）单面 | （b）两面 | （c）凹形 | （d）环绕 |

图 5-11　增大截面法加固形式示意

较多用于梁或者偏心柱的加固，而环绕加固通常用于一般中心受压的柱的加固。

（2）粘贴钢板加固

粘贴钢板加固法，顾名思义，就是将与原有结构构件内部钢筋受力情况相同的钢板粘贴在原有结构构件外部，在外部增加可以帮助提高原有结构结构性能的钢板，从而达到提升安全性能的目的。

特点：粘贴钢板加固法具有一定的优势特征，施工环境干净卫生，施工作业相对方便快捷，空间性能优越，对原有构件的荷载增加少。但是该方法也存在一定的缺点，在施工时，为了增加粘贴性能，对混凝土表面打磨时会造成较大的粉尘污染；此外，因为钢板直接暴露在外，为了延长其使用寿命，必须进行防护处理。

适用范围：粘贴钢板加固法主要是增强原有结构内部钢筋性能，在使用环境中考虑到钢材质的相关特性，来确定其适合与否（图5-12）。

（3）粘贴 CFRP 材料加固

粘贴 CFRP 材料加固混凝土技术是在混凝土表面利用专业的树脂胶结材料粘贴纤维增强复合材料，通过二者的共同作用来实现结构加固和补强结构性能的一种外部加固方式（表5-8）。

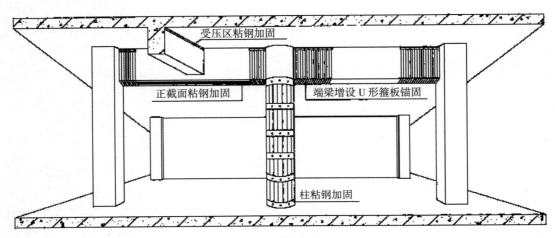

图 5-12　粘贴钢板法加固示意

（资料来源：《既有建筑加固技术方法》）

粘贴CFRP材料与粘贴钢板加固的优缺点　　　　　表 5-8

优缺点	粘贴 CFRP 材料加固	粘贴钢板加固
优点	（1）高强度，高弹性模量； （2）厚度小，质量小； （3）可任意长度，任意交叉，适应曲面和任意形状构件； （4）耐腐蚀，不生锈； （5）施工简便，材料表面不需要打毛处理，与混凝土表面结合密实； （6）抗疲劳性好，适应冲击、震动结构加固，便于运输（卷材）和储存； （7）种类多样，有布、板、棒、网络、角形、工字形、槽形等	（1）既提高结构承载力又提高刚度； （2）适应既粘又铆，适应节点加固； （3）可就地取材，材料费用较低； （4）延性大，适应冲击、震动结构加固； （5）适应钢结构粘、焊联合加固
缺点	（1）材料费用较高，但综合价比粘钢低； （2）粘贴剂需要三种，单价较高； （3）施工工艺要求较高，材料防潮要求严格； （4）延性差，比较脆； （5）不耐高温、高湿	（1）钢表面处理要求严格、粘接表面容易生锈而失效； （2）胶层厚度难控制，需专用加压设备； （3）对复杂的结构形状面施工，质量不易保证； （4）厚钢板端点处应力集中效应高，钢与混凝土之间容易剥离； （5）质量较大，产生附加效应； （6）加固钢板需采取防锈措施

　　粘贴碳纤维加固方法的主要流程为：基底修补、打磨处理→涂底层HCJ碳纤维胶结剂→用HCJ碳纤维胶结剂进行残缺修补→贴第一层碳纤维片→粘贴第二层碳纤维片→表面涂装→养护→完工验收。在粘贴碳纤维布之前，应卸除结构上的活荷载。在不能完全卸载的条件下，应先对荷载进行支顶。碳纤维布的纤维方向与结构构件轴向垂直，采用封闭粘贴，粘贴过程要稳、准、匀，要做到碳纤维不皱、不折、展延平滑顺畅。施工过程中对碳纤维的抗拉强度需要进行一定的计算，应根据荷载情况，按照纤维的净截面积尺寸计算。

　　适用范围：CFRP加固技术适用于更新建筑中由于设计、施工、材料、功能改变引起荷载增加等原因造成的混凝土结构问题，或因遭受各种不同的自然灾害导致结构性构件产生缺陷的情况。同时，根据国内外研究和工程实践经验表明，在砌体、钢、木等结构建筑中，也可以采用CFRP进行加固。

　　（4）预应力碳纤维材料加固

　　预应力碳纤维材料加固方法是一种基于预应力结构原理的建筑结构安全性能提升技术方法，其工作原理是通过给碳纤维材料预先施加原有结构构件所受的反作用力，从而起到帮助原有结构消减抵抗荷载的作用，该方法在混凝土结构加固中具有卓越效果。预应力碳纤维材料安全性能提升方法针对老旧建筑，相较于碳纤维布材料（CFRP），直接解决受力反应不敏感的问题；针对存在缺陷的结构构件，可以有效防止构件进一步损坏，改善整体结构的安全性。

（5）纤维复合材料嵌入式加固

纤维复合材料嵌入式安全性能提升方法是在FRP材料加固的基础上，在原有构件上开槽，将FRP材料和合适的粘合剂放入其中，等凝固后实现对结构的加固作用。当FRP材料出现后，由于其质量小、强度高、耐腐蚀等特点，使其逐步替代钢板作为嵌入式加固的嵌入材料，这才使嵌入式加固方式有了较大的提高和较为广泛的应用。此外，因为FPR材料可塑性高，所以纤维复合材料嵌入式安全性能提升方法可以适合各类形状的实际工程要求。

特点：纤维复合材料嵌入式安全性能提升方法属于新型加固技术，具有施工方便、强度高、空间性能好、后期维护成本低等特点，此外，可以更好地与原有结构构件粘连，共同作用，耐火性能也有较大提高。

（6）置换混凝土加固

对于老旧建筑中局部混凝土损坏的，可以采用置换混凝土加固安全性能提升方法，对原有的缺陷混凝土进行规整剔除，并采用粘合度高的相似材质进行替换，从而达到提升原有构件安全性能的目的。

特点：这种加固方法适用于构件局部损坏，施工方便，环境影响低，空间效果好，造价也相对低，同时这种加固方法对安全性能有较大提升，可靠性强；当然，也存在一些缺点，如湿作业、对施工质量要求较高等。

（7）高性能复合砂浆钢筋网（HPFL）加固

高性能复合砂浆钢筋网加固法是通过在原有结构构件外围包裹钢筋网，并用高性能复合砂浆进行固定的一种安全性能提升技术方法，其原理是在构件外部增加配筋，来增强原有构件的结构性能。HPFL加固法属于新型安全性能提升技术方法，可以针对各种结构构件，不仅仅针对建筑物，同样广泛应用于桥梁、隧道等设计中。相对于传统方法，HPFL加固后具有更好的耐火、耐腐蚀、耐极端环境的性能，并且更加经济环保。

（8）铁箍加固

铁箍加固法就是使用钢丝对受损混凝土结构构件进行捆绑，从而达到约束受损构件、提高结构性能的目的。该方法最为突出的特点就是施工方便简洁，不产生多余污染，加固性能良好，空间性能优秀，造价相对较低。在老旧建筑中，针对混凝土构件局部损坏、木构件损坏等都可以采用这种方法（图5-13）。

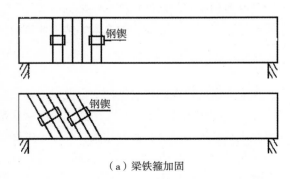

（a）梁铁箍加固　　　　　　　　（b）柱铁箍加固

图 5-13　铁箍法加固示意

（资料来源：王玉岭. 既有建筑结构加固改造技术手册[M]. 北京：中国建筑工业出版社，2010.）

（9）喷射混凝土加固

喷射混凝土加固是一种常用的加固方式，也属于新技术范畴，主要利用高压气流，将混凝土冲击到需要加固的结构构件表面，可更有效地增加原有构件和新增加混凝土的黏合力，提高加固效果。

采用喷射混凝土具有一定的优点，主要包括施工快速、经济效益好、易于处理人不易靠近的部位、后期效果好等；但是，该方法也存在一定的缺点，就是施工过程中会产生大量的粉尘污染、垃圾污染等，需要做好相应的防护措施。

2. 砖木结构加固技术方法

（1）外包钢筋混凝土加固

外包钢筋混凝土加固法是通过在原有结构构件外围包裹钢筋网，并用高性能复合砂浆进行固定的一种安全性能提升技术方法，其原理是在构件外部增加配筋，来增强原有构件的结构性能。外包钢筋混凝土加固法具有更好的耐火、耐腐蚀、耐极端环境的性能，并且更经济环保。加固方式可设计为单面加固、两面加固和环绕加固（图5-14）。

（2）木结构加固

木结构加固中，对于单根木屋架的加固通常采用钢筋植入、打夹板、碳纤维加固、用相同材料填充破损部位等方式（图5-15），从而提高房屋整体屋架承载力，提高结构抗震效果。

改变结构传力途径加固主要是指通过增加新的结构构件，对原有荷载进行疏导，减少现有构件的荷载，从而达到维持结构稳定的目的，是一种辅助手段，主要用于结构缺陷较轻的部位。

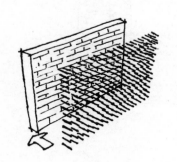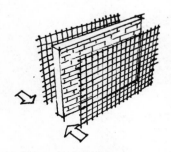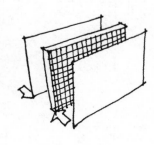

穿墙植筋→钢筋挂网→砂浆抹灰

图 5-14 破损严重墙体两侧钢筋混凝土加固示意

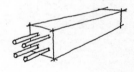

钢筋插入→打夹板→碳纤维加固→相同材料填充

图 5-15 单根木屋架加固示意

（3）增设扶壁柱加固

增设扶壁柱加固法是当砖木结构墙体结构性能出现缺陷，但是还不至于危险，尚未发生砖块碎裂，仅出现一定裂缝的情况下采用的一种加固方法，属于增加砖木结构截面积的一种。通常情况下其可以分为混凝土加固和砌体砖加固等方法，该方法具有施工成本低、初期效果显著等优点；但是也有一定的缺点，加固效果好坏与施工质量关系密切，湿作业施工环境存在一定的污染等情况。

增设砖砌体扶壁柱时，根据条件不同可以分为挖镶法和植筋法两种，具体施工形式和特点有所不同，应根据实际情况合理选择（图5-16）。

（4）外包钢、夹板加固

外包钢加固法是传统的加固方法，其优点为：不会对原有构件造成破坏，从而不会增加二次损害，施工方便快捷，湿作业施工相对少，适用于需大幅度提高截面承受力的窗间墙加固以及砌体墙加固却不允许改变原构件的横截面积的情况。

3. 抗沉降基础加固技术方法

（1）基础托换加固

基础托换加固工程是指对老旧建筑存在缺陷的基础进行安全性能提升的工程方法，主要应对地基沉降等灾害引起的安全缺陷，其中，基础托换加固工程可以分为以下几种托换形式。

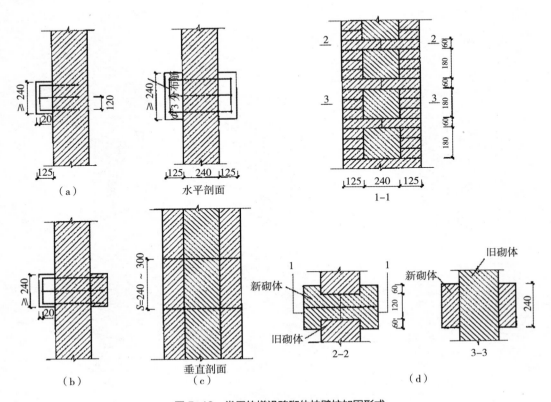

图 5-16　常用的增设砖砌体扶壁柱加固形式

（资料来源：王玉岭. 既有建筑结构加固改造技术手册[M]. 北京：中国建筑工业出版社，2010.）

①抢救性托换：适用于建筑物基础下的地基土强度不能满足上部结构要求；房屋或构筑物开裂、下沉常需要将原基础置于其下较好的土层上；地下水位较高、施工有困难，需采用扩大原有基础底面积或者采用局部顶升复位的办法处理。

②保护性托换：适用于在老旧建筑地下或邻近区域进行地下建设活动时，为防止对老旧建筑基础产生影响，采取的保护和加固措施。

③预留性托换：在新建工程时，已经考虑到因为环境因素变化将来可能对建筑物产生不利影响，若干年后需要增层改造。为保证建筑物长久地安全使用，新建工程在设计、施工时提前提出预留性托换加固措施。

④综合性托换：既考虑到建筑物以后可能进行增层改扩建，又考虑到未来建筑物周边环境的变化可能对建筑物安全造成影响，需要采取保护性托换或者预留性托换措施。

（2）锚杆静压桩法

锚杆静压桩法统一结合了锚杆和静压桩两项技术，是一项新的托换处理技术。该技术通过在建筑与基础之间架设锚杆压力桩，利用建筑荷载反力，将预制桩基础逐渐压入预先挖好的桩孔之中，完成对基础的加固。

特点：锚杆静压桩受力明确，可以保证桩基质量，经过加固后能够很快发挥效果；施工设备简单方便，能够在场地和空间狭窄的地方施工；并且在施工时无振动、无噪声、无污染，由半机械半人工进行操作实施，工程费用较低；可以在不停产和不搬迁的情况下进行工程处理。

适用范围：锚杆静压桩主要用于既有建筑物托换加固和纠偏加固工程，适用于淤泥、淤泥质土、冻性土、粉土和人工填土等地基土。锚杆静压桩在对施工条件的要求和对周边环境的影响方面均优于打入桩及大型压入桩。

当老旧建筑物由于不均匀沉降而发生严重倾斜时，如果其上部结构刚度大、整体性好，建筑物没有或只有少量裂缝，其仅发生了整体倾斜，在此种情况下可以利用锚杆静压桩并联合掏、钻孔或沉井冲水等方法进行纠偏加固。采用双排桩（一侧为止倾桩，一侧为保护桩），能做到可控纠倾，既安全可靠又节约成本。

（3）树根桩法

树根桩是一种小直径的钻孔灌注桩，由于其加固设想是将桩基如同植物根系一般，在各方向与土牢间地连接在一起，形状如树根而得名。树根桩直径一般为150~300mm，桩长一般不超过30m。它是老旧建筑的修复和增层，古建筑的基础托换，危险地基加固，以及因城市修建地下建筑物而影响到地面建筑安全时采取的预防性托换技术。

树根桩应用于托换工程的优点有以下几点。

①所需的施工场地较小，只要满足平面尺寸1m×1.5m，净空高度2.5m，即可施工。

②施工时噪声及振动都较小，对周围环境影响不大。

③托换加固时对墙身不存在危险，对地基土也无扰动，且不影响建筑物的正常使用。

④所有操作都在地面上进行．施工比较方便。

4．钢筋防锈技术方法

钢筋锈蚀是混凝土结构最常见的耐久性问题之一，目前排在混凝土结构破坏原因的首位，因此，从结构维护的角度，防止或减少钢筋锈蚀就显得相当必要。以下简要列举了几种钢筋防锈技术方法。

（1）混凝土构件表面防护

①渗透型涂层。

浸入型涂料是强度很低的液体，将它涂于风干的混凝土表面，靠毛细孔的表面张力作用吸入深约数毫米的混凝土表层中，在混凝土构件表面形成渗透型涂层。

②覆盖面层防护。

采用防护材料覆盖在混凝土结构构件表面，能阻止空气中的氧气、水和盐类介质向混凝土中渗透和扩散，从而延缓混凝土的碳化和钢筋的锈蚀。

在混凝土结构构件的表面抹水泥砂浆，最初的目的是使构件表面平整、美观，但是也可以延缓混凝土的碳化速度。这类材料还包括石灰浆、防水砂浆、水玻璃耐酸砂浆、水泥基聚合物砂浆等。

③封闭处理。

封闭处理法是采用能隔断或阻止外部水分、氧气或其他侵蚀性介质向混凝土构件内部渗透和扩散的材料，涂于混凝土表面，使钢筋处于干燥缺氧状态而免受腐蚀的一种表面防护方法。当然，封闭面层的效果还与混凝土内部的含水量等因素有关。这类材料若是以环氧树脂、聚氨酯为基的复合型涂层，一般用于上部结构的防护；若是以沥青、环氧沥青、环氧加煤焦油为基的复合层，一般用于地下、水下部分混凝土结构的防护。

为改善涂层的脆性，增强其抗裂性，可在涂刷施工时粘贴增强纤维片材，如无碱玻璃纤维布、碳纤维布等。

（2）电化学防护

混凝土中钢筋的锈蚀是电化学腐蚀，因此可以采用电化学防止钢筋锈蚀的方法，其中阴极防护是目前使用最多的一种方法。阴极防护是根据钢筋锈蚀的电化学原理，新增一个阳极，新阳极用不起化学作用的材料做成，使阳极材料与电源的正极连接，使所有钢筋与电源的负极连接，通电后形成新的电位差，钢筋骨架转变为阴极，钢筋的锈蚀便可得到抑制。在使用过程中，电流太大，容易造成阳极区域混凝土损伤；而电流太小，又不能有效地起到保护作用，所以，必须注意调整钢筋中的电流和电压。

（3）钢筋表面涂层

由于混凝土在使用过程中的劣化，钢筋的锈蚀使混凝土受到损坏等原因，需要对混凝土或钢筋进行修复。在修补区已处理好的钢筋上涂涂料，使用的涂料品种大致可分为：①水泥浆或水泥砂浆；②用聚合物或乳胶液改进的水泥浆；③阻锈剂（如氯化锌涂料）；④环氧树脂等。

采用的涂料品种主要取决于混凝土的修补方法。

5．建筑纠倾技术方法

中国工程建设标准化协会标准《建筑物移位纠倾增层改造技术规范》（CECS 225：2007）于2008年颁布与实施，使得建筑物纠倾工程的设计与施工进一步走向规范化。

目前，建筑物纠倾方法共有三十余种，根据其处理方式可归纳为迫降法、抬升法、预留法、横向加载法和综合法五大类，详细分类如表5-9所示。

建筑物纠倾方法分类　　　　　　　　表5-9

迫降法	掏土法	浅层掏土法	基底成孔掏土法
			基底冲水掏土法
			基础抽砖石法
		深层掏土法	地基应力解除法
			辐射井射水法
	水处理法	浸水法	基础外浸水法
			基础下注水法
		降水法	轻型井点降水法
			沉（深）井降水法
	加压法		堆载加压法
			卸载反向加压法
			增层加压法
	振捣法		振捣液化法
			振捣密实法
			振捣触变法
	桩基卸载法		桩顶卸载法
			桩身卸载法
			承台卸载法
			桩端卸载法
			负摩擦力法
抬升法	顶升法		抬墙梁法
			静力压桩法
			墩式顶升法
			锚杆静压桩法
			地圈梁顶升法
			上部结构托梁顶升法
	地基注入膨胀剂抬升法		
预留法	顶倾法		
	预垫砂层抽砂法		
	预留顶升孔法		
	预留压桩法		
横向加载法	牵引法		
	顶推法		
综合法	以上方法中的两种或多种方法相结合		

　　建筑纠倾技术在老旧建筑安全性能提升技术领域是一项重要的内容，表5-10列举了众多纠倾方法，其中采用较多的方法主要有四个大类，即掏土纠倾法、辐射井纠倾法、浸水纠倾法和抬升法，他们各自有各自的特点和适用范围。

　　（1）掏土纠倾法

　　掏土纠倾法，顾名思义，就是在建筑基础沉降较小的地方，采用掏出土基的方式，主动迫降，从而达到平衡纠倾的目的，该方法主要适用于土质酥软、淤泥性、砂性土壤之中。

（2）水处理法

水处理法作为迫降法的一个重要组成部分，主要有辐射井纠倾法、浸水纠倾法、降水纠倾法等。辐射井纠倾方法主要是采用高压水流冲击，消减基础下土壤，从而达到纠倾的目的，属于迫降法。辐射井纠倾法主要适用于松软土质，具有施工量小等特点，同样湿法作业具有一定的环境影响。

浸水纠倾法是利用土壤浸水产生不均衡沉降，从而达到纠倾的目的，主要做法是，在需要沉降的一侧，临近基础开槽，并向其中注水，最后达到纠倾目的。降水纠倾法主要是利用抽水机，将基础下地下水抽出，降低地下水位，从而引起基础下沉，达到纠倾的目的，其适用于建筑物纠倾中建筑物基础较浅的情况。

（3）抬升法

抬升法是针对不能采用迫降法的情况，对基础进行抬升，一般方法是针对混凝土基础，在其基础梁或圈梁的底部放置抬升工具，对建筑物进行抬升纠倾。抬升法主要包括使用千斤顶进行抬升和使用膨胀剂抬升两种方法。

5.2.6　防火安全技术方法

老旧建筑及群体存在的主要火灾安全隐患有：安全疏散条件差、建筑耐火等级低、防火间距小、消防设施缺乏、危险物品存放等。针对这些问题，分别从消防规划引领、提高耐火性能、改善防火间距、增加消防设施、控制火源与电气管理、特种消防设备等几个技术方面进行安全性能提升，提出普适的老旧建筑及群体的防火安全技术方法（图5-17）。

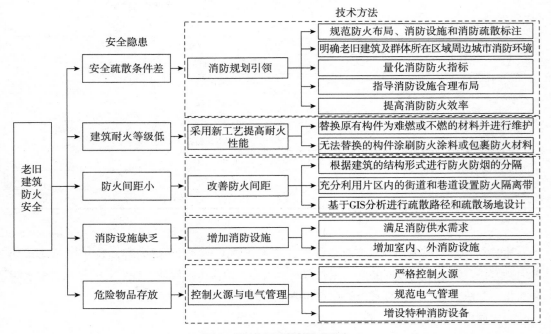

图 5-17　老旧建筑的防火安全

1．城市消防规划引领

城市消防系统工程规划对老旧建筑及群体的防火安全技术具有引领和指导作用。其主要涉及和规范了老旧建筑及群体所在区域的防火布局、消防设施和消防疏散标注等方面的内容，明确老旧建筑及群体所在区域周边城市消防环境，量化消防防火指标，指导消防设施合理布局，提高消防防火效率。

防火布局：包括老旧建筑及群体所在区域划分防火分区、火灾危险源及重点防火设施布局、防火及疏散通道布局、消防改造、消防设施布局等。

消防设施规划：包括消防站规划布局、消火栓、消防供水管线设置等。

消防标注：包括消防道路布局及形式、建筑物消防间距、消防用水等。

城市消防系统工程规划作为城市及分区层面的防火安全规划，对老旧建筑及群体消除火灾隐患、提高防火安全性能具有宏观的指导意义。

2．采用新工艺提高建筑耐火性能

老旧建筑及群体以砖木结构为主，建筑内外具有一定的历史风貌，建筑材料和装饰构件多为木质或其他易燃材质，因此，为提高老旧建筑及群体耐火等级，在安全性能提升过程中，应在尽量维护原风貌、不影响使用功能的前提下，采用新工艺，提高建筑耐火等级，主要包括选用难燃或不燃的材料替换原有构件并进行维护，对无法替换的构件涂刷防火涂料或包裹防火材料等。具体的耐火安全性能提升技术方法有以下几种。

对原有砖木结构的老旧建筑内木质构件喷涂防火涂料进行阻燃处理。选用的耐火涂料需要同时兼顾防火、环保、美观方面的要求，用以达到维持原有建筑的风貌。建议采用具有较好环保特性的水溶性防火涂料，这种防火材料具有环保、生态可持续的特性，便于施工且能够达到较高的防火要求。

将原有老旧建筑中由易燃材料组成的维护体系替换为轻质砖墙。在老旧建筑中，有部分维护体系由易燃材料如木材质等构成，在火灾发生时，会极大地促进火势的蔓延，因此，选择可更换的维护体系，如替换成轻质砖墙，既不增加建筑荷载，也在一定程度上降低了建筑的能耗。在替换的过程中应注意其形式，尽量保持一致性，尤其是具有一定历史价值的建筑。此外，在替换维护体系的过程中可以对室内空间进行再次分割，既可以优化使用空间，也可以提高疏散性能。

将原有老旧建筑中部分承重结构和楼梯替换为不燃烧或难燃烧材质的结构和楼梯。砖木结构中有许多梁柱结构和楼梯都是由木材质构成，因此在发生火灾时容易优先燃烧，使建筑结构失效，在较短的时间内便发生坍塌等严重情况，严重缩短人员逃生时间和效率。因此，在不影响结构稳定性的前提下，对可替换的部分承重结构和楼梯替换为不燃烧或难燃烧的混凝土、钢等材质的梁柱、楼梯，在更新提升建筑承重体系的情况下，又能很好地提高建筑耐火极限，为建筑内人员的疏散争取更多时间。

3．改善防火间距

防火防烟的分隔应该根据建筑的结构形式。由建筑间距离的大小来决定防火组团，再根据防火组团划分防火单元，从而避免火灾蔓延并保障火灾发生时人员可安全疏散。在划分防火分区和进行防火隔断时应以"分区越小越好，隔断越多越好"为原则，依据老旧建筑及群体所在区域的特点进行划分。

防火隔离带的设置应该充分利用片区内的街道和巷道，从而对防火组团进行划分。合理规划每个防火组团的建筑面积（一般每个防火组团建筑面积不超过1200m²），相邻两个防火组团之间应用防火墙进行防火分隔，增设防火山墙，以分割防火分区，防火墙可由普通外墙改造为实体防火墙，如将对通风、采光要求少的山墙改为防火墙，对门、窗进行封闭，涂抹耐火材料。此外，在需要的区域，可建造防火隔离带以加强防火控制，有效提高防火间距薄弱处的防火性能。针对老旧建筑及群体内部街巷杂物堆放、易燃易爆物品存放等情况，应进行清理，确保防火间距的有效性，同时加强社区管理，及时处理杂物堆放等情况。

基于GIS分析的疏散路径和疏散场地设计，将老旧建筑及群体的地形、街巷、建筑形式、建筑功能、人口、疏散路径等基本数据运用GIS平台的数据进行处理，模拟推算疏散路径的疏散能力，并以此为依据改善和设置疏散路径和疏散场地，形成安全疏散交通网络。完善疏散标识系统，提高疏散能力。

4. 完善消防设施

（1）满足消防供水需求

一般老旧建筑及群体所在区域，因为历史原因，在建设之初，并没有配套建设满足现行规范要求的消防和给水设施，因此造成老旧建筑及群体所在区域内消防供水严重不足，区域内基本不设置消防用水储水设施。此外，老旧建筑及群体所在区域街道狭窄，一般规格消防车难以进入，且消防车喷水半径有限，出现不能覆盖到失火位置的情况，迫使消防官兵进入火场灭火，这不仅导致灭火效果较差，也给消防官兵带来巨大危险。因此，一旦遭遇火灾险情，火势必然得不到有效控制，必须对老旧建筑及群体所在区域进行改造，满足其消防供水的需求。

首先，针对条件允许地区，如建筑布置较为规整的行列式住区或者外部空间较为开敞的厂区、办公区等，进行消防规划设计，结合区域上位消防规划设计，铺设消防用水专用管线，接入市政消防供水网络，以满足消防要求。应根据规范在老旧建筑及群体所在区域增设消火栓（服务半径不应超过50m）、消防喷淋设施（在部分工厂、商业服务设施中需要设置）、消防工具存放处等。

增设消火栓、消防喷淋等设施；在条件不允许的区域，应寻找合适区域，设置消防储水池（灌），增设加压泵，作为消防用水，此类设施应有专人定期检查，确保储水充足；在条件特别艰苦地区，应配备方便骑行的水罐车，用以进入不易到达区域。

（2）增加室内外消防设施

老旧建筑及群体房屋设施陈旧，耐火等级普遍不高，多数街区缺少防火分区设计，且因为燃气管道、电力设备配备不足，许多住户还存在使用煤炭、私自搭接电线等情况。街区车道狭窄，消防车辆无法进入小区内部，安全压力和安全隐患较大，再加上由于建设年代久远，这类小区规划的消防水源本身就少，可供直接射水的高压消火栓就更少。因此，完善老旧建筑及群体的室内外消防设施建设极为重要。

对于老旧建筑及群体中作为商业、服务业等使用功能的建筑，在安全性能提升时，必须对木质结构或砖木结构建筑提高其室内消防设施配置水平，应在室内增设喷淋灭火系统和火灾报警系统。在具备条件的建筑中，增设水量需求小、施工方便的细水雾灭火系统。妥善安置室外消火栓和消防水喉。沿街巷每隔50m设一个室外消火栓；并且室外消火栓应该尽量选择地上消火栓，其色彩装饰与周围建筑风貌相协调，在特殊情况下可采用地下消火栓，但要明显标识，对于消防车无法到达的街巷，可以在墙壁上设一个Φ65栓口或采用2个Φ65栓口的室外地下消火栓，周边配备水枪、水带。

5. 严格控制火源

在老旧建筑及群体片区，普遍存在私搭乱建、杂物堆放等问题，可以说周边遍布易燃物，因此，应格外重视对火源的控制。必须增强对居民的火源管理教育，严格管理火源、电源和易燃易爆物品的使用，严禁在街巷内存放易燃物品、煤气罐、煤球等，严禁室外燃放烟花爆竹或者使用明火，如确实需要进行明火作业，必须办理相关审批手续，并加强对施工过程的监管，且遵守消防安全操作规程。

针对老旧建筑及群体片区内的厨房等有明火、存放易燃物品的区域，应请消防安全部门对炉灶进行统一检查，改善厨房空间环境，严禁在厨房以外的区域使用明火，限制使用大功率电器，清理杂物空间，减少潜在着火点。

6. 规范电气管理

在老旧建筑及群体片区，因建筑年代较为久远，电气线路、管线负荷大，老化较为严重，因此如若遇到集中不规范的使用情况，便会导致严重后果，引发火灾。因此，在老旧建筑及群体片区，应加强电气管理，对电气设施进行统一更新换代，加强对电气设施的维护和监控，有效保证用电、用气安全。规范电气管理的具体措施如下。

在老旧建筑及群体片区应该装设安全的电气保险装置，如漏电保护开关等，这样可以有效限制大功率电器的使用，并能及早发现漏电、短路等情况；对老旧的电气线路进行整改，提高电气线路负荷能力，提升安全性能等级，制定电器功率标准，规范电器使用情况；照明设施应严格按照安全技术规程和电气安装规程安设。装设的电气线路尽量采用铜芯绝缘护套线金属管敷设，避免电线架构在可燃的构件上；禁止使用大功率电器，如碘钨灯、电水壶、电炉等电加热器；禁止私拉乱接电线。最后还应该加强规范化电气使用宣传和教育，普及安全用电知识，做到全民安全用电，严防火灾发生。

7. 特种消防设备

内部建筑间距较小，街巷空间狭窄，尤其自组织平房型街巷空间更为曲折，消防通道不能满足常规消防设备的通行尺寸，或者常规消防设备的扑救距离、高度不能满足老旧建筑及群体区域复杂环境的消防要求，因此必须针对老旧建筑及群体特殊的街巷空间环境进行特种消防设备的设计，或者设计特别存放的特种消防设施，以满足在发生火灾时能够迅速赶往火灾现场进行灭火处置。火灾往往在最开始的时间最易扑灭，一旦火势蔓延，扑灭的难度将大大增加。目前国内已经设计出多种特种消防设备，如消防三轮车、消防摩托、消防机器人、消防无人机、灭火炸弹、消防储水罐、消防手扶梯等特殊消防设备。

5.2.7 防涝、防漏技术方法

老旧建筑及群体存在的主要暴雨洪涝安全隐患是暴雨引发的内涝和老旧建筑漏雨、漏水两个方面。针对这些问题，分别从防洪规划引领、公共开放空间防雨涝安全技术、建筑防漏技术三个技术方面进行安全性能提升，提出普适性的老旧建筑及群体的防火安全技术方法（图5-18）。

城市防洪系统工程规划作为城市及分区层面的防洪安全规划，对老旧建筑及群体解决暴雨内涝隐患、提高防暴雨内涝安全性能具有宏观的指导意义。

公共开放空间防暴雨内涝技术方法是以生态可持续为原则，通过GIS暴雨涝灾预测、完善排水系统、生态绿色排水系统等方面来提高防洪涝安全性能的技术方法。

在建筑防漏安全性能提升技术方面，以缺陷原因为问题导向，主要从屋顶、楼板、外墙、窗户、浴室、厨房、阳台、给排水系统、供暖系统等几个方面进行防漏水技术方法研究。

1. 城市防洪规划引领

城市防洪系统工程规划对老旧建筑及群体的防涝安全技术具有引领和指导作用。其主要涉及和规范了城市防洪、防涝标准、防洪对策和措施、防洪防涝工程设施规划、城市低洼区域高程处理等方面的内容，较为系统全面地提出了城市消防系统工程技术的主要研究方向，

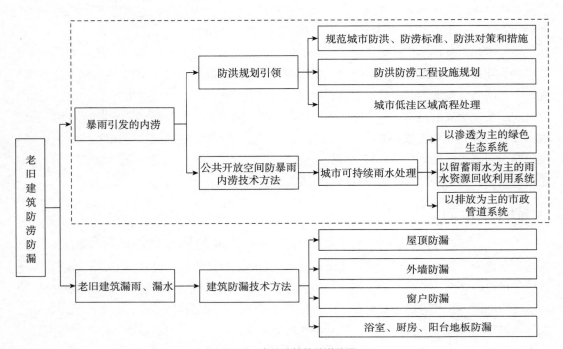

图 5-18 老旧建筑的防洪防漏

明确老旧建筑及群体所在区域周边城市洪涝环境，量化防洪、防涝指标，提供有效的防洪、防涝策略和技术，指导防洪、防涝设施合理布局。

城市防洪、防涝标准确定（根据城市等级和经济发展水平等因素）。

防洪对策和措施：包括水土保持、蓄洪（滞洪）分洪、修筑堤防、整治河道等。

防洪、防涝工程设施规划：包括综合设置防洪堤墙、排洪沟与截洪沟、城市排水系统、防洪闸、泵站等各类设施。

城市用地局部低洼地区的地面高程处理。

2. 公共开放空间防雨涝安全技术方法

城市可持续雨水处理属于目前城市综合防灾治理的一项重要内容，并且我国目前也已经取得了一定的成果，老旧建筑及群体属于城市综合雨水管理的一个单元，它的雨涝问题整治离不开城市整体的雨水管理环境，同时作为危旧片区，也具有其自身的特点。

目前可持续的城市雨水管理系统主要分为三个方面：以渗透为主的绿色生态系统，以留蓄雨水为主的雨水资源回收利用系统，以排放为主的市政管道系统（表5-10）。目前而言，只有实现这三者的有机结合，在暴雨来临时，同时发挥相应作用，实现梯度截流排水，才算是实现了可持续的城市雨水管理的目标。我国现已发布《海绵城市建设技术指南》，对城市暴雨所引发的灾害等进行治理，这与老旧建筑及群体的高敏感性具有一定的契合度，即使在空间和环境中会存在一定困难，但是其理念可以作为指导老旧建筑及群体防雨涝安全技术方法的依据。

暴雨涝灾主要解决方法　　　　　　　　　　表 5-10

	技术手段	市政管道接入	适用范围	优势	劣势
以渗透为主	绿地、渗透性铺装、绿化沟渠、屋顶花园	雨水口高度低于路面并高于草坪面，并在低洼处设置渗渠或雨水井	适合绿化面积较大的居住区设计，或者铺地较多的商业区设计	增加地表水的入渗，增加空气湿度，工程较简单，造价较低	对耐涝植物要求较高，铺装应定时清洁
以留蓄为主	雨水调蓄池、多功能雨水调蓄场地、雨水花园、绿化沟渠	雨水口设置于雨水满溢高度处，多余水量排入市政管网	绝壁雨水回收利用的街区，地面用地紧张的旧城区或低洼用地，无污染、环保型的水上游乐中心和水上乐园	有利于雨水回收利用，节约水资源，创造多样化的雨水景观	造价相对较高，雨季分配不均的地区对调蓄空间的要求有较多限制
以排放为主	市政管道、雨水调蓄池	雨水直接排入市政管道，或做暂时储存	有一定工业污染的工业类用地	快速排除场地雨水、雨水集中收集处理	冲刷地面、增加市政管道压力，易引发内涝

根据城市暴雨涝灾的一般规律，采用GIS工具对城市暴雨涝灾进行预测，对老旧建筑及群体内积水点进行调查，根据预测水量和积水点位置完善市政排水设施，同时根据老旧城区的具体情况，适当进行雨水留蓄再利用和生态渗透方面的改造，以增强老旧城区整体抵抗暴雨涝灾的能力。

（1）GIS暴雨涝灾预测

地理信息系统（GIS）是防灾减灾常用的工具，借助GIS工具可以建立暴雨涝灾预测模型，对城市指定区域的暴雨涝灾情况进行一定的预测，从而了解可能会出现的灾害，并提出一定的改进方法。

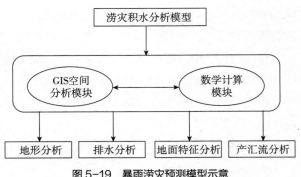

图5-19　暴雨涝灾预测模型示意

①暴雨涝灾预测模型。

影响涝灾的因素有降雨量、地形、建筑物分布、排水管网的排水能力和地面特征等。图5-19所示为根据地形分析、排水分析、地面特征分析、产汇流分析、积水分布计算和GIS的空间分析应用模块为一体的涝灾积水分析模块分解图。其中，每一个部分的分析都是经过专业软件的精密计算，由此可见，暴雨涝灾预测分析模型是一个由多个模型和模块构成，彼此之间相互依赖、相互作用，共同完成涝灾分析与受灾统计的综合模型。

②排水影响分析。

排水影响分析在考虑排水时应假设，除地表下渗其余水体均通过排水管网排出。排水分析时必须考虑两个关键影响因素：一是管道及排水口的空间分布，二是不同的管道具有不同的排水能力。因此，进行排水分析的前提是为这两个问题提供一种有效的解决方案。同一排水管道在地面可能有若干个集水口，因此对集水口的空间作用区域进行划分后，再将属于同一排水管道的排水区域合并，以求得同一管道的排水区域。

考虑到暴雨的特点，即一般雨量集中，在降雨的过程中排水管道都处于满流状态，因此在考虑排水时假设整个降雨过程中排水管道的排水量都达到设计值。排水能力可利用水力学的曼宁公式计算：

$$Q = \frac{1}{n} A R^{\frac{2}{3}} i^{\frac{1}{2}}$$

式中，n为管壁粗糙率，混凝土管道通常取$n=0.013$；A为管道过水断面面积，满流时即为管道的截面积；R为水力半径；i为管底坡度。

③地面特征影响分析。

地面特征模型主要是反映地面的土壤类型与下渗情况。土壤的下渗损失是主要的降雨损失之一。不同的土壤类型由于下渗率的差异而造成水体下渗量的不均。同时，降雨历史的长短也导致土壤中下渗量的变化。因此，对土地表面的多种特征属性（种类、斑块分布、渗水性能等）因素的考察就是需要收集的最基础的数据。该数据主要通过对遥感卫星图片进行地面土壤类型的识别提取后分析得出。在对目标区域进行土壤类型分类后，应在现场针对不同土壤类型进行下渗量积累曲线的数据整理，并以此分析绘制时间（t）与总下渗量的关系。

④产汇流分析和积水分布计算。

所谓产流是指流域中各种径流成分的生成过程，地表上一个基本的水文单元的径流过程是由降水、植被截留、雨期蒸发、填洼和下渗几个过程的组合来控制。考虑到暴雨降水具有雨量大、时间短的特点，老城区植被覆盖率相对较低，雨期蒸发和植被截留相对影响很小，可以不予考虑，因此地面产流的过程可以简化为

$$R_{\mathrm{s}}(t) = \int_0^t i\mathrm{d}t - \int_0^t s_{\mathrm{n}}\mathrm{d}t - \int_0^t p\mathrm{d}t - \int_0^t f\mathrm{d}t$$

对以上公式微分可得

$$\frac{\mathrm{d}R_{\mathrm{s}}(t)}{\mathrm{d}t} = r_{\mathrm{s}}(t) = i(t) - s_{\mathrm{d}}(t) - p(t) - f(t)$$

设

$$q(t) = r_{\mathrm{s}}(t) + s_{\mathrm{d}}(t)$$

则

$$Q = \int_0^t q(t)$$

即为留在地表的水量，这些水将分布于地形中。

计算内涝积水时，考虑到在城市老旧片区，密集的房屋对水体在地形中的分布有极大影响，不容忽视，因此在计算积水分布时地形信息应根据房屋信息进行相应的修正。修正的具体方法是采用GIS空间分析中栅格数据的叠加操作，即将地形栅格数据层与建筑高度栅格数据层进行叠加运算，凡是地形上出现房屋的栅格单元的高程信息都加上对应的建筑高度。地面产生径流后，各径流单元出口断面汇聚的过程称为汇流。汇流过程模拟需要考虑的因素更为众多和复杂，因此对其进行简化处理，即不再考虑汇流的具体过程，而是只根据地面径流由高向低流动的重力特性和地面高程情况，分别填充各处洼地。

（2）完善城市排水系统

根据GIS暴雨涝灾预测和计算，可知老旧建筑及群体所在区域内在不同级别降雨量下的雨涝灾害情况，可以预测并发现区域内的重点积水区域，分析市政排水设施现状存在的设计不足，进行有针对性的排水系统升级。

①排水系统升级。

根据GIS暴雨涝灾预测模型计算需求排水量、地势特征、现有管道情况，对排水系统进行改造升级，有条件的区域尽可能改造成为分流制排水系统，扩充管径，增大排水能力。根据城市排水系统规划，重新对老旧建筑及群体区域进行排水规划设计，合理解决如何与城市管道相结合，城市管道是否可以承受区域流量的注入等问题。

②重点积水点处理。

部分重点积水点处或者管线，因为地势环境等的客观原因，无法实现自然排水、流动，应在重点区域设立污水、雨水提升泵站，将积水及时抽出；并且应在极为严重的区域，设置流动水泵，以便应对紧急情况。

（3）生态绿色排水系统

纯粹的管道化排水系统在总体上抑制了自然排泄过程中的渗透、滞留、蒸发等作用的分流，从而使外部环境失去对地表径流的调节作用，增加洪涝灾害风险。因此，恢复和建设老旧建筑及群体所在区域的自然排水功能，可以有效提高城市雨涝灾害抵抗能力。生态绿色排水系统是可持续的，绿色生态的城市防洪技术具有极强的生态潜力。其具体实施策略如下。

①公共开放空间生态排水设计策略。

根据老旧建筑及群体所在区域内绿地、水体、道路、建筑布局、景观要素的布局组织，形成暴雨径流生态排水网络，并与城市级生态排水网络及主要集水区相连接，使暴雨径流在从建筑→场地→道路→公共开放空间的排泄过程中，经过各层次上的雨水保持、滞留、渗透、蒸发等自然作用，降低径流流量和汇流速度。

根据老旧建筑及群体所在区域内自然排水线路的原有地形、地貌特征，于地势较低的地点设置自然及人工水体、湿地等开放空间，形成主要的暴雨径流调蓄空间及集水区。

根据老旧建筑及群体所在区域内地形地貌、主要自然排水线路及集水区分布特征，利用道路、绿地、水体、湿地等开放空间形成暴雨径流排泄廊道，进而形成自然排水网络（图5-20）。作为生态绿色排水

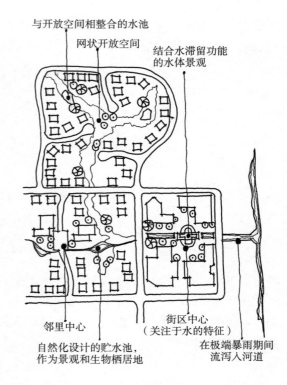

图5-20　公共开放空间生态排水平面示意

网络的公共开放空间，应形成点线面联系通畅、均衡布局的形态布局，使老旧建筑及群体所在区域内暴雨径流可以逐级排入水体、湿地等调蓄空间及集水区。

道路、停车场、绿地、水体、湿地等开放空间应结合渗水地面、植被洼地等开放式、生态化雨水调蓄设施，通过地形及高程处理，促进暴雨径流在运送、转移过程中的蒸发、过滤、渗透、滞留、储存等作用，并通过雨水收集处理设施促进暴雨雨水再利用，以延缓径流汇流时间，减小瞬时径流流量。

尽量减少不透水地面比例，在满足符合强度要求的前提下，机动车道、人行道、广场、运动场、停车场等空间地面尽量采用植草砖、鹅卵石、碎石铺装等透水性较好的地面铺装材料。

道路、停车场及广场的断面、坡度等处理应有利于暴雨径流汇入内部及边缘的生态化雨水调蓄设施。

保持和增加绿化植被，绿地中植被配置应优先选择草、灌木、地被植物等本土植物及对水质、水量要求近似的树种。

②生态建筑布局。

适当调整老旧建筑及群体所在区域内建筑布局，尽可能有利于设置集中水体、湿地、绿地等暴雨径流调蓄空间及集水区。

建筑布局应避免对地形的大规模改造，避免阻断区域内主要的暴雨径流自然排水路线和排水廊道。

建筑布局应有利于各建筑地块分别设置通向集中集水区的自然排水路线和排水廊道，尽量减少较大规模的集中排水沟渠和管道，建立分散化的排水路线，增大排水路线总长度，加

强暴雨径流排泄过程中蒸发、渗透等作用的分流和阻滞效果。

③生态建筑场地设计。

尽可能保持场地内的洼地等地形条件及绿化植被，设置场地内蓄水池等暴雨径流调蓄空间和雨水调蓄设施，结合排水线路的组织，建立场地内排水网络，将来自建筑的暴雨径流临时存储、滞留在场地内部或附近的暴雨径流调蓄空间与雨水调蓄设施，再慢慢排出。结合场地内的暴雨径流排水网络设置场地内的雨水收集和处理设施，促进场地内暴雨雨水在灌溉绿化及清洗场地等方面的再利用。

建筑布局应避免对场地内自然地形及排水路线的破坏，确保场地内暴雨径流调蓄空间及自然排水网络的建立。

结合建筑设计屋顶绿化、水池等暴雨雨水调蓄设施，并与场地内自然排水路线相连接。

改造建筑场地内道路形态，宜采用尽端路等形态，结合建筑布局，尽量减少场地内透水性较差的道路总长度及面积。

3. 建筑防漏技术方法

（1）屋顶防漏

老旧建筑普遍存在屋顶漏水的现象，因早期的建筑屋顶主要由沥青等防水材料铺设，至今大多已达到使用寿命的极限。针对存在屋顶漏水现象的老旧建筑，采用屋顶防水整体更换的方法是最为可靠的技术方法。

目前常用的屋顶防水一般由软性防水层和刚性水泥层构成，软性防水层由油毛毡、防水油膏共同组成，铺设完成后，在其上铺设刚性水泥层（铁丝网拉结，与女儿墙、立墙之间留分隔缝），此外，在防水层和水泥层间应铺设浮筑层，起到刚性水泥层和软性防水层滑动间隔作用。这样的防水设施，根据施工质量的高低，通常使用寿命在5~20年。

防水施工中应注意以下几点问题：屋顶表面应有足够的排水坡度，以便雨水及时排除；防水材料应有足够的厚度，在连接处应重叠连接；与女儿墙、立墙、突出的管道、排水洞口的交界处，是重点处理的位置；最后，在施工结束后，应及时进行防水性能测试，可采用蓄水测试或者便携式热扫描仪探测。

（2）外墙漏水

提高外墙防水性能的技术方法有以下几点。

针对砖木、砖混结构外墙漏水问题的修复，可在外墙裂缝、缝隙处注射或者开放式注入化学试剂、防水砂浆等进行修复；在墙上存在洞口、蜂窝处应将残留的污垢和杂质清除干净，并选用合适的防水砂浆进行修补。

针对建筑立面构件积水的修复，确定外部构件积水原因，清理并疏通排水，确保雨水可以快速排干。

针对外墙漏水的修复，通常在室内外同时进行，在注入修复化学试剂或防水砂浆后，应使墙体表面恢复到与周围相匹配，在修复的同时应该兼顾建筑立面的恢复和完整。

（3）窗户漏水

老旧建筑中许多窗户存在漏水问题：部分窗户依然是木框架老旧窗户，使用时间较长，窗体结构变形、开裂严重，造成漏水；部分是因为窗口结构变形造成漏水；部分是因为窗体框架与窗口之间的填充材料缺失造成漏水。针对这些问题应采用以下技术方法予以修复。

针对老旧木框或窗体结构损坏的窗户，应采用更安全、密封性更好的塑钢窗进行替换更新。

针对窗口结构变形，应首先对窗口结构进行修复，采用支撑或更换结构构件的方式恢复窗口形态，然后再安装新的塑钢窗。

针对因为密封带、密封垫或者其他一般构件缺失，应认真检查，并逐一替换、修复。针对漏水缝隙，采用防水水泥砂浆填补缺陷缝隙，并采用合适的粘结剂、密封剂密封窗框与窗口之间的缝隙来进一步防止漏水。

外窗台应重新修复，恢复一定的坡度、滴水线等，以便散水和保护墙面。

（4）浴室、厨房、阳台地板漏水

浴室、厨房、阳台一向是建筑漏水情况的多发区，老旧建筑因为年久失修、过度变形或者人为破坏，造成防水层破损，便会出现漏水现象。这一现象因为漏水位置的不同，其修复难度也不尽相同：在地势较高或者较少水流经的部位，进行局部的防水处理，即可达到效果；但是对于经常被水淹没的地方，这种局部防水处理便显得"力不从心"，不能长久有效地达到防止漏水的效果。因此，对老旧建筑中浴室、厨房、阳台地板漏水情况进行评估，如果漏水情况严重而不适合局部修复的，应立即进行整体防水重新施工，以防止漏水情况继续发生，继而腐蚀影响整体结构的安全性能，进而发生不可预期的灾难性事故。

5.2.8 人工建设活动安全与基础设施安全提升

1. 邻近建设活动安全提升

邻近老旧建筑的建设活动主要以控制防护为核心内容，其中主要包括地基开挖支护、量化安全防护距离、周边现状环境调查等，以防止发生周边老旧建筑基础塌陷、建筑形变过大、施工设施和建筑倒塌影响、对地下管线损坏等情况。提高邻近建设活动的安全性能。

（1）邻近基坑支护优化

邻近建设活动在基坑开挖过程中会对周边老旧建筑产生影响，采用基坑支护是最为常用的方法，既确保周边老旧建筑的安全，也确保基坑自身的稳定性。在实际项目中，根据环境条件不同，支护要求也各不相同，因此需要对支护方案进行优化：根据周边老旧建筑实际结构情况，计算出其所能承受的开裂弯矩值、水平位移、竖向位移等，并结合相关规范设置极限值，予以控制；将建筑控制值绘制成表，根据开裂弯矩值和容许位移值在表中绘制梯形安全界线；在满足支护要求安全性的方案中，进行经济性对比，选出兼具安全性和经济性的支护方案。

（2）控制安全防护距离

我国规范要求，在不考虑日照情况下，考虑防火要求，建筑间最小距离，多层之间不应小于6m，高层之间不应小于13m。考虑到老旧建筑及群体所在区域多为多层建筑，且空间环境复杂，因此提出防护距离分级设置，并对应不同的防护要求，确保安全。

针对多层建筑，根据实际间距不同，划分为四级控制标准。一级控制项目，间距小于或等于3m，在建设活动时应设计专属防护方案，提高防护要求；对受影响建筑进行主动保护；建设设备、材料尺寸等需进行实地测量控制；对施工建筑和周边建筑进行实时监测。二级控制项目，间距在3~6m，在建设活动时应设计专属防护方案，提高防护要求；建设设备、材料尺寸等需进行实地测量控制；对施工建筑进行实时监测；设置应急处理预案和应急设备。三级控制项目，间距在6~9m，在建设活动时按照国家规范要求设置防护；加强建设设备、材料的控制；提高高空坠物防护等级。四级控制项目，间距大于或等于9m，在建设活动时按照国家规范要求设置防护即可。

针对高层建筑建设活动对老旧建筑的影响，因实际项目中涉及较少，在此做简单分析，分为两类进行控制。禁止建设，间距小于13m，因不能满足最小间距要求，因此严禁高层建设活动。一般控制，间距大于或等于13m，在建设活动时应设计专属防护方案，提高防护要求；建设设备、材料尺寸等需进行实地测量控制；对施工建筑进行实时监测；设置应急处理预案和应急设备（表5-11）。

老旧建筑邻近建设活动安全防护距离分级及控制方法　　　　　表 5-11

项目	安全距离	控制等级	控制方法
多层建筑	$d \leqslant 3m$	一级控制	（1）设计专属防护方案，提高防护要求； （2）对受影响建筑进行主动保护； （3）建设设备、材料尺寸等需进行实地测量控制； （4）对施工建筑和周边建筑进行实时监测； （5）设置应急处理预案和应急设备，安排应急处理专职人员
	$3m < d \leqslant 6m$	二级控制	（1）设计专属防护方案，提高防护要求； （2）建设设备、材料尺寸等需进行实地测量控制； （3）对施工建筑进行实时监测； （4）设置应急处理预案和应急设备
	$6m < d \leqslant 9m$	三级控制	（1）按照国家规范要求设置防护； （2）加强建设设备、材料的控制； （3）提高高空坠物防护等级
	$9m < d$	四级控制	按照国家规范要求设置防护
高层建筑	$d < 13m$	禁止建设	因高层建筑多属于新建建筑，距离控制不达标，因此严禁建设活动
	$13m \leqslant d$	一般控制	（1）按照国家规范要求设置防护； （2）加强建设设备、材料的控制； （3）提高高空坠物防护等级； （4）对周边建筑进行实时监测

2．本体建设活动安全提升

老旧建筑本体所进行的建设活动有很多，包括修缮、拆建、改造等多种，建设过程中会产生各种各样的安全问题，在此仅就建设活动中的安全控制做出研究，不再针对具体建设方法做详细研究。建设活动安全控制主要包括防护隔离、结构支撑、工程管理等方面。

（1）防护隔离

老旧建筑及群体自身结构存在一定的缺陷，因此在建设活动中不可避免地出现脱落、局部倒塌等情况，因此首先应对老旧建筑本体进行防护隔离，并且防护设施搭设时严禁将承重构件搭设在老旧建筑本体上，防护设施结构应整体与老旧建筑建筑本体脱离，相对独立，以减少对老旧建筑的影响。

（2）结构支撑

对老旧建筑进行修缮、拆建、改造过程中，应首先掌握老旧建筑结构设计资料，并进行结构可靠性检测，根据检测结果对结构提供必要的支撑，确保在施工过程中不会出现整体结构失效的严重情况。所有环节中，结构分析和结构支撑是最为重要的一环，必须在深入调研、详细设计、充分论证之后予以实施。

（3）工程管理

在建设施工过程中，应按照规范要求设置工程管理团队，对工程进行整体管理和控制，确保施工有序进行，谨防破坏性、不可逆性的操作，从而形成全面的安全提升方法，确保老旧建筑本体建设过程中的安全性。

3．基础设施安全提升

（1）电力、通信系统

老旧建筑及群体中存在大量的电力设施老化、用电负荷超载、私自改装的问题，给用电安全造成巨大隐患，因此应由专业工人对电力设施进行改造和维护。相关的电力线路新装、改造应符合电力相关规范要求，在进行任何新建和改造时应根据不同的改造规模，选用适当的施工方法；预估未来可能的电力消费需求；同时征得电力供应方和业主双方同意；在施工完成后进行安全性能检测。针对老旧建筑电力设施通常存在的问题，在修复和改造中，应做到以下几点，以有效提高老旧建筑电力、通信设施的安全性能。

所有电力设备应妥善接地；隐藏式的电线安装应该有绝缘保护；应安装足够的插座点位，以满足日益多的电器用电需求；为每一户安装漏电保护器；安装的插座点位应远离水龙头、天然气阀门和烹饪设施，以免短路从而引发火灾；浴室内应避免安装插座，热水器等开关应设在浴室门外；室外插座点位应做好防护措施，做到不受天气影响；拥有足够数量的电器安全3孔插座。

（2）供水、供暖系统

老旧建筑的给排水系统、供暖系统存在老化问题，许多老旧建筑仍然使用镀锌管道供应淡水和排放生活污水，因使用年限过长，管道生锈、腐蚀较为严重。其中，管道连接处属于薄弱环节：进水管道和闸阀、加压水泵、弯角、水表等常常会出现漏水、破裂。针对这些问题应采用以下技术方法予以修复。

针对个别漏水现象，可采用局部修复，对破损的零件进行替换。

针对部分老旧建筑及群体存在较为普遍的供水系统老化和漏水问题，应对老旧建筑整体供水管道系统进行更新改造，这包括外部供水干管改造和建筑内部给水管道、排水管道、供暖管道改造，这些市政维修施工工程应聘请专业施工团队施工，更换最新标准批准的材料，如铜管道、聚氯乙烯特种管道。

5.3　小结

老旧建筑及群体作为城市更新过程中极具特点的一类建筑，具有较高的研究潜力和价值，本章分析总结并提出了老旧建筑及群体的一般性特征和规律。

改革开放以来，我国逐渐进入大规模的城市建设时期，城市建设量逐年增加，在带来诸多发展机遇的同时，也面临着更多灾害威胁，衍生更多的安全隐患。

老旧建筑及群体在灾害发生时，会发生更为严重的后果。本书在对天津市老旧建筑及群体安全性能提升技术方法的研究过程中，首先结合天津市主要灾害风险情况分析，对天津市老旧建筑及群体现状情况进行研究；其次，根据房管局提供资料及现场调研资料，对老旧建筑及群体的安全缺陷进行分类分析，并归纳研究其成因；最后，以问题为导向，对安全性能提升技术方法进行研究，提出技术方法框架，形成包括城市安全规划、公共空间安全设计、结构加固、生态防漏防涝、防火消防、基础设施、施工安全等技术方法。综合研究过程，主要得出以下结论。

（1）天津市老旧建筑及群体面临灾害因子研究

通过对天津市常见的灾害因子与影响老旧建筑及群体的灾害因子之间的耦合关系研究，得出结论，主要影响天津市老旧建筑及群体的致灾因子包括：地震、地质灾害、火灾、暴雨涝灾、基础设施缺陷等方面。

（2）天津市老旧建筑及群体现状情况分析

根据天津市房管局提供的天津市危险房屋和严重损坏房屋的统计资料和现场调研资料，对天津市老旧建筑及群体的现状情况进行分析：对空间分布的研究表明老旧建筑及群体主要分布在和平、南开、红桥、河西四区的原租界区、老城厢、建国初期工业基地等区域；对结构类型的研究表明老旧建筑及群体主要以砖木结构为主，砖混、混凝土结构为辅；对建筑形式的研究表明老旧建筑及群体主要以平房为主，多层建筑为辅；对使用功能的研究表明老旧建筑及群体主要以居住为主，办公、工厂为辅；对产权类型的研究表明老旧建筑及群体主要以单位、企业产权为主，私人、公产为辅。对老旧建筑群体的典型空间形态进行分析表明主要有排列平房型、排列围合型、自组织型和厂区组织型四种空间形态，与城市现代建筑群体空间形态有较大差别，具有较高的辨识性。

通过对选取的老旧建筑及群体进行实地调研，分类总结了老旧建筑及群体安全缺陷，主要包括：结构缺陷（梁、柱、墙体、基础、屋顶等）、雨涝缺陷（建筑漏雨漏水、洪涝安全缺陷）、火灾消防安全隐患（耐火等级低、防火间距不足、消防设施缺乏、用电危险、危险物品存放、安全疏散空间不足等）、建筑构件缺陷（阳台、空调板、装饰构件、违章建设）、建筑服务设施缺陷（给水、排水、供暖、供电等）等方面。对具体缺陷情况进行调查研究，分析原因。

（3）天津市老旧建筑及群体安全性能提升技术方法设计

本书对天津市老旧建筑及群体安全性能提升技术方法的研究，从规划和建筑的角度出发，提出城市安全规划引领、公共空间安全设计和建筑安全改造设计三位一体的安全性能提升技术框架。城市安全规划引领研究中，以天津市南开区为研究对象，提出城市安全规划对老旧建筑及群体所在区域进行引领的技术策略。

公共空间安全设计研究中，以天津市老旧建筑群体的四种典型空间形态（排列平房型、排列围合型、自组织型和厂区组织型）为研究对象，且选取了新裕里、新裕东里、战备楼小区为不同空间形态的代表，进行安全空间设计，提出了老旧建筑群公共空间安全设计方法。

老旧建筑安全改造设计研究中，以调研总结的天津市老旧建筑安全缺陷为依据，对应解决老旧建筑在结构、雨涝、火灾、建设活动、建筑服务设施等方面的安全缺陷，提出了以新材料、新技术、生态可持续为基础的老旧建筑安全改造设计方法。

最终，提出了包含多个层面的，具有绿色和可持续特点的老旧建筑及群体安全性能提升技术方法。

本章定义"老旧建筑及群体"为《房屋完损等级评定标准》中评定的"危险建筑"和"严重损坏建筑"两类建筑。"老旧建筑及群体"的定义和对象的确定，是一个较为复杂的问题，本书依据我国《房屋完损等级评定标准》中对房屋质量等级的评价标准，划定具有老旧建筑特征的建筑级别，提出将评定为"危险建筑"和"严重损坏建筑"的两类建筑定义为老旧建筑及群体研究本体。

本章分析总结并提出了天津市老旧建筑及群体的一般性特征和规律。天津市老旧建筑及群体作为城市更新过程中，极具特点的一类建筑，具有较高的研究潜力和价值，其一般性特征和规律的总结，对今后老旧建筑规范化、快速化、高效化的甄别、鉴定、改造提升具有极为重要的意义。本书通过对相关数据资料的分类处理，结合卫星图片和实地调研情况，进行多角度的对比分析，提出了天津市老旧建筑及群体在空间、分布、结构、层数、功能、产权、典型空间形态等方面的一般性特征和规律。

本章构建了多维度、多学科、多技术、可持续的综合性老旧建筑及群体安全性能提升技术方法框架。本书针对天津市老旧建筑及群体的缺陷与特点，构建了安全性能提升技术框架，并提出相应的改造策略和方法，这不仅包括从城市安全规划到公共开放空间安全设计再到建筑改造安全设计的层次过程，也包含了从群体组合到建筑单体的安全设计方法，在研究中充分运用了多学科和新旧技术结合的方法，并且将生态绿色可持续的理念贯穿其中。

第 6 章

基于城市风环境改善的旧城区可持续更新方法

6.1 旧城区风环境研究意义与优化评价标准

6.1.1 旧城区风环境研究目的与意义

1．研究目的

本章的研究目的：为应对气候变化，缓减城市大气污染的环境问题，实现低碳、生态和可持续发展的目的，应用计算机模拟与分析技术手段，从理论研究、规划探索以及实践应用三个层面，研究城市风环境与城市形态关联耦合规律，完善低碳生态的微气候规划设计体系，剖析风环境建设的实际问题，提出优化策略，构建风环境设计模式语言，为城市低碳、生态规划和微气候优化设计奠定坚实的理论基础。

（1）发现城市微气候调控机理

在理论层面上，本章的研究目的为：针对城市旧城区热岛效应加剧、环境污染严重、气候适应性不足等城市气候问题，深入分析城市旧城区风环境与城市形态、城市结构、高度分区以及街区布局等的关联耦合机理和影响机制，运用CFD模拟软件，通过宏观、中观、微观三个层面的研究，确定风环境的定量描述指标及风环境优化的评价标准，总结风环境优化的规划设计要素与内容，理清城市旧城区空间形态与风环境的耦合关系，建构风环境优化与空间形态的分析框架，为建构方便城市规划师掌握的风环境规划设计模式语言奠定理论基础。

（2）掌握风环境优化的技术方法

在规划设计层面，本章通过总结国内外在城市旧城区风环境优化方面的实际案例，提炼出可供借鉴的技术规程及规划设计方法，建立风环境优化的规划编制技术框架；并通过分析我国典型城市旧城区的环境气候和形态，提出具有普适性的低碳生态风环境规划策略，为解决我国的城市微气候环境问题奠定坚实的理论基础。同时，研究风环境密切相关的城市形态、城市结构及相关要素，提出可行性的优化设计方法。在宏观层面，建立城市旧城区风道系统的规划框架，提出基于不同的旧城区形态、不同尺度功能区的风环境优化策略，探索有效提升环境舒适度的微气候设计方法；在中观层面，通过分析典型街区的风环境，提出风环境规划的控制指标；在微观层面，通过提取典型居住区模块进行风环境模拟，总结出风速比、强风面积比、静风面积比、漩涡数等科学化数据，提出评估各种室外风环境质量科学方法，研究有效提升居住区环境舒适度的设计技术手段；同时，提炼适合不同气候区的规划模式语言。

（3）解决城市风环境设计的实际问题

本章拟结合天津市建设实际，尝试运用遥感、遥测图像，反演天津中心城区地表温度，进而发现城市结构和空间布局与热环境耦合规律，为风环境优化设计提供技术手段与设计方法的研究范例。同时，本章拟运用CFD分析软件，模拟天津风环境状况，进而发现天津旧城区风环境建设中存在的实际问题，尝试解决风环境评价与设计中面临的标准缺乏及内容与深度不一的问题。并结合天津旧城区生态环境和实际建设现状，为构建低碳、生态的通风廊道系统提供理论依据，解决规划设计中的问题。

　　本章的研究目的还包括，应用数值模拟手段，结合天津市旧城区布局特点和高密度中心区建设实际，提出契合当前建设时序的规划应对策略；并通过研究典型居住模块，构建合理的数字化技术的评价体系，探索住区风环境设计模式语言，实现有效引导宜居城市建设，解决生态住区建设中的实际问题（图6-1）。

2．本章研究的意义

（1）解决城市风环境问题的重要前提

　　在我国的现阶段，大气污染、生态危机与能源枯竭等问题凸显，具体表现在以下方面。

　　①空气污染严重：亚洲开发银行和清华大学在2013年联合发布一份报告，报告指出[1]，全球污染最严重的10座城市中，中国占一半以上。2014年监测的340座城市，其中，不到1%城市的大气环境质量达到国家一级标准。只有142座城市的空气质量达到二级标准，占41.7%；达到三级标准的城市108座，占31.8%；劣于三级标准的城市有91座，占26.5%。然而，导致空气质量严重恶化的原因，不仅是由于城市排放大气污染源所导致，还由于城市的静风及涡流等问题，导致难以扩散污染物，促使形成高浓度的污染空气，破坏了城市局部地区的大气质量，并影响到人们的生活与身心健康[2]。

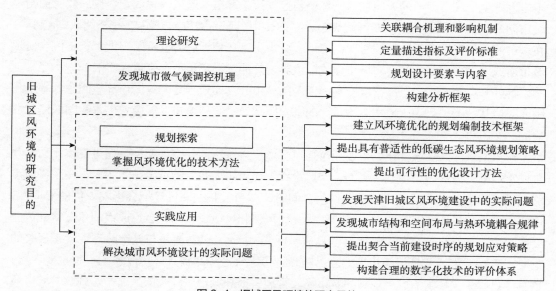

图6-1　旧城区风环境的研究目的

① 张来武. 以六次产业理论引领创新创业 [J]. 中国软科学，2016（1）:1-5.
② 杨俊宴，张涛，谭瑛. 城市风环境研究的技术演进及其评价体系整合 [J]. 南方建筑，2014（3）:31-38.

②城市热岛效应日益严重：《第二次气候变化国家评估报告》是科技部、中国科学院等单位联合发布的重要文献。文献表明，近100年来，中国的年地表平均气温显著增加，升温的幅度为0.5～0.8℃，相比于同期全球的平均值（0.6℃±0.2℃）略强。

③能源问题凸显：从国际能源署（IEA）发布的数据来看，在2010年，中国已经成为全球最大的能源消费国[①]。其中，建筑能耗在社会总能耗中占30%。在保证发展的前提下，如何降低建筑能耗成为解决能源问题的重中之重，同时利用风环境资源的被动式节能的方法正逐渐被人们所重视。研究表明，自然通风就是解决建筑能耗问题的重要手段，采用自然通风的办公楼几乎可降低50%的建筑能耗，因此研究城市通风问题是解决节能的关键性技术手段之一。

由于风环境"看不见，摸不着"的特点，长期以来被人们所忽视。在快速城镇化背景下，城市热岛效应不断增强，大气污染严重，雾霾天气频发，微气候环境不断恶化，导致城市与建筑能耗快速增长的趋势。因此，控制城市气流，提高城市通风效率，优化微气候环境，已成为解决这些问题的重要手段。同时，国家提出以"节约集约、生态宜居、和谐发展"为基本特征的城镇化建设道路，为满足新型城镇化背景下的新要求，需要对城市风环境优化进行研究，针对不同类型的城市形态，通过有效的城市规划与建筑设计手段，从而达到保障城市生态安全、提高城市环境品质、降低城市能耗的目标，已成为刻不容缓的任务，因此，本章研究的开展是解决城市环境问题的重要前提，研究具有重要的社会意义。

（2）改善城市微气候环境的必然途径

根据《国家人口发展战略研究报告》，到2033年，我国城镇化水平将达到65%。目前我国城镇化进程正处在加速阶段，在取得巨大成就的同时，由于城市人口不断增加和城市规划不当也产生了城市用地的无序扩张，环境与空气污染严重、通风效率低下、热岛效应加剧等城市问题。由于大量人口不断涌入城市，导致城市呈现高强度的开发与高密度的发展趋势，在城市能源消耗迅速增加的同时，相应地，城市生态环境承载力也不断增大。它不仅改变了城市建成区内部环境，甚至对城市建成区边界之外的气候环境也产生重大影响。

另外，尽管"高层、高密度、高强度"的城市开发模式容易导致城市环境问题，基于我国"人口基数大、人均土地资源不足"的基本国情，紧凑型城市发展模式仍是我国城镇化发展的必然趋势。

城市旧城区风环境优化，可以通过通风廊道引导城市内外空气交换，促进气体流动，分割城市热场，排解城市空气污染物，因此是缓解城市热岛效应的重要技术手段，在改善城市微气候过程中，将起到至关重要的作用。同时，城市公共空间风环境会影响人们的舒适性，适宜的风速和风压能够改变夏季炎热气候，而风速和风压过大的，会造成人的不适，并可能会引起危险，它会使公共空间的环境品质降低[②]。因此，风环境是与城市热环境紧密相关的重要因素，城市风道是缓解热岛效应、防止城市大气污染和提升环境品质的一种重要手段，它亟待我们通过科学的城市规划和城市建设管理，提高城市风环境的品质，达到改善城市微

---

① 范进. 城市密度对城市能源消耗影响的实证研究 [J]. 中国经济问题，2011（6）:16-22.

② 杨俊宴，张涛，谭瑛. 城市风环境研究的技术演进及其评价体系整合 [J]. 南方建筑，2014（3）:31-38.

气候的目的[①]。

　　在现状条件的制约下，通过低碳生态的规划缓解"空气污染严重、通风效率低下、热岛效应加剧"问题，提升城市环境质量，是我们现在亟待解决的重要问题，也是新型城镇化提出的"节约集约、生态宜居、和谐发展"的新要求和新挑战。因此，本章的研究具有重要的科学意义和理论价值。

　　（3）弥补规划理论研究短板的重要环节

　　城市风环境研究作为城市气候学的一个重要的新兴学科分支，主要涉及建筑学、城市规划、气象学与环境科学等多学科交叉融合的内容。从发展历程来看，我国的城市风环境研究起源于古代的"风水"学，它强调"相土尝水，象天法地"。然而，在近代规划设计中，对气候的考虑逐渐被削弱，取而代之的是以城市风玫瑰以及污染系数玫瑰来规划城市，这导致当地气候条件在城市规划和城市发展中的应用非常有限（表6-1）。

　　从学科发展层面来看，我国城市微气候学和风环境设计理论的研究明显滞后于实际需求。例如，在生态城市与绿色建筑国家和地方标准中，有关风环境的指标和规范相对空泛，内容相对贫乏，已成为理论研究的一块短板，它难以具体、深入和有效地指导低碳规划和绿色城市设计，影响了我国生态和低碳规划理论向高水平发展。具体表现在：缺乏对城市空间形态与风环境的耦合机理的综合研究，更缺乏系统性的风环境规划技术的深入探讨，也缺乏从规划视角解决城市环境生态问题的系统思维。因此，需要在现状条件的制约下，基于城市规划视角进行城市风环境问题的研究，建立科学、系统的风环境控制体系，加强城市规划、管理、建设多方面的实践。

　　城市风环境研究的目的就是吸收现有的气候学、环境科学、建筑学和城市规划理论成果，将它应用在城市规划的实践中，将定量化的气候指标转化为图式的规划设计模式语言；并从改善城市风环境的视角，对室外空间形态构成提出规范性要求，这作为城市微气候规划体系的重要组成部分，迫切需要开展研究，亟待完善相关的理论体系。

城市规划学与相关学科的研究内容比较　　　　　表6-1

学科分类	研究对象	研究尺度	研究方法
建筑学	建筑及建筑群自然通风、绿色建筑及建筑布局	建筑群及建筑单体尺度	绿色建筑评价体系、ECOTECT 软件模拟
城市规划	城市形态及城市功能布局	城市尺度	气象数据、城市风玫瑰、污染系数玫瑰
气象学、大气科学	通过气象观测和预测，计算大气边界层内的主导风向及风速动态	大气尺度、区域尺度	气象数据、大气边界层风洞、WRF 模式
环境科学与工程	城市污染物扩散、流场分布、城市空气质量等环境问题	建筑尺度、街区尺度	CFD 数值模拟、热线风速仪

　　因此，迅速开展风环境优化理论研究，是提升城市环境舒适度的需要，是城市生态安全保障的必要前提，也是弥补低碳城市规划研究短板的重要环节。

---

① 李军，荣颖. 武汉市城市风道构建及其设计控制引导 [J]. 规划师，2014（8）:115-120.

（4）提升数字技术应用水平的必要探索

在技术发展层面，随着智慧信息技术的不断发展与成熟，特别是大数据时代的来临以及智慧城市建设目标的提出，必将引领地理信息系统技术以及风环境检测技术在城市规划中的广泛运用。城市风环境的测量与模拟技术也随科技革命经历了多次技术的演替发展，实现了"实地测量法——物理模拟法——计算机数值模拟法"的变迁，这为研究风环境的评价与优化方法提供了可能性。

由于原有的实地测量方法极易受到长期观测数据获取的限制，在更大规模的城市风环境研究中，很难应用实测的风速资料。因此，当前城市旧城区的风环境研究，往往把实测的风速资料作为实际研究中的一项重要参数，与其他数字化模拟的结果进行比对与校正。而现在的研究中，广泛采用的是计算流体力学（CFD）数值模拟方法，它通过对城市形态的风环境模拟，为研究城市旧城区风环境提出具体数值，通过挖掘形态特征的参数和风环境指标数值的关联性，为深入研究城市形态与风环境的耦合关系提供可视化、图像化的全过程，为系统、科学地认识和深入了解城市风环境规律提供了有力支撑（图6-2，表6-2）。

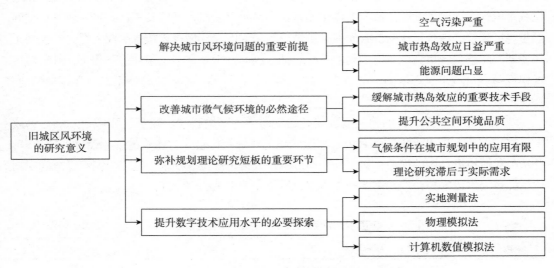

图6-2 旧城区风环境的研究意义

不同风环境研究方法的对比   表6-2

研究方法	研究阶段	优势	劣势	研究尺度
实地测量法	1930 开始	测量简单、准确收集一手资料	测试环境难控制、长期数据观测难，费用高，周期长	街区尺度
物理模拟法（风洞试验）	1960 开始	相对准确，重复性高，可设置边界条件，成本低、周期短、可控	试验设备要求高，费用高，耗时长	街区尺度、建筑群尺度
计算机数值模拟法	1990 开始	成本低、周期短，设置边界条件，允许参数研究进行评估替代设计配置	理想模式准确度不足，需要验证，大尺度模拟复杂	区域尺度、城市尺度、街区尺度

资料来源：杨俊宴，张涛，谭瑛. 城市风环境研究的技术演进及其评价体系整合[J]. 南方建筑，2014（3）：31-38.

3. 风环境优化设计相关概念界定

（1）城市微气候

城市微气候是指气候条件在城市建成环境中的局部气候，它有别于邻近的农村地区。城市微气候包括气温、湿度、风速和热辐射条件四个指标参量，能直接、敏感地反映出城市空间形态对气候的影响。一般来说，城市微气候的影响范围在水平范围1000m、高度范围100m以下，它与城市建成环境有密不可分的关系。可以说，微气候学是研究一个有限区域内的气候状况的科学（图6-3）。

（2）城市风环境

在城市环境中，由于风压差及热压差所形成的自然通风状况在城市空间中分布状态就称为风环境。城市风环境的研究区域，水平范围包括城市建成区与近郊；在垂直方向上，包括处于城市大气的对流层在内的风场。垂直方向的风场可细分为高空风场、城市冠层的风场和城市近地层风场三个不同的层次。本书研究的风环境区域为城市冠层风场及城市近地层风场两个层面（图6-4）。

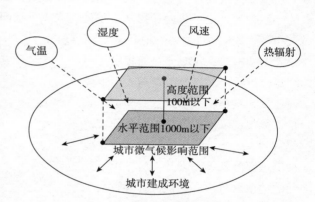

图6-3 城市微气候概念解析

（3）城市通风廊道

城市风道即城市中气流所流通的廊道，也可以称为"风道"，往往是指城市中气流阻力相对较小、连续的线状开敞空间区域。城市风道是为改善城市小气候，形成有利于城市局部地区的空气环流，保证城郊新鲜气流有效地流向城市内部的通道[1]。城市通风廊道由线状的自然和人工走廊区域构成，通常依托河流、公园、带状绿化、较宽阔道路、铁路等构成，宽度一般大于100m（图6-5）。

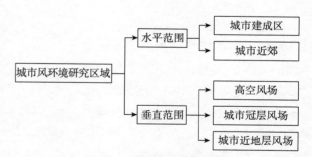

图6-4 城市风环境研究区域

（4）城市风道规划

城市风道规划是近年来兴起的专项规划，规划目的是为提升城市环境的自净效能，调节城市微气候，缓解城市热岛效应，提升城市空气质量，改善生态环境。规划内容包括风道建设的基础条

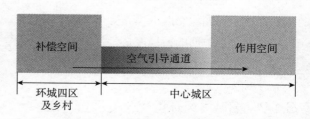

图6-5 城市通风廊道与风环境系统构成示意

---

① 李军，荣颖. 武汉市城市风道构建及其设计控制引导[J].规划师，2014（8）:115-120.

件及现状分析、风道的总体规划布局、风道建设的指引和管控要求以及风道的实施保障机制和动态维护策略等。在本书中，"城市通风廊道"的研究内容，不仅包括承接风源与风汇区的风道系统本身，还探索规划设计中如何控制和影响风道系统的风速、风量大小等方面的相关内容。

（5）城市梯度风

城市梯度风是指由于地表摩擦的作用，接近地表的风速随着与地面距离的增大而升高的现象。通常离地高度达到300～500m时，风才能够在气压梯度的作用下自由流动。城市覆盖层内的风速一般比上层风场的风速小，由于下垫面材质、植被或建筑的密度、高度的不同，导致城市覆盖层竖向范围内的风速变化的曲线不同。图6-6所示为不同地貌条件下梯度风高度的参考值。

（6）城市下垫面

城市下垫面是指地形、地貌和地表覆盖层，如土地、植被、水体等要素。城市下垫面的类型分为人工下垫面和自然下垫面。人工下垫面具有地表反射率小、蒸发率小、粗糙度大和蓄热效应强（即导热率高和热容量大）的特点，对城市热岛效应起到增温作用；自然下垫面则与人工下垫面相反，它有利于水分蒸发和带走热量，能起到降温的效果。在快速城镇化背景下，土地利用性质的改变、植被覆盖率降低等因素，都对城市下垫面的性质具有重要影响，它导致人工下垫面比重逐年递增，进而影响城市微气候的形成。

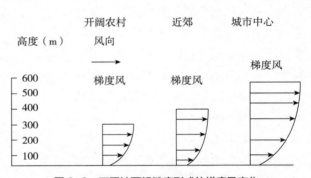

图 6-6　不同地面粗糙度形成的梯度风变化

此外，城市大量的建筑物及构筑物使城市下垫面粗糙度增大，机械湍流和热力湍流加强，风向的摆动幅度增大，导致城市中随高度变化的风廓线梯度变化。从下垫面构成性质来看，城市中心为人工下垫面，城乡结合区为人工自然混合下垫面，郊区农村为自然下垫面，三种不同性质的下垫面产生了风速轮廓线的垂直变化差异。可见，下垫面的粗糙度是影响风环境的重要因素（图6-7）。

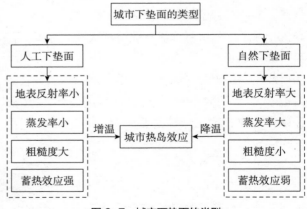

图 6-7　城市下垫面的类型

6.1.2　旧城区风环境优化的评价标准

城市旧城区风环境评价标准是旧城区风环境研究的重要内容之一。只有在确立一套合理有效的评价标准的基础上，才能确定旧城区风环境的规划设计原则，制定相应的优化策

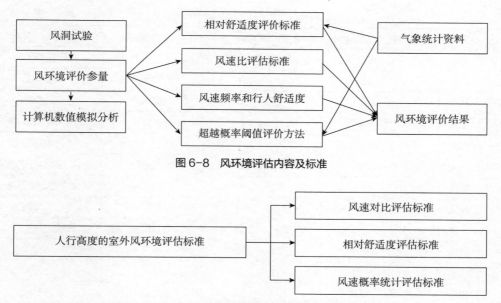

图6-8　风环境评估内容及标准

图6-9　人行高度的室外风环境评估标准

（资料来源：王宇婧. 北京城市人行高度风环境CFD模拟的适用条件研究[D]. 北京：清华大学，2012.）

略。从目前的研究成果来看，尽管国内外均对城市与建筑的风环境进行了大量研究，有不少研究成果，但在评价标准的制定方面却出现评价标准不一，定性的内容多，定量化指标少，指标比较粗放的状况，可以说，在旧城区风环境评价标准方面，仍存在大量的研究空白与缺环。为使本章的研究有一个相对合理的评价标准，有必要对这方面的内容展开讨论。

1. 有关城市风环境评价的标准

人作为风环境的感知主体，人行高度风环境是室外风环境重要的评价内容。相关文献表明，对人行高度的室外风环境评估标准有风速对比评估标准、相对舒适度评估标准以及风速概率统计评估标准三种（图6-8、图6-9）。

（1）风速等级与相对舒适度评估标准

1805年，英国的弗朗西斯·蒲福根据风对海面与地面物体的影响程度定出风力等级，称为蒲福风级（Beaufortscale、Beaufortwindscale）。按这一划分，将风力强弱划为"0"至"12"共13个等级，这也是世界气象组织目前所建议的分级。

人的舒适度与风力和风速大小有关，我国学者钱杰在风环境评价体系建立的研究中，结合蒲福风力等级划分标准，在调查问卷的基础上，增加各级风力对人体影响的内容，为研究风力大小与人体舒适度的相互关系奠定了一定的基础（表6-3）[①]。

[①] 钱杰，基于CFD的建筑周围风环境评价体系建立与研究［J］. 浙江建筑，2014（1）:1-5.

蒲福风力等级与对人体影响分析　　　　　　　　　　表6-3

风级	名称	10m 高处风速（m/s）	1.5m 高处风速（m/s）	陆地地面物象	对人体的影响
0	无风	0.0 ~ 0.2	0.0 ~ 0.1	静烟直上	无感、闷促
1	软风	0.3 ~ 1.5	0.1 ~ 1.0	烟示风向	不易察觉
2	轻风	1.6 ~ 3.3	1.0 ~ 2.1	感觉有风	扑面的感觉
3	微风	3.4 ~ 5.4	2.1 ~ 3.4	旌旗展开	头发吹散
4	和风	5.5 ~ 7.9	3.4 ~ 5.0	吹起尘土	灰尘四扬
5	劲风	8.0 ~ 10.7	5.0 ~ 6.7	小树摇摆	为陆上风容许的极限
6	强风	10.8 ~ 13.8	6.7 ~ 8.6	电线有声	张伞难，走路难
7	疾风	13.9 ~ 17.1	8.6 ~ 10.7	步行困难	走路非常困难
8	大风	17.2 ~ 20.7	10.7 ~ 12.9	折损树枝	无法迎风步行
9	烈风	20.8 ~ 24.4	12.9 ~ 15.2	小损房屋	—
10	狂风	24.5 ~ 28.4	15.2 ~ 17.7	拔起树木	—
11	暴风	28.5 ~ 32.6	17.7 ~ 20.3	损毁重大	—
12	飓风	32.7 ~ 36.9	20.3 ~ 23.0	损毁极大	—

资料来源：王英童. 中新生态城城市风环境生态指标测评体系研究[D]. 天津：天津大学，2010.

相对舒适度评估标准是根据不同活动类型、不同规划区域、不同的风发生频率等因素进行舒适度等级划分的评价标准。例如，某些地方偶尔会产生很强的风力，但是由于频次较低，所以人们觉得它可以被接受；某些地方因为需要从事某种特定活动，虽然风速不大，但是风频次高，对风环境要求较高，因此舒适度偏低，被定义为不能接受。界定不同程度的风环境相对舒适度准则，具体情况如表6-4所示[①]。

风速概率数值评估法（Davenport据蒲福风级所做的相对舒适度评价标准）　表6-4

活动类型	活动区域	相对舒适度（BEAUFORT 指数）			
		舒适	可以忍受	不舒适	危险
1 快步行走	行人道	5	6	7	8
2 散步、溜冰	停车场、入口、溜冰场	4	5	6	8
3 短时间站或坐	停车场、广场	3	4	5	8
4 长时间站或坐	室外	2	3	4	8
可以接受的标准（发生的次数）			<1次／周	<1次／月	<1次／年

注：相对舒适性标准由蒲福风力等级表示
资料来源：王英童. 中新生态城城市风环境生态指标测评体系研究[D]. 天津：天津大学，2010.

（2）风速比公式与相关评估标准

风速比的评估是以基地内的风速与某一风向的风速大小的比值作为衡量指标，并判定风速放大系数是否已到某一极限的考察方法，并据此评估风环境质量。由于风速比反映的是因

---

① 钱杰. 基于 CFD 的建筑周围风环境评价体系建立与研究 [J]. 浙江建筑，2014（1）:1-5.

建筑的存在而引起风速变化的程度[1]，在一定风速范围内风速比是一定的，并不随来流风速而改变，作为无量纲的参数，更加有利于讨论不同区域、不通风速的室外风环境的舒适性。风速比定义为

$$R_i = V_i/V_0 \qquad\qquad (6-1)$$

式中，R_i——风速比，反映由于建筑物的实际存在而引起风速变化的大小程度；V_i——流场中i点方位上人行高度处的平均风速（m/s）；V_0——行人高度处没有受到干扰气流的平均速度，一般取初始气流速度（m/s）。

根据公式（6-1）可以转换为公式（6-2），它是计算建筑环境中第i点位置在1.5m高度处的风速比公式

$$R_i = V_{i1.5}/V_{1.5} \qquad\qquad (6-2)$$

式中，$V_{i1.5}$为建筑场所中第i点方位上1.5m人行高度处的实际气流速度；$V_{1.5}$为地面同高度处没有受到干扰来流的气流速度。

这样，即可计算出建筑实物中第i点位置的风速

$$V_{i1.5} = V_{1.5} \cdot R_i \qquad\qquad (6-3)$$

而人在该位置所受到的风力为

$$F_i = (0.5\rho V_{i1.5}^2)\mu S = 0.5\rho V_{1.5}^2 R_i^2 \mu S$$

式中，μ——力系数；S——行人受风面积；ρ——空气密度。

当来流风速及受风面积一定时，F_i与R_i的二次方成正比。因此，可用场地风速比分布图和风玫瑰图，作为评估人行高度处风环境的标准。例如，某一风向会在某区域人行高度处产生较大的风速，而这一风向又是频率较大的风向，则该区域的风环境较差[2]。

（3）风速概率统计与评估标准

该标准是以瞬时风速和平均风速的大小，评价风速与人体舒适度之间的数值关系。Kdeguchis和Murakami根据人的不同的行为，提出评判风环境舒适性的标准，他们认为：当人坐着时，风速应小于5.7m/s；当站着时，风速应小于9.3m/s；当人行走时，风速应小于13.6m/s。如果风速在80%的时间能达到上述条件，同时，每年出现的风速大于26.4m/s的次数没有超过3次，便能满足坐、站立以及行走的安全及舒适条件（表6-5）。

行人的舒适感和风速的关系 表6-5

风速（m/s）	人的感觉
$1 < V < 5$	舒适度高
$5 < V < 10$	舒适度较差，行动受阻
$10 < V < 15$	舒适度差，行动严重受阻
$12 < V < 20$	无法忍受
$20 < V$	危险

2014年，钱杰提出在夏季与过渡季时水平平均风速的风环境评价与得分表（表6-6），

---

① 苑蕾. 概念设计阶段基于风环境模拟的建筑优化设计研究 [D]. 青岛：青岛理工大学，2013.

② 刘朔. 高层建筑室外气流场的数值模拟研究 [D]. 哈尔滨：哈尔滨工业大学，2007.

并提出冬季相应的评分标准（表6-7）。

水平平均风速得分（夏季与过渡季）　　　　　　表6-6

编号	水平平均风速范围（m/s）	表征现象	评分（夏/过渡）
1	0 ~ 0.1	无风、行人感到闷促	0/0
2	0.1 ~ 0.3	风速过低、热堆积无法利用自然通风	20/40
3	0.3 ~ 1.2	风速低，污染物及时扩散困难，建筑正背面平均压差低于1Pa/m²	40/60
4	1.2 ~ 1.9	风速低，建筑正背面平均压差处于1 ~ 2Pa/m²	60/80
5	1.9 ~ 3.0	风速适宜，建筑正背面平均压差大于2Pa/m²，有利于自然通风	100/100
6	3.0 ~ 4.0	风速大，建筑周围人行高度局部出现"劲风"	70/60
7	4.0 ~ 5.1	风速过大，局部出现"强风"，水平平均风速没有达到"劲风"	50/40
8	5.1 ~ 6.7	平均水平风速达到"劲风"，局部出现"强风""疾风""大风"	30/20
9	>6.7	水平平均风速达到或超过"强风"	0

资料来源：钱杰. 基于CFD的建筑周围风环境评价体系建立与研究[J]. 浙江建筑，2014（1）：1-5.

水平平均风速得分（冬季）　　　　　　表6-7

编号	水平平均风速范围（m/s）	表征现象	评分
1	0 ~ 0.1	无风、行人感到闷促	0
2	0.1 ~ 0.3	风速过低、污染物无法及时扩散	20
3	0.3 ~ 0.5	风速过低、污染物无法及时扩散	40
4	0.5 ~ 1.2	风速低，建筑正背面平均压差处于0.5 ~ 1Pa/m²	60
5	1.2 ~ 1.9	风速适宜，建筑正背面平均压差处于1 ~ 2Pa/m²	100
6	1.9 ~ 2.4	建筑正背面平均压差处于2 ~ 4Pa/m²，冷风渗透	80
7	2.4 ~ 3.0	建筑正背面平均压差处于4 ~ 6Pa/m²，冷风渗透严重	60
8	3.0 ~ 4.0	建筑周围人行高度局部出现"劲风"	40
9	4.0 ~ 5.0	局部出现"强风"，水平平均风速没有达到"劲风"	20
10	>5.0	水平平均风速达到"劲风"，局部出现"强风""疾风"	0

资料来源：钱杰. 基于CFD的建筑周围风环境评价体系建立与研究[J]. 浙江建筑，2014（1）：1-5.

这些评价标准的建立，为本章对风环境的分析与评价提供了一定的参考依据。目前，我国的旧城区风环境评价标准一般在绿色建筑评价标准中有所涉及，但是仅仅对夏季与冬季的风压和风速有所限制。对风速而言，只有不大于5m/s的上限。这一标准实际上太宽泛，未考虑人们在湿热地区对夏季低风速不舒适感，更未考虑低风速对排污与防霾的不利因素。因此，有必要在科学研究的基础上，提出更为科学合理的风环境评价体系。

（4）人体舒适度的炎热与风冷指标

环境气象条件是对人体舒适度有重要影响的因素。人体舒适度是从气象角度，对个体或一定数量的人群感受外界气象环境时所得到的是否舒适感觉，以及对该感觉程度大小的评价指标。它反映的是气温、气流和湿度等气象要素对人体的综合作用。舒适感对人群的生活和健康有直接的影响。影响人们健康的气象条件的好坏，可以用舒适日天数的多少来进行评价。

科研人员通过长期研究和大量实践，提出了反映人体舒适度的各种指标，其中包括体感温度、实测温度、相对湿度，以及冷力指数、不舒适指数、炎热指数等。因此，借鉴上述舒适度指数研究成果，本书拟在风环境研究中，根据不同季节采用不同的评价指数，即在夏季采用炎热指数反映舒适度，冬季采用风冷力指数，春秋季则采用实感温度。其计算公式如下。

风冷力指数

$$q = (10\sqrt{v} + 10.45 - v)(33 - t)$$

实感温度

$$ET = 37 - (37 - t)/[0.68 - 0.14RH + 1/(1.76 + 1.4v0.75)] - 0.29(1 - RH)$$

炎热指数

$$k = 1.8t - 0.55(1.8t - 26)(1 - 26) - 3.2\sqrt{v} + 32$$

式中，t为日平均温度；V为日平均风速；RH为日平均湿度；q为风冷力指数；ET和k分别为实感温度和炎热指数[①]。

根据人们对舒适度感受程度差异，舒适度指数可以分为5个评价等级，具体内容如表6-8所示。

不同舒适度指数范围及人体感觉程度 　　　　　　　　　表6-8

风冷力指数		实感温度		炎热指数	
指数范围	人体感觉	指数范围	人体感觉	指数范围	人体感觉
$1200 \leqslant q$	极冷不舒适	$27 \leqslant ET$	极热不适	$85 \leqslant k$	酷热极不适
$1000 \leqslant q < 1200$	很冷不舒适	$24 \leqslant ET < 27$	热不适	$70 \leqslant k < 85$	热不舒适
$800 \leqslant q < 1000$	冷不舒适	$10 \leqslant ET < 24$	舒适	$55 \leqslant k < 70$	舒适
$600 \leqslant q < 800$	凉不舒适	$0 \leqslant ET < 10$	凉不舒适	$40 \leqslant k < 55$	凉不舒适
$q < 600$	舒适	$ET < 0$	冷不舒适	$k < 40$	冷不舒适

资料来源：李云平. 寒地高层住区风环境模拟分析及设计策略研究[D]. 哈尔滨：哈尔滨工业大学，2007.

（5）综合性舒适度评价标准

香港中文大学教授吴恩融（Edwardng）所领导的研究团队，通过大量的实地测量及数据分析，研究香港地区春季和夏季室外人体舒适度与风速、空气温度和太阳辐射强度三者的关系，并绘制出舒适度区间图（6-10），得出在不同人的行为模式下，以及在不同室外空气温度和太阳辐射强度的条件下，人体对风速的舒适度差异。

---

① 李云平. 寒地高层住区风环境模拟分析及设计策略研究 [D]. 哈尔滨：哈尔滨工业大学，2007.

2．生态安全和污染防治为准则的指标体系

（1）生态城市的风环境评价标准

在中新生态城城市的研究课题中，天津大学马剑及王英童提出了风环境生态指标测评体系，并提出生态城市风环境指标的八个因素，包括户外行人活动区域的风速大小的指标、城市热岛区与城市污染区风速指标、生态景观区的风速指标等内容[①]。

同时，他们将这八类城市风环境生态指标进行了汇总，在综合考虑风环境安全、风与热舒适度、风速对热岛效应、空气污染扩散和扬尘等影响因素的基础上，用理想下限值、理想上限值、警戒下限值以及警戒上限值这四组数值表示其阈值范围，对两类指标进行了内涵的界定（表6-9）。

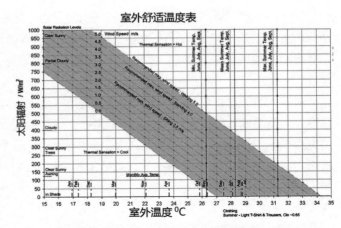

图 6-10　室外风速、温度、太阳辐射与人体舒适度的对应关系

（资料来源：引自Edward Ng, Vicky cheng: Urban human thermal comfort in hot and humid Hong kong, Energy and Building55 (2012)51-65）

城市风环境生态指标汇总　　　　　　表 6-9

指标类别	指标简写	指标名称	警戒下限值	理想下限值	理想上限值	警戒上限值	指标说明
控制性指标	EIUWE-1	户外行人活动区风速指标			5m/s	7.3m/s	对户外行人集中区域采用理想上限值；对户外行人非集中的区域或污染物浓度较高的区域采用警戒上限值；指标值为距地1.5m高度处风速值
	EIUWE-2	城市污染区风速指标	1m/s			7m/s	各类用地风速以接近警戒上限值为宜；指标值为距地面10m高度处风速
	EIUWE-3	城市热岛区风速指标	2m/s	3.5m/s 或 4m/s			对于日平均风速不足3.5m/s地区，采用警戒下限值；冬季可不考虑此指标
	EIUWE-4	生态景观区风速指标	春季：3.15m/s；夏季：3.09m/s；秋季：3.03m/s；冬季：3.22m/s				生态景观区的风速以接近各季节理想风速值为宜，不宜偏离过大；指标值为距地面10m高度处风速
	EIUWE-5	生态景观廊道宽度指标	30m	40m	100m		生态景观廊道宽度接近理想上限值时，宜把绿化带分成若干窄条布置

[①]　王英童．中新生态城城市风环境生态指标测评体系研究 [D]．天津：天津大学，2010．

续表

指标类别	指标简写	指标名称	警戒下限值	理想下限值	理想上限值	警戒上限值	指标说明
控制性指标	EIUWE-6	风能利用指标	有效风能密度 150 W/m², 且年平均风速 3m/s				符合警戒下限的城市,特别是新的生态城应合理利用风能,同时考虑城市美学效果与新能源利用方式,提倡景观风电一体化,建筑风电一体化及光电一体化等先进的风能利用方式
建议性指标	EIUWE-7	城市绿地形态指标					建议城市绿地采用立体多层次的绿化手段,提高乔木、灌木及草的复合型绿地面积比例;建议采用非规划形状绿地形式增加绿地边缘长度
	EIUWE-8	城市裸地率指标					在城市建设与维护时,除了施工用地以及特殊功能的沙地外,要杜绝裸地产生

资料来源:王英童. 中新生态城城市风环境生态指标测评体系研究[D]. 天津:天津大学, 2010.

（2）基于城市旧城区风灾防控的评价标准

风灾,指的是由于暴风或飓风所造成的灾害,它属于城市极端气候范畴。风灾与风力和风速大小以及风向、风频等有密切关系,但一般以风速的大小作为评价标准[①]。一些学者根据风灾发生的空间范围,绘制了风灾地域分区图。在风灾的地区分布图中,主要反映的是风速的地区分布,在风速越大的地区,风的破坏力越大,风灾就越严重。反之亦然。

在风灾等级中,大都采用蒲福风力等级标准。风灾的等级一般划分为3级:①大致相当于6~8级的一般性大风,它的主要破坏对象为农作物,难以对工程设施造成破坏性的后果;②相当于9~11级的较强大风,除对林木和农作物有破坏作用外,也会不同程度地破坏工程设施;③相当于12级及以上的特强大风,不仅会损毁林木和农作物,而且会对工程设施及船舶、车辆造成严重破坏,并严重地威胁人员的生命安全（表6-10）[②]。

风灾的等级划分　　　　　　　　　　　表6-10

风灾等级	蒲福风力等级	破坏对象	破坏程度
一般性大风	6~8级	农作物	难于对工程设施造成破坏性的后果
较强大风	9~11级	农作物、林木、工程设施	不同程度的破坏林木、农作物、工程设施
特强大风	12级及以上	农作物、林木、工程设施、船舶、车辆等	损毁林木和农作物,且会对工程设施及船舶、车辆造成严重的破坏,并严重地威胁人员的生命安全

---

① 互联网文档资源:http://www.360doc.co.

② 韩中庚. 自然灾害保险问题的数学模型 [J].数学建模及其应用, 2013, 2（Z1）:46-53.

（3）空气污染防治的风速控制性指标

城市风环境影响和决定着污染物在大气中的输送和扩散，对避免空气高浓度污染具有重要作用。据相关研究，当污染源排放污染物速率一定的情况下，风速是影响空气质量优劣的关键因素。其中，总悬浮微粒（total suspended particulate，TSP）、SO_2、NO_2作为衡量空气污染的重要指标，在静风环境即风速≤1m/s时，上述三种污染物的平

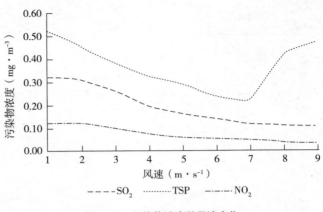

图6-11　污染物浓度随风速变化

均浓度将会达到峰值，并与风速呈负相关现象，即随风速的加大，污染物的浓度将会减小；但当风速达到7m/s左右时，TSP浓度不减小反而会增大，风速与TSP开始变为正相关，即TSP浓度随风速增大而增大，这是由于大风导致扬沙所致，它增加了大气中颗粒物的含量，并导致TSP浓度增加（图6-11）。

3. 国家与地方的风环境设计标准及规定

我国现有的评价标准中，涉及风环境相关内容的有住房和城乡建设部颁布的《民用建筑绿色设计规范》（JGJ/T 229-2010）、《城市居住区规划设计规范》（GB 50180-93）、《中国生态住宅技术评估手册》《绿色奥运建筑评估体系》及国内建筑节能评估标准和《民用建筑供暖通风与空气调节设计规范》（GB 50736-2012）等。

在上述规范中，对风环境的相关规定均比较粗放，如《民用建筑绿色设计规范》中规定：在建筑周边的行人区高度1.5m处，风速应小于5m/s；建筑前后的压差在冬季应保证不大于5Pa；同时，75%以上的板式建筑在夏季应保证前后压差为1.5Pa，并避免局部出现通风死角和漩涡，并使室内可以有效地自然通风[①]。江苏省制定的《江苏省绿色建筑设计标准》（DGJ 32/J 173-2014）中，也对风环境提出类似的规定[②]。

2013年，我国住房和城乡建设部发布了《城市居住区热环境设计标准》（JGJ 286-2013），并从2014年3月1日开始实施的公告。在这一公告中，住房和城乡建设部规定了必须

[①] 蒋新波，陈蔚，廖建军，等，南方城市小区风环境模拟与分析 [J]. 建筑节能，2012（4）:15-18，22.

[②] 《江苏省绿色建筑设计标准》（DGJ 32/J 173-2014）中提出：1）建筑规划布局应营造良好的风环境，保证舒适的室外活动空间和室内良好的自然通风条件，减少气流对区域微环境和建筑本身不利影响，营造良好的夏季和过渡季自然通风条件。2）建筑布局宜避开冬季不利风向，并宜通过设置防风墙、板，以及防风林带、微地形等挡风措施阻隔冬季冷风。3）建筑规划布局应根据典型气象条件下的场地风环境模拟进行优化。冬季典型风速和风向条件下建筑物周围人行区风速应小于5m/s，且室外风速放大系数应小于2，除迎风第一排建筑外，建筑迎风面与背风面表面风压差不应大于5Pa；过渡季、夏季典型风速和风向条件下的建筑50%以上可开启外窗的室内外表面的风压差应大于0.5Pa，场地内人活动区不应出现漩涡或无风区。

严格执行关于通风的第4.1.1强制性条文。

其中，第4.1.1条是关于不同气候区中居住区的夏季平均迎风面积比限值的规定①，强调不同气候区的居住迎风面积比必须符合表6-11、表6-12的规定。

各建筑气候区的夏季平均迎风面积比限值　　　　表6-11

建筑气候区	Ⅰ、Ⅱ、Ⅵ、Ⅶ建筑气候区	Ⅲ、Ⅴ建筑气候区	Ⅳ建筑气候区
平均迎风面积比	≤ 0.85	≤ 0.8	≤ 0.7

资料来源：城市居住区热环境设计标准：JGJ 286-2013［S］. 北京：中国建筑工业出版社，2013.

国家与地方有关室外风环境的评价标准与内容　　　　表6-12

规定内容	国家《绿色建筑评价标准》	国家《城市居住区热环境设计标准》	《重庆绿色建筑设计标准》	《北京绿色建筑设计标准》	《江苏绿色建筑设计标准》	《天津中新生态城绿色建筑设计标准》
冬季建筑周围人行区风速	●	—	—	—	●	—
冬季室外风速放大系数	●	—	—	—	●	—
冬季建筑迎风面与背风面表面风压差	●	—	—	—	●	—
夏季、过渡季场地漩涡和无风区	●	—	—	—	●	—
夏季、过渡季可开启外窗室内外表面的风压差	●	—	—	—	●	—
通风开口面积与房间地板面积比例	—	—	—	●	—	●
通风窗口面积与开窗墙面面积比例	—	—	—	●	—	●
居住区建筑布局模式	—	●	●	●	●	—
居住区围墙通风标准	—	—	—	●	—	—
建筑面宽与建筑底层通风架空率	—	●	—	●	●	—
夏季平均迎风面积比	—	●	—	—	—	—
风环境模拟与其他技术模拟检测	—	—	●	●	●	●
建筑室内通风设计措施	—	—	—	—	—	●
地下室通风设计要求	—	—	—	●	—	●
主要功能房间换气次数	—	—	—	—	—	●

注：●表示内容有所涉及。

---

① 迎风面积是指建筑物在某一风向来流方向上的投影面积，以它近似地代表建筑物挡风面的大小。当风向不变，随着建筑的旋转总能够有一个最大的迎风面积，但这个最大迎风面积不一定是实际迎风面积，所以称为最大可能迎风面积。最大可能迎风面积是一个只与建筑物设计体量有关的量，与风向无关。

迎风面积与最大可能迎风面积之比称为迎风面积比。它是一个大于 0 且小于 1 的值，当建筑物是圆形平面时近似等于 1。迎风面积比越小对风的阻挡面越小，越有利于环境通风。城市居住区热环境设计标准：JGJ 286–2013［S］. 北京：中国建筑工业出版社，2013.

4．本章的风环境评价内容和相关指标

以上各种评价标准对本章介绍的评价具有一定的指导意义。但是，应该看到，现有的国家与地方颁布的评价标准所规定的内容比较宽泛，无法应对我国各种气候条件下的具体情况。

实际上，影响城市旧城区风环境的不只局限于风速、风压等指标。例如，局部的漩涡不利于污染气体的排放和稀释，不同的季节、温度、地域对风速的要求也应有所区分。所以，笔者认为：应结合规划的实际情况，从人体舒适度、节能环保、空气质量与安全防灾等综合视角评价风环境，并建立包含定性与定量化指标，提出包括"风速、风压、风速比、风速离散度"等指标体系，同时，应考察"强风区面积比、静风区面积比、风速频率"等多项定量化指标的综合性评价内容（图6-12）。

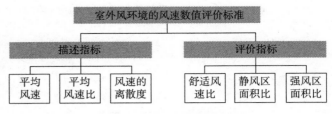

图6-12　室外风环境评价策略

（1）本章选取的评价标准

综上所述，本章采取风环境评价指标，从综合舒适度、空气污染防治以及安全防灾等视角，并参考我国现行标准规范，选取的评价标准如（图6-12）。

①人行高度处风速。

由于风速低于1m/s时，行人基本感受不到风，对于这一风速，也许除了对严寒与寒冷地区外，对于许多城市可能并不太合适，尤其在湿热地区或雾霾大的城市更是如此。该风速下的城市街区可以称为静风区，静风区不仅排污不利，而且对缓解热岛效应不利。

可以认为，在1～5m/s风速区间，风环境比较舒适，并可把5m/s作为人行高度处风速舒适的上限；当处于5～7.3m/s风速区间时，属不舒适的范围，但仍对人正常活动影响不大；超过7.3m/s已影响人们正常活动。同时，还可将地块平均风速作为反映城市地块内的总体风速快慢的另一指标。

同样，根据风速与舒适度并结合污染物浓度的变化特点，可以制定城市污染区域的风速控制指标，即划定警戒下限值为风速1m/s，警戒上限值为风速7.3m/s。因此，这就对城市风速提出了控制性的要求，首先需要避免风速＜1m/s的静风情况出现，防止高浓度污染；其次，结合人体舒适度提出的5m/s的风速标准，应对不同性质用地的风速标准加以区分：居住用地、文娱用地、科研用地、行政办公用地、绿化公园用地等污染较小，户外行人活动较多，采用户外行人活动区风速控制性指标理想值在

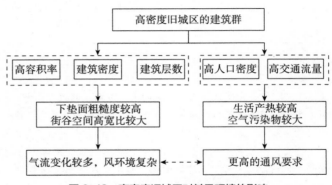

图6-13　高密度旧城区对其风环境的影响

0.5m/s＜V＜5m/s；对于工业用地、道路用地（机动车密集区）等污染严重区域，以及医疗用地对空气质量要求较高的区域，建议风速控制的区间以1m/s＜V≤7.3m/s为宜（表6-13）。

城市街区人行高度风环境评价风速指标　　　　　表 6-13

风速（m/s）	舒适度级别
0 ≤ V＜1	风阴影区
1＜V ≤ 5	舒适（5m/s 为舒适上限）
5＜V ≤ 7.3	不舒适，但正常活动不受影响（7.3m/s 为警戒上限）
7.3＜V ≤ 15	不舒适，行动受影响
15＜V ≤ 20	不能忍受
20＜V	危险

资料来源：王宇婧. 北京城市人行高度风环境 CFD 模拟的适用条件研究[D]. 北京：清华大学，2012.

②建筑前后风压差。

风压过大，将不利于冬季保温；而过小的风压，则造成不利于过渡季自然通风的现象。根据"夏季通风、冬季防风的原则"以及《民用建筑绿色设计规范》规定：除了前排建筑外，应满足建筑前后冬季的风压差小于5Pa；在夏季，应满足75%以上的板式建筑的前后有1.5Pa的风压差。同时，应防止建筑出现通风死角和局部漩涡，保证室内能有效自然通风。

③漩涡个数及涡流范围。

局部的漩涡不利于有害气体的排放和稀释，规划中应尽量避免涡流的产生，研究选取漩涡个数、漩涡平均范围（涡流总影响范围÷涡流个数）、最大涡流范围、最小涡流范围对模拟中的涡流进行定量化描述①。

④静风区面积比。

无风区、静风区会造成体感闷热，空气污染物浓度高而无法排出等问题，不仅对湿热地区不利，也对有排污与防霾的地区不利，因此，应当对静风区面积比做一定的规定。

因此，本研究静风区界定为1.5m高度处风速在0～1m/s的区域。并将在后面CFD分析中选用静风区面积、静风区面积比描述风环境，其中，静风区面积比指地块内静风区的面积与整个地块内的空间面积之比。

⑤强风区面积比。

强风区指的是在城市空间中，风速大于某一数值就会使人产生不舒适感，甚至会产生灾害的区域。强风区面积比是该地块内的强风区面积与整个地块面积之比。根据国内外学者对人体舒适度的相关研究，5m/s的风速已经开始对地面活动人群有比较明显的影响，尤其是在北方地区寒冷的冬季，这种影响更加明显。根据相关标准，本章将强风区定义为风速大于7.3m/s的区域。

⑥风速分布离散度。

风速分布离散度是指地块内的风速分布是否均匀的一项指标。在城市环境中，由于受到

① 钱杰. 基于 CFD 的建筑周围风环境评价体系建立与研究 [J]. 浙江建筑，2014（1）:1-5.

建筑的影响，可能在很小的空间范围内风速差异就会有较大，当这种差异较大时，将会影响人们的舒适度。在统计学中，往往用数据标准差来反映某个数据集的离散程度，同样，可以用环境中各类风速区面积比率的标准差，去描述某地块风环境的离散度的大小。离散度越大，风速分布就越不均匀，就越形成涡流区；离散度越小，说明风速分布越均匀，风环境越好[①]。因此，它也是风环境评价的一项重要指标。

⑦风速放大系数。

风速放大系数是指某一区域内风速与来流风速的比值。评价某一建筑区域时，如果在某一风向下，该区域人行高度处的风速放大系数较大，且这一风向与风频较大的风向相对应，即可认为该处的风环境较差。本章采用人行高度的风速放大系数不大于2.0的标准。

（2）评价视角与评价要点

在对后面章节风环境模拟结果的分析中，将采用以上标准来进行评价。具体说来，将选取"风速、风压、强风面积比、静风面积比、强风发生区域、舒适风面积比、静风发生区域、涡流个数、涡流影响范围、风速比"等标准参量进行对比，总结出其夏季、冬季风环境特点及居住模块的优势、劣势、最佳风向角度及一般情况下的气候区适用范围等内容。

6.2 旧城区多元尺度风环境分析与优化方法

6.2.1 旧城区空间肌理与风环境耦合优化方法

1．密度的概念与高密度城市的发展背景

"密度"不同的研究领域有不同的定义，在规划领域主要包括人口密度与建筑密度。在建筑密度指标中，包括容积率和建筑覆盖率。在快速城镇化发展阶段，我国城市人口剧增、土地资源紧张，成为城市建设面临的重要问题。

在这种情况下，传统的粗放型城市发展模式难以适应当前的需求，应由粗放型开发向集约型开发演变，而高层建筑作为城市高强度开发的一种产物，反映城市由水平向垂直发展的趋势，高密度的城市形态已成为我国城市发展的必然选择。

2．不同密度城区特点与高密度风环境特征

高密度功能区包括高密度中心区、高密度住宅区、高密度办公区等。所谓高密度城区，一般是指容积率、建筑密度、人口密度、建筑高度都比较高的功能片区。

高密度城区的空间形态，体现在粗糙度、街谷空间高宽比、建筑密度等要素中。例如，街谷空间是城市主要风道，同时也是城市风环境控制的重要内容之一。在街区与建筑群层面，高层建筑的布局对建筑风环境舒适度有决定性的影响。

---

① 叶钟楠，陈懿慧．风环境导向的城市地块空间形态设计——以同济大学建筑与城市规划学院地块为例 [C]//2010城市发展与规划国际大会论文集，2010.

　　伴随城市化进程的不断加快，城市规模不断扩大的同时，城市密度也不断增加。从建筑密度与微气候关系来看，它对风环境有很大影响。建筑密度大，意味着风在城市中流动时的障碍物也就越多，使风的流线更加复杂，容易产生涡流、静风等不利风场。总体来说，建筑密度与风速呈反比，即建筑密度越大，风速越小。而且气象观测资料表明，与其他影响城市风环境的因素相比，建筑密度主要影响的是人行高度的风环境。因此，控制建筑密度是进行风环境优化设计的一项主要内容（表6-14）。

不同密度区粗糙度及高宽比 表6-14

项目	特征概述	城市形态	粗糙度	街谷空间高宽比	建筑密度
高层高密度区	高度开发的城市核心区域，高层建筑紧凑布局，建筑密度大，如 CBD		8	> 3	>50
高密度城市中心区	开发强度较大的城市中心区，新旧建筑、高层多层建筑交互且紧凑布局		7	1.5 ~ 3	>50
城市居住区	开发强度中等的城市内部居住区及其配套服务区，以多层建筑为主		7	1 ~ 2	>25
低层高密度区	中等开发强度，以多层、低层大型建筑为主，建筑密度大，如商场、工业仓储		5	< 1	>60
郊区居住区	开发强度较低的郊区居住区、度假区，以多层、低层建筑为主，建筑密度低		6	< 1	< 30
点状集聚区	整体强度较低，局部建筑集聚的中低建筑密度区域，如高教区、空港		5	< 1.5	< 40

　　高密度旧城区的建筑群改变了城市环流和下垫面粗糙度等性质，密集的建筑物使城市热环境发生显著变化，它阻碍了空气的流通，使风速降低和热量难以扩散①。

　　根据北京市气象资料显示，北京市的风速分布情况基本和建筑密度分布趋势一致，风速等值线呈同心圆式向内一次减小。城市外围风速较大，越往城市中心区风速越小。而在城市中心区，青年湖、天安门、天坛地区风速更小，原因是这些地区建筑密度较高。

　　高密度旧城区的空间特征为其风环境带来直接影响，高容积率、建筑密度、建筑层数导致下垫面粗糙度较高、街谷空间高宽比较大，使得各种气流变化较大，风环境更加复杂；高人口密度、交通流量使得高密度城区空间生活产热较高，空气污染物较多，通风要求更高。

　　同时，高密度对城市热岛效应有一定影响，建筑密度越高、开发强度越大，越容易形成热力聚集，形成热岛中心。据研究，建筑覆盖率每提高10%，城市气温就上升

---

① http://baike.baidu.com/view/368438.htm.

0.14～0.46℃；容积率每提高10%，城市气温上升0.04～0.10℃。

这是由于密集的建筑群形成一个立体下垫面层，造成通风不畅，热量不易散发。其中，墙壁、屋顶、路面等在日光下形成复杂的反射面，日光经过多次的反射，使建筑吸热量增加，温度升高，城市热岛效应加剧。日本学者指出，风速在1m/s以下时，城市热岛强度与建筑密度大致呈线性关系，其计算公式为：$\Delta Tu\text{-}r = 0.95 + 0.16X$，其中，$\Delta Tu\text{-}r$为城区与郊区气温的差值，$X$为观测区100m^{2}范围内的建筑密度。如果建筑密度增加10%，城乡温度差将增加0.16℃[①]。

因此，在居住区规划中，合理控制建筑密度，一般不宜超过40%，根据不同的气候分区，住宅建筑净密度推荐指标如表6-15所示。

不同气候区住宅建筑净密度推荐指标　　　　　　　　表6-15

住宅层数	建筑气候划分		
	Ⅰ、Ⅱ、Ⅵ、Ⅶ	Ⅲ、Ⅴ	Ⅳ
低层	30	35	40
多层	25	28	30
中高层	22	25	28
高层	18	18	20

资料来源：柳孝图，陈恩水，余德敏，等. 城市热环境及其微热环境的改善[J]. 环境科学，1997（1）：55-59.

高密度旧城区空间变化较大，风速差异明显，主要原因是街道的宽度、大小、走向以及沿街建筑不同，造成得热不同，局部的温差在静风或低风速条件下，在城市内部形成了局部的热力环流；同时，盛行风在城市内受到建筑物的阻挡，产生气流升降等现象，使局部的风环境复杂化。高密度旧城区风环境存在的主要问题表现在：平均风速小，风向不规则。由于风在城市中受到地面摩擦力比郊区大，因此，一般来说风速要小于盛行风速，同时在建筑阻挡下产生局部的漩涡，这对于热量的疏解不利。同时，出现在高大建筑周边的强风会危及行人安全，并造成建筑物及环境破坏（图6-14）。

由此可见，针对高密度旧城区复杂的风环境特征，需要通过CFD模拟等技术手段，总结不良风速风压区域分布规律，分析不良风环境产生的原因，进而提出有利于改善风环境的高密度城区空间优化策略。

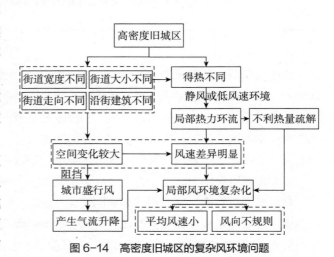

图6-14　高密度旧城区的复杂风环境问题

① 柳孝图，陈恩水，余德敏，等. 城市热环境及其微热环境的改善[J]. 环境科学，1997（1）：55-59.

3. 高密度旧城区的风环境优化对策

　　高密度旧城区的风环境由于缺乏外部空间，热负荷大，因此，对于湿热地区的城市来说，引风主导降温或引风除湿型的风环境优化策略尤为必要。它主要包括以下内容。

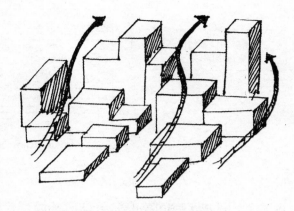

图6-15　高、中、低的立体通风策略
（资料来源：李军，黄俊. 炎热地区风环境与城市设计对策——以武汉市为例[J]. 室内设计，2012（6）：54-59.）

　　①在城市层面，应尽量采用多中心、网络式城市结构；在片区层面，应考虑分布式高层建筑群布局模式，避免高密度积聚的团块式的空间结构。

　　②采用中间高两边低、过渡自然的城市天际轮廓线，避免洼地式的竖向空间布局，控制高层建筑群在城市空间中的分布，科学布置高度分区，形成高、中、低立体化的通风廊道，如图6-15所示。

　　③合理组织高密度旧城区的通风廊道系统，通过高密度街区中绿化与开放空间的合理组织，形成主风道、辅风道与微风道相结合的风道网络系统。大尺度街区缺乏促进气流渗透的"毛细血管"，因此，为增大高密度街区通风效率，应避免应用大街区模式，多采用小街廓、密路网的街区布局，增大路网与街谷形成的密集气流通行网络。

　　④由于高密度旧城区的通风主要依赖于道路、广场、绿地等公共开敞空间，因此，应控制建筑与道路朝向，使之与主导风向有一定夹角，避免大面积板式建筑与夏季主导风向垂直的现象，以减少高层板式建筑后部的大面积风影区的出现。

　　⑤尽量采用点式高层布局方式，避免长宽比过大的板式高层建筑出现，在建筑层面上，多采用流线形高层建筑平面形态，可以减少角隅效应，避免漩涡的出现；同时，通过形体优化的方式；合理布置建筑长边与主导风向的角度，使之平行或控制在 0°～30°，在同等密度和容积率的条件下，有效减少迎风面面积，降低高层风影区面积，显著提高外部空间的通风效率。

　　⑥尽量避免围合式的裙房布局出现，同时，减少高层裙房的连续长度，宜采用岛式建筑群布局，增大高层建筑群低层平台层处的开口率，提高人行高度通风渗透率，同时增加街区内部风的可达性。

　　⑦高密度旧城区中的外部空间，往往是人群活动的密集场所，因此，可以在认识高层建筑与风环境耦合规律的基础上，通过外部空间周边高层和低层建筑的科学搭配，即在外部空间的上风向布置低层、下风向布置高层，同时通过挑檐、裙房等建筑或构件，有效将高层气流导到高密度人群的活动场所，提高外部空间的通风效率，增加微气候的舒适度，达到导风降温与排污的目的（图6-16）。

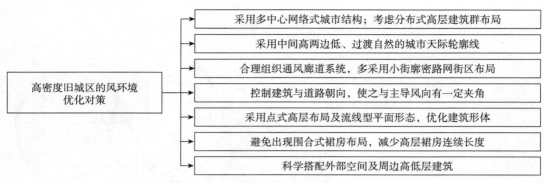

图 6-16　高密度旧城区的风环境优化对策

6.2.2　旧城区空间高度分区与风环境耦合优化方法

我国人口众多，土地稀缺，因此，在快速城市化的发展过程中，高密度、高强度的开发成为我国城市建设的一个重要特点。在城市中，高层建筑大量出现，这些高大建筑群对风环境影响极大，它改变了城市人行高度及近地面层的风环境结构，使周围建筑空间的风环境复杂化，表现为建筑角部出现角耦效应和狭管效应，导致局部风速过大，并且下风向建筑处于风影区和漩涡区等不良风速区中。由于高层区的不良布局，导致局部街区出现高温、不良空气堆积时间过长以及微气候环境变坏等现象。因此，研究高层建筑群的风环境状况，探索高层建筑布局模式，根据不同的城市所处的区域，提出适宜的城市高度分区的规划策略显得尤为必要。

1. 城市竖向形态与风环境关联耦合特点分析

城市竖向形态指的是城市在高度方向的形态特征及组织关系，在塑造城市风环境时，应重视城市的高度分区对风环境影响。它表现为城市呈现为中央高的群峰形、中部低的盆地形或漏斗形，或四周高、中间低等三维形态关系。同时，还包括街道空间封闭度、围合度与透空率等物理空间参量。这些参量影响了风影区分布、形态和风渗透率大小。例如，高度各异的建筑相互遮挡，使该区域日照辐射率和热场分布不同；而建筑群竖向布局不同，也影响到采光、通风和日照等微气候环境差别[1]。

城市下垫面的粗糙度反映了风环境的特性，是城市竖向空间重要的物理参量之一。城市下垫面的粗糙度是城市单位面积上建筑体积与迎风面面积的比值。城市冠层粗糙度与高层和低层建筑布置方式密切相关，也与建筑物或人工铺面所覆盖形式有直接关系，它将改变城市平均风场的分布，并产生不同局部漩涡和湍流的形式。例如，较高建筑覆盖率和建筑容积率将直接影响某一区域的风渗透量，而高大且密集的裙房将对行人高度的风环境有极大的影响。

---

① 运迎霞，曾穗平，田健. 城市结构低碳转型的热岛效应缓减策略研究 [J]. 天津大学学报（社会科学版），2015（3）:193-198.

城市下垫面的粗糙度高表明城市三维立体化程度高，它直接影响到太阳辐射的吸收率，对风速也有极大的影响：粗糙度越高，则城市风速越低，越难稀释污染性的大气。草地、水体，地表粗糙度较低，灌木、林地和城市建筑等地表粗糙度较高，因此，前者比后者有更强的通风潜力。因此，通过调控建筑高度、建筑覆盖率和城市冠层粗糙度，可以有效影响城市通风性能；另外，城市下垫面的粗糙度越高，也表明在城市街谷中，天弯的可见度越低，它将使建筑表面和地面的长波辐射难以扩散，并使地表积聚的热量难以排出，从而导致热岛效应强化（图6-17）[①]。

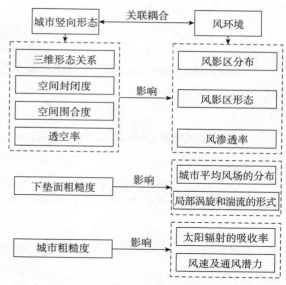

图 6-17　城市竖向形态与风环境的关联耦合特点

2. 风环境规划中高度分区的布局优化原则

城市竖向设计要结合地形起伏变化，利用自然地形变化形成良好的风环境，充分利用大气环流和局部环流等气候资源，缓解城市大气污染和热岛效应。例如，我国传统建筑布局中的"背山面水"式选址，这种选址方式在夏季时，风从南向吹来，经过水面冷却，吹入城市中，给城市带来凉爽的空气；冬季，北部的山体阻挡寒冷的北风，降低城市内部风速。国外现代城市规划中，也应用数字地形模型，在研究城市下垫面的粗糙度的基础上，形成城市"通风地图"[②]。

对于寒冷气候区的城市旧城区，冬季防风重要的内容是，要通过选择背风坡地，合理进行城市空间形态的组织，创造紧凑、围合度高的城市结构，面向冬季盛行风方向，采用相对封闭的城市布局，形成遮挡作用；利用地形与地面高差，用高大建筑物避风，有效地防止冷风的长驱直入。同时，尽量减小高层建筑群间峡谷效应的不利影响，并通过种植植被等手段如采用一些冬季常绿和高大、茂密的乔木，并结合灌木来布置挡风墙，降低城市空间中的风速，这些都将提高寒冷地区冬季城市的舒适性。

对于导风降热性城市风汇区，天际线应随夏季主导风向由前向后逐渐升高。由于我国大部分地区受季风气候影响，夏季流行东南风，冬季流行西北风，因此城市天际线应由东南向西北逐渐升高。这种布局方式可减小夏季主导风吹入城市时受到的阻力，并阻碍冬季寒风吹入城市。因为建筑高度的增高将显著增大建筑的迎风面面积，在建筑背面形成大面积风影区，大大降低风速。将高层建筑布置在城市西北方向，有利于城市夏季通风，并减小冬季寒风对城市的影响。

① 运迎霞，曾穗平，田健. 城市结构低碳转型的热岛效应缓减策略研究 [J]. 天津大学学报（社会科学版），2015（3）:193-198.

② Alcoforado M O，Andrade H，Lopes A，et al. Application of Climatic Guidelines to Urban Planning:The Example of Lisbon（Portugal）[J]. Landscape Urban Plan，2009, 90（1-2）:56-65.

（a）生态较好的城市建筑空间总体布局

（b）生态很差的城市建筑空间总体布局

图 6-18　城市高度分区中心高起比周边高起便于通风

（资料来源：李军，黄俊. 炎热地区风环境与城市设计对策——以武汉市为例[J]. 室内设计，2012（6）:54-59.）

　　在竖向空间的形态布局方面，中间高、周边低的山丘型形态城区散热效应比中间低、周边高呈漏斗形的城区高。例如，北京市夏季市区通风不利，热岛现象严重，与呈内凹形城市空间布局有很大关系（图6-18）。因此，为有效提高城市风速，改善城区热环境，在城市夏季主导风向上应保证一定的开口率，即保留没有建筑或高度较低建筑构成的气流入口，而在冬季多风地区应考虑主导风向方面的城市的封闭度。

　　例如，在高温和湿热地区，应避免将高层建筑群布置于城市的夏季上风向位置，以防止阻碍自然风向城市内部渗透，并避免高层建筑周边形成漩涡，影响人行高度的风环境安全。而良好的城市高度布局将引导上部空气向地面运动，它有利于气流流动，强化自然风向城市内部的渗透，改善人行高度的风环境。

　　同样，在滨水地区，水陆风是创造良好微气候的重要的局部环流。为了有利于创造良好的景观格局，促使气流由水面向陆地渗透，必须控制滨水区域建筑高度分区，形成由滨水向城市内部逐步提升、有层次的天际轮廓线，打通滨水景观的视觉通廊，提高城市内部的视线通透性（图6-19，表6-16）。

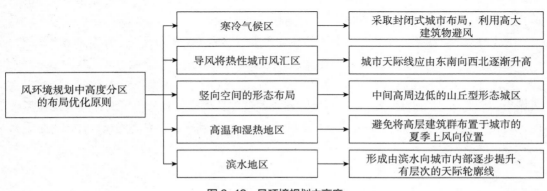

图 6-19　风环境规划中高度

高层与低层建筑的相关关系及应对　　　　表6-16

效果与应对 位置关系	风环境效果	规划应对办法
高层位于上风	低层建筑处于风影区，对气流有遮挡，风场分布不规律	合理选择建筑基本形式及朝向，错位布置，采用流线形的高层建筑形式等，以降低高层建筑两侧角流和风影区
高层位于下风	高层下行风与地面的水平向气流混合，将在高、低层建筑之间形成湍流	选择合适的建筑平面，避免流线形式，保持适当的建筑间距，或高、低层建筑的错位布置；利用高层迎风面的裙房或雨篷，缓冲下行风，减弱高、低层建筑间的湍流
高、低层并列	高层建筑角流影响低层建筑，并排间区域产生峡谷效应，导致风速过快	选择合适的建筑平面，并保持高、低层建筑之间的适当距离

资料来源：郑颖生. 基于改善高层高密度城市区域风环境的高层建筑布局研究[D]. 杭州：浙江大学，2013.

　　合理的竖向分区与良好的建筑高度布局，能有效避免冬季寒风的影响。同时，城市冠层的建筑形态相同且建筑间距较小时，往往能够避免不良的建筑顶部的气流影响。这是因为当来风遇到一排排高度基本相等的建筑时，风会变成两股气流，一股气流沿密排的建筑屋顶掠过，而不进入城市底部空间，这一部分气流占来流的大部分，另一部分气流是风与建筑摩擦产生的分支气流，产生下降的紊流[1]。

　　以风向位置为依据，高层与低层建筑的相互关系包括高层位于上风向、高层位于下风向，以及高、低层建筑并行布置三种方式。

　　高层建筑迎风面的下行风是一种非常不利的气流。下行风吹到地面时，与地面流场混合后的混乱风场会使行人十分不适应，而且当来风风速较大时，下行风会对对立面水平构件产生较大的风荷载，甚至会吹落立面构件砸伤路人。针对高层建筑下行风的应对策略为：高层建筑底部设置裙房，使下行风在裙房顶部受到限制，减少对地面的不利影响。裙房顶部还可以开洞，引导下行风进入，增加裙房通风效果，并且对高层建筑背面风环境也是有利的。

　　减缓"高层风"对低层及人行高度风环境影响的优化策略有：采用符合空气动力学原理的高层建筑的形体设计，以减少其产生不良气流；同时，相邻建筑的高度采用适宜变化值，使之不超过相邻建筑高度的2倍。使建筑前后气流沿着主导风向逐渐增高，引导大部分气流通过建筑的屋顶，以减少风对街道的影响。在寒冷地区，建筑高低转折的中线宜设在街区的中央。当相邻建筑的高度相差较大时，应在建筑的迎风或背风面的6～10m高度设计突出平台，避免高层建筑形成的下行气流影响到室外的人群（图6-20）。

① 吉沃尼. 建筑设计和城市设计中的气候因素 [M]. 汪芳，等，译. 北京：中国建筑工业出版社，2010. 236.

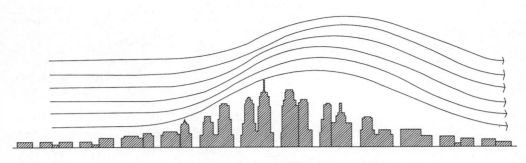

图 6-20　城市竖向设计应使相邻建筑高度渐进变化

（资料来源：李军，黄俊. 炎热地区风环境与城市设计对策——以武汉市为例[J]. 室内设计，2012（6）：54-59.）

6.2.3　旧城区街道布局与风环境耦合优化方法

街区层级的风汇区是城市风环境设计的重要内容，在这一层面，主要分析不同的街坊平面风环境特点，探索街谷形态、街道走向与风环境的耦合机理，考虑基于不同气候特点条件下最佳的布局方式。

1. 不同街区形态的风环境特点分析

街区形态包括平面、建筑密度和高度以及街谷形态与走向等内容。在城市中，随着街道、建筑高度与布局的不同，城市风环境会发生很大变化。因此，不能简单地利用城市风向玫瑰图作为建筑自然通风分析的边界条件，街区尺度的风汇区设计，必须根据街区布局的形式、街道走向、街道肌理等特征，决定风环境的优化布局方式。

（1）街谷形态对风环境作用机理分析

城市街谷由道路路面、街道两边建筑物及其所围合的空间组合而成。街谷是人们室外活动的重要场所，也是风在城市中流动的主要场所，街谷中风环境的优劣直接影响人们室外活动的数量和质量。因此，对街谷风环境进行研究，可为城市街谷设计提供参考依据，具有很大的实际意义。

城市内部的风向和风速受到街道的走向、间距以及街坊布局等诸多因素的影响，街道内的风速与阻塞比有较强的相关性，同时，还受街道日照变化的影响。

例如，当街道的走向与自然的风向不一致时，风向便会产生偏转，或当风向与街道呈一定夹角时，街道迎风面的速度将增大，而背风面的速度将减小，街道的气流将形成涡流。而街道的走向与风向相同，两边为高层建筑时，当风通过时，好像经过一个巨大的漏斗，把两边风汇集在一起，产生"狭管效应"，使风速明显增大。"狭管效应"的强度与街道几何形状和断面的大小相关。对于寒冷气候区，"狭管效应"产生的强冷风会使人产生不适感，但它对降低夏季炎热的高温、减缓城市热岛效应有一定的益处。

在旧城区中，当风吹过建筑物时，两侧和顶部会产生较高的风速扰流，这就是角隅效应。风速在角隅效应作用下，会形成角隅强风区，其阵风风速可高达2～3倍的来流平均风速，因此，当来流风速较大时，在角隅区将产生危险[①]。

同理，迎风区建筑的背风面会形成"风影区"，该区的风速明显低于迎风面。因此，该区易导致局部气温过高，风影效应会在建筑物后延伸很长的距离，造成街区局部气候差异。因此，建筑群应错落布局，来减轻风影效应造成的影响。在风向和街道走向相垂直的条件下，两排房屋之间会出现漩涡和升降气流并产生风影区。街道上的风速由于受到建筑物的阻碍将会有减弱。当风向与街道走向一致时，则会产生"狭管效应"，造成比开阔地区强的风速。如果风向与街道两边的建筑有一定的夹角，则会出现螺旋形的流动气流，并产生一部分沿街道的运动气流。

因此，为形成街区良好的风环境，街区级的风道应从外到内设计成阶梯形断面，使风道通风界面尽量平滑，并尽量降低建筑密度，风道口或街区中在盛行风方向迎风面的建筑宜采用点状布局，保证一定的通透性，使街区内通风条件良好。

（2）街道走向与宽度对风环境的影响

街道走向是影响风环境的关键因素，当街道走向与风向相同时，街道将成为"风道"，会带来所谓的"狭管效应"。该效应导致风速变大，对降低空气温度，缓解城市热岛效应，以及扩散街道内汽车尾气是有利的，但风速过大时，会影响行人活动；当街道走向与风向不一致时，会引导风向偏转，街道内风场比较稳定舒适，对行人活动影响较小，且街道两侧建筑通风效果较好（表6-17）。

街道走向对风的影响　　　　　　　　　　　　　　表6-17

街道与风向的关系	街道内风速	不良风场	街道两侧建筑通风	风舒适度
平行	较大	易形成"狭管效应"	较差	较差
成一定夹角	适中	无	较好	较好
垂直	较小	静风区大	较差	较差

街道走向决定了街道受到太阳辐射能量的多少，也决定了建筑的布局，同时，还与水平面和垂直面的阴影形式有关。街道空间内的风向与来流相对于街轴的入射角有关，较小的入射角有助于城市通风。总的来说，东西走向的街道区域比南北走向的街道区域的温度略高，因为其接受的太阳辐射的时间更长。同时，街道空间的热环境还与当地的主导风向有关，街道同主导风向夹角越小，则通风效果越好，热岛效应越不明显。

当街谷走向与来流的风向平行或夹角较小时，街谷对风阻碍作用最小，风向基本沿原方向流动，但这种情况下，建筑两侧难以形成有效气压差并促进室内通风；当街谷走向与来风风向垂直时，街谷内风速和风向受街谷走向影响最大。街谷内风速大大减小，形成许多涡流区，导致风场紊乱，而且这种街谷走向也不利于室内通风；当街谷与来风风向夹角为30°～60°时，街谷对风的阻碍作用较小，风速基本不变，风向也基本沿街道走向。建筑两侧能产生有效风压差，促进室内通风。

街道的宽度、走向、两侧建筑的形式，以及路网的疏密度等，均会影响到城市通风的均

匀度。总体来说，街道越宽，街道内风速越大；街道越窄，街道内风速越小。因此，对于冬季防风要求较高的寒冷地区的城市旧城区，应将街道控制在一定宽度内；同时，在街道规划中要避免无风或小风速条件下的交通尾气污染[1]。

（3）不同街峡形态影响下的风环境特性

街峡形态是指街道两侧建筑物及其形成的狭长空间。街道高宽比是街峡形态的最重要参数，它表示街峡两侧建筑高度与道路宽度的比值。不同街道高宽比其街峡内气流情况有较大差异[2]。

从街道"峡谷"中风流动机制来看，风环境特性与风向和街轴的夹角有很大关系。例如，当主导风向与街轴垂直时，因街道高宽比和沿街建筑长高比不同，将形成3种不同的气流结构，即独立紊流、尾流干扰风和掠过式风。这些流动形式是由上风向和下风向的建筑后部湍涡的相互作用所产生。

如表6-17所示：①当建筑间的距离较大时，在上风向建筑的后部，气流将在建筑物上部边缘分离，并产生一个低压漩涡，同时在下风向墙壁处也分离而产生一个漩涡（Sinietal，1996）。②在孤立的粗糙气流中，在碰到下风向建筑物前，可以恢复上风向流动的状况，且两个漩涡间相互作用很小。如果建筑间的距离较小，下风向的建筑就会影响到湍流，在流场未恢复前，两个漩涡将有可能发生相互作用而产生尾流干扰。③如果街峡的距离更小，上部气流难以进入街道内部产生稳定的漩涡，便将会产生skimming的流动。同时，当气流在某一角度斜向进入街谷时，街谷内会形成螺旋形涡流[3]。

街道峡谷气流及流动机制　　　　　　　　表6-18

街道峡谷高宽比	街道峡谷中气流机制	流动机制示意图
大	孤立粗糙流	
中	尾流干扰流	
小	流动	

2．基于风环境优化的街区布局与形态设计

（1）优化街道空间布局

在寒冷地区城市的旧城区，风环境优化的主要任务是冬季防风。因此，街坊应沿冬季主

[1] 徐祥德. 城市环境气象学引论 [M]. 北京：气象出版社，2002.
[2] 胡恩威. 香港风格 [M]. 香港：TOM C Cup Magazine) Publishing Limited，2005.
[3] 徐祥德. 城市环境气象学引论 [M]. 北京：气象出版社，2002.

导风向规划为进深较大的形态，这样冬季寒风在街坊中运行路线较长，使风速逐渐降低，使大部分街坊区域处于低风速区域。对于炎热地区的城市旧城区，环境优化的主要任务是夏季通风，因此，城市街坊形状应缩短沿夏季主导风向长度。这样冷空气风在街坊中运行路线较短，使风能顺畅地穿过街坊，保证街坊内的通风。而对于夏热冬冷地区的城市，冬季防风和夏季通风同样重要。因此，沿冬季主导风向的街坊形状应较长，沿夏季主导风向的街坊形状应较短。

在炎热的夏天，高密度城市的人工热能难以散发，城市通风成为散热的关键因素。由于城市中的障碍物多，致使城市区域的风速较小。从影响街道风速的因素来看，城市地表粗糙度、通风廊道的宽度，以及建筑迎风面面积大小等是重要因素之一。因此，研究城市的风阻系数非常必要。

街道两侧建筑应考虑到朝向及通风相关性的问题，东西走向街道的建筑不宜采用多层或高层条式，建议采用点式或条式低层布局。围合式布局夏季通风较差，可适当对东、西和南面的条式建筑底层架空，有助于改善局部风环境。街道及两侧建筑共同形成的通风廊道，街道与建筑形成的开敞空间最好呈"倒梯形"，可以采用建筑退台的形式，减少广告牌的使用，这样有利于风的流动，同时有利于街道中污染物的扩散。在建筑材料选取时，应考虑避免过于粗糙的材料和过于频繁的体形变化，将有助于改善街道空间的局部气候环境。

从高度布局来看，应合理利用地形，建筑宜南低北高，为避免在街坊内部形成很大的风影区，尽量不采用中间低、四周高的方式。北面临街建筑可采用条式多层或板式高层，同时，结合街坊的外部空间布局，采取有规律的"高低错落"的处理方式，室外场地宜设置防风林，绿篱或防风墙等构筑物，达到不影响日照间距和提高容积率的前提下优化冬季风环境的目的。

同时，在城市街谷模式规划中，应考虑建筑群和植被对通风的影响，林带长度、宽度和形状规划设计，以及建筑物与绿化的相对位置等，均对改变附近的微气候环境有效。

（2）调整道路与街谷走向

道路系统布局与街道的走向对城市风环境影响极大。一些国内学者研究了不同形态路网与通风效率的关系，认为污染不严重的中小型城市方可采用中心放射式路网，原因是该路网的整体通风效率不高；环形放射式路网通风效果差；而自由式路网对不同方向的通风需求适应性好，适用于无主型风向且地形风、水陆风等局部环流较丰富的地区（表6-19）。

不同路网形式及通风性能　　　　　　　　　　　　　　　　　表6-19

路网形式	通风性能	适用地区
规整型路网	较好	污染大的城市
环形放射式路网	较差	寒冷地区城市
自由式路网	适应性强	局部环流丰富的城市

同时，应尽量用适当的街道与路网布局，以适应全年的风向变化。其规划原则为：能保证在不同季节均能合理调控进入城市内部的风速和风量，因此，一般是主要街道保持与夏季盛行风向平行，或与夏季盛行风向的轴线呈20°～30°夹角，它有利于建筑内的自然通风。

尤其在街谷宽度较小的旧城区，应避免长条形的建筑布局，以防止通风的阻碍。与冬季盛行风最好呈直角。

同时，根据不同地域气候与温度和湿度的关系，提出规划对策。例如，对于寒冷地区城市，冬季防风是主要目的。因此，首先，主要街道走向应与冬季主导风向尽量垂直，这样可以减少冬季寒风进入城市；其次，街道网络应使用不连续的组织，使冬季寒风在街道内流动受阻，降低城市内部风速；最后，T形路口可以减缓或阻断进入街道的寒冷气流。

在炎热地区的城市旧城区，风汇区主要功能是导风降温。在这里，夏季通风是主要目的。城市主要街道走向应与夏季主导风向平行或保持较小的夹角，当街道走向与夏季主导风向呈 20°～45°夹角时，风进入街道后仍可保持良好的通风，这样风可以顺畅地穿过城市，而且街道两侧建筑前后会产生风压差，有利于建筑内部通风。这是因为，当城市主要街道与夏季主导风向平行时，街道内风速较大，风在街道内运行较为顺畅，这对缓解城市热岛效应和吹走汽车尾气较为有利。

同时，在条件允许的情况下，应将主要街道沿东西向布置，次要街道沿南北向布局。因为东西走向的布局更能适合冬季采暖和夏季制冷的需要，能最大限度地满足了冬季从南面采光的需求，避免夏季东边和西边低射进的阳光。而南北走向的街道中，大部分建筑长边呈南北向布置，不仅在冬季日照条件差，而且在夏季，建筑物东西向门窗又直接受到太阳东西向直射，不利于节能。

在干热地区，风环境的优化策略为防尘降温。街道布局原则为，利用建筑相互遮挡，最大限度地降低沙尘的影响。因此，宜采用狭窄弯曲的街道网络，尽量减少建筑和行人受日光的暴晒。由于狭窄的街道可以防止白天外部强烈的日光，并阻挡上部的热空气与下部冷空气的对流，因此，能保持相对凉爽的气候，在夏日为行人提供舒适的室外步行空间；到夜间，建筑的外部降温较快，气流自街巷内向外部流动，有利于形成"冷巷风"。

对于夏热冬冷地区的城市旧城区，夏季通风和冬季防风同样重要。由于该地区冬季主导风向大都为北风，而夏季是东南风，因此，宜采取与冬季主导风向相垂直的东西走向的街道，并尽可能将街道与夏季主导风向布置成45°，这种布局将极大地减少北风的影响，而在夏季则能保证街道和沿街建筑较好的通风效果（表6-20）。

不同气候区风环境优化的街道布局与形态设计　　　　　　　　表6-20

气候区	风环境优化的主要任务	街区布局	街谷走向
寒冷地区	冬季防风	沿冬季主导风向的街坊形状较长	与冬季主导风向尽量垂直；街道网络应使用不连续的组织；借鉴T形路口
炎热地区	夏季通风	缩短沿夏季主导风向长度	与夏季主导风向平行或保持较小的夹角；主要街道沿东西向布置，次要街道沿南北向布局
夏热冬冷地区	冬季防风和夏季通风同样重要	沿冬季主导风向方向的街坊形状应较长，沿夏季主导风向方向应较短	宜采用与冬天主导风向相垂直的东西走向街道，并可能将街道与夏季主导风向布置成45°

在控污防霾为主的风汇区，更应重视道路网对风环境的影响。由于道路网密度与风速呈正相关，即道路网密度越高，风速就越大，城市通风就越好，因此，城市道路网应根据城市所处气候区和城市性质确定限定值。例如，寒冷地区城市，在满足交通功能的情况下，适当拓宽道路，降低道路网密度，以减少寒风在城市中的运行。因此，为防止交通尾气的污染，应处理好街道、建筑等与盛行风的关系，提高通风效率。

6.2.4　旧城区建筑组合方式与风环境耦合优化方法

旧城区内的建筑布局方式、建筑密度、容积率、平面形式、建筑高度和绿化等都直接或间接地影响着街区内的风环境。良好的街区布局能有效改善街区内风环境，避免不良气流的出现。因此，必须研究建筑群的空间形态与风环境的内在关联，揭示其与微气候的内在关联，充分利用建筑形态与风环境的相关效应，评估不同建筑迎风面面积及建筑平面组合对风环境的影响，优选良好的建筑组合形式。减少建筑的风影效应，提升环境的通风散热效益。

随着绿色社区概念的提出，人们日益注重人行高度的风环境设计问题，如加拿大的多伦多及波士顿和旧金山等美国城市，在项目审批时，均要求利用风洞试验或数值模拟的方法，评价项目建设对人行高度风环境的影响，并要求在设计中对潜在的不良风环境加以改善[①]。

1. 建筑组合模式与风环境耦合特点分析

在城市建筑空间布局与组合模式中，应首先利用气候学原理对基地进行微气候分析，充分利用基地周边有利风力资源，规避不利风场，做到趋利避害，营造良好的风环境。例如，对我国大部分城市而言，夏季流行南风或东南风，冬季盛行北风或西北风，因此建筑布局时，应在东和南两个方向上尽量保持相对低矮，并以开放的形态强化夏季通风；在西和北向上，则保持高大、封闭的形态，以阻挡冬季寒风。

目前城市中建筑群的平面布局方式主要包括点式、行列式、围合式、混合式四类，按更细的分类来说，如行列式可分为正行列式、错列式、斜列式，围合式可分为全围合式、半围合式等，表6-21所示为基于建筑布局方式与风环境关系的分析。

（1）建筑朝向与风环境

建筑布局对城市风场的影响极大，在城市空间中，高密度建筑群会阻碍旧城区内的空气流动，尤其是板式高层建筑极不利于城市通风，它使大部分气流从建筑顶部掠过，难以进入街区近地层的外部空间。

建筑布局方式与风环境的关系　　　　　　　　　　　　　　　　表6-21

不同布局模式		风速	风场特征	适用地区
点式	—	最大	边角风	炎热地区
行列式	正行列式	最小	风影区大	寒冷地区

---

① 柯咏东，桑建国. 小型绿化带对城市建筑物周围风场影响的数值模拟 [J]. 北京大学学报（自然科学版），2008（4）:585-591.

续表

不同布局模式		风速	风场特征	适用地区
围合式	错列式	较小	通风效果好	—
	斜列式	较小	通风效果好	—
	全围合式	最小	角部易形成静风区	寒冷地区
	半围合式	较小		—
混合式	点式、行列式混合	较大	视具体情况而定	夏热冬冷地区
	点式、围合式混合	较大		夏热冬冷地区
	围合式、行列式混合	最小		寒冷地区

因此，为给城市通风创造良好的条件，宜把高层建筑布置在城市中心的下风向位置，同时，应把高层建筑集中分布在城市中心附近，而越靠近城市的边缘区，建筑密度应越低[①]。

在建筑群设计时，应首先按气候学原理，分析建设基地的特定地形和气候特征，利用其有利气候因素，优化建筑风环境，减弱或消除其不利影响。由于当前的建筑形态大都以正方形或长方形建筑为主，在寒冷气候区，当冬季风向与建筑主立面垂直时，建筑后面形成大面积风影区，这对寒冷地区利用建筑互相阻挡寒风非常有利。而在炎热区域的规划布局，可将建筑总体布局呈南低北高布置，使建筑长边与风向保持较小的角度，这样可以提高城市通风效率[②]。

在研究建筑组合模式对微气候的作用时，昆斯蒂摩分析了6个不同建筑模式所形成的城市肌理，以聚苯乙烯粒子为观测介质，通过风洞模拟总结出其所产生的影响气候的不同规律。研究结果表明，在连续开放且与风向平行的街道中，观测介质最快被清除干净，它表明通风效率最高。当采用与风向平行的板式建筑组合方式时，交叉气流会增强或破坏局部通风效果，即风向呈90°时，湍流会加强清除速度，但在0°时却会削弱通风效果。其中，通风效果最佳的组合方式是塔式建筑组合，并且风向在垂直或平行时，通风效果都不错；当在45°风向吹向塔式结构时，由于湍流作用，比垂直或平行于风向时的通风效果更佳，而封闭式的院落布局和连排布局这种组合方式通风效果最差。

事实上，传统的地域建筑具有良好的气候适应性，如在非洲干热气候环境下，采用紧密排布且带有内院的建筑组合模式，利用建筑阴影产生不同的温差，增强通风效果，这些都是当前可以借鉴的布局手法。

国内外众多学者通过试验手段研究建筑布局与自然通风的关系，分析了并列式、斜列式、错列式和周边式四种建筑布局的通风效果[③]，结果表明，并列式、斜列式和错列式风场效果较好；同时，一些学者基于不同风向，模拟城市街区风环境作用下污染物的扩散情况，

① 李军. 城市风道及其建设控制设计引导 [J]. 城市问题，2014（9）:42-47.
② 董禹，董慰，王非. 基于被动设计理念的城市微气候设计策略 [C]//2012城市发展与规划大会论文集. 桂林，2012.
③ 李军. 城市风道及其建设控制设计引导 [J]. 城市问题，2014（9）:42-47.

总结出使用行列式建筑布局，当主导风向与建筑呈斜角时，街区内风速快而导致污染物浓度较低[①]。

（2）建筑群对风环境的影响机理

学者安斯利对高层建筑周围的风场总结为：塔式建筑可使大部分来流风风向发生改变，当风吹过塔式建筑时，部分风转向建筑两侧，并在建筑两侧形成紊乱涡流，很小一部分风沿建筑迎风面向上或向下运动。越过屋顶风也不会形成上升气流。随着塔式建筑迎风面的加宽（逐渐变成板式建筑），沿建筑迎风面的上升和下降气流比例逐渐加大，越过屋顶的上行风会在建筑屋顶形成强劲的上升气流。建筑侧面和背面会产生与塔式建筑类似的涡流区，但范围更大。由此可见，影响建筑侧面气流结构的是建筑高度，宽度是次要影响因素。此外，迎风面凸出可以将更多的气流引向建筑两侧，并且减弱建筑两侧的涡流作用，而内凹的迎风面则将更多的气流引导成上行风和下行风，这时高层建筑底部需设置裙房，以减小下行风对人行高度区域的干扰，但高、低层建筑之间受紊乱气流影响较大[②]。

建筑所产生的风环境变化表现在如下几个方面：使建筑角部的风速增加，在近地面层出现涡流；形成建筑正立面的反向气流；建筑背面和侧面出现紊流；由建筑形成的狭窄地带如街谷、通道、走廊间出现"狭管效应"，这些都会造成不良风场和风速变化率过大现象。

关于建筑周围风环境影响机理可以总结如下。

①从风压分布来看，建筑的迎风面将出现正压，侧面出现负压，背风面则会产生涡流。因此，应在认识这些气流规律的基础上，根据所处地区的主导风向和风速设计合理的建筑间距[③]。

②风影：根据文献资料研究，当风与建筑迎风面呈90°时，风受建筑阻碍作用最大，会在建筑后面形成长达建筑10～15倍的风影区，且风影区内的风速将会大大减小，风向也比较紊乱；高层建筑的平面形状、面积、长宽比、高宽比、迎风面凹凸等都会影响建筑风影区大小；而流线形的平面形式可引导气流平滑流过建筑，大大减小风影区，同时风在越过建筑后风向基本不发生改变[④]。

③上行风和下行风：研究表明，当风遇到方形的高层建筑时，会在建筑1/3高度产生剥离，一部分向下吹，称为"下行风"，下行风越往下吹风速越大，到达地面时风速可达原风速的4倍，而且与地面水平气流混合后，会产生紊乱风场，影响行人室外活动；向上吹的那部分称为"上行风"，上行风在往上爬升后会越过屋顶继续往建筑背风面上方运行，因气流难以下降，因此会进一步加大建筑背面风影区。高层建筑平面形式、迎风面凹凸对上行风和下行风影响较大。上（下）行风在板式建筑迎风面最大，塔式建筑次之，流线形建筑最小。此外，建筑迎风面凸出也会减弱上（下）行风，迎风面凹入则会加强上（下）行风。

① 徐祥德. 城市环境气象学引论 [M]. 北京：气象出版社，2002.

② （美）吉沃尼. 建筑设计和城市设计中的气候因素 [M]. 汪芳，等，译. 北京：中国建筑工业出版社，2011.

③ 董禹，董慰，王非. 基于被动设计理念的城市微气候设计策略 [C]//2012城市发展与规划大会论文集. 桂林，2012.

④ 时光. 引入风环境设计理念的住区规划模式研究 [D]. 西安：长安大学，2010.

④边角风效应：边角风效应是风在吹过高层建筑尖锐的边角时产生气流剥离、风速突然加大的现象。据研究，边角风的风速可达原风速的3～4倍，因此，边角风对建筑边角处构件的防风加固要求很高。高层建筑平面形式对边角风影响最大，流线形平面可有效引导气流穿过建筑，避免边角风出现。

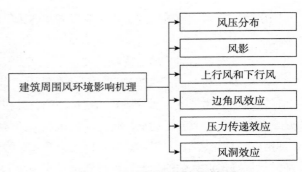

图6-21　建筑周围风环境影响机理

⑤压力传递效应：当风吹过多个排列的建筑时，风力强弱与建筑高度、建筑之间距离有关系，建筑越高、建筑间距越小，效果越明显。此外，规整的建筑布局模式也会加强效果。

⑥风洞效应：风洞效应其实是漏斗效应的一种形式。高层建筑在规划时，底部会留有消防疏散用的门洞。风垂直吹过这个门洞时，风速会加大到原来的3倍，引起行人不适[1]（图6-21）。

（3）不同高度的建筑组合方式对风环境的影响

建筑高度变化与风环境特点：沿主导风向依次变化的建筑高度可有效将风引到城市底部，有高度变化但不规律变化也可将风引到城市底部，但高度基本相等的建筑形态不易将风引入城市底部（图6-22）。

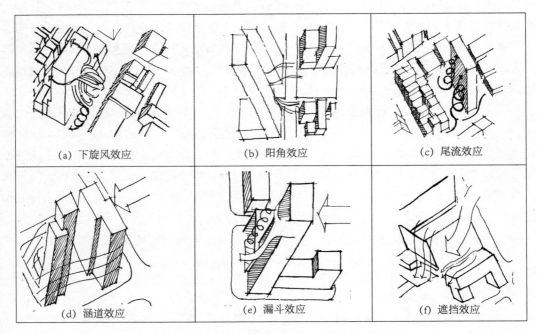

图6-22　不同高度的建筑组合方式对风环境的影响

---

[1]　时光. 引入风环境设计理念的住区规划模式研究 [D]. 西安：长安大学，2010.

　　不同高度的建筑组合方式对风环境的影响比较复杂。当高层与低层建筑混合布局时，高、低层建筑之间会产生复杂多变的复合湍流风场。由于高层建筑体量巨大，会形成角流区和巨大的风影区，而高层与低层建筑之间不同的布局方式也会产生不同的风场。高、低层建筑之间位置关系以风向来判断，可分为3种：高层位于低层上风向、高层位于低层下风向、高层与低层平行布置。这三种高、低层建筑的布局关系会产生不同风场。

　　当高层建筑位于低层建筑上风向时，低层建筑位于高层建筑风影区内，风速较小，且低层区域内风场紊乱。应对策略是高层建筑选择流线形平面及合理的朝向，以减小风影区；高、低层建筑可错位布置，使低层建筑避开高层建筑风影区。

　　当高层建筑位于低层建筑下风向时，高、低层建筑之间风速明显加快，而且形成湍流流场。应对策略是，高、低层建筑之间保持足够的距离；高层建筑底部布置裙房，减少下行风对地面的影响。

　　当高层建筑与低层建筑平行布置，低层建筑位于高层建筑角流区内，风速明显加快，高、低层建筑之间容易形成"狭管效应"，产生过大风速。应对策略是，高层建筑选择流线形平面和合理的朝向，减小角流区面积；高、低层建筑之间布局绿化，减弱"狭管效应"（表6-22）。

不同建筑群形式的风场特征及应对策略　　　　　　　　　　表6-22

高、低层建筑组合关系	不良风场	应对策略
高层建筑位于低层建筑上风向	低层建筑区通风受阻，低层建筑区风场紊乱	高、低层建筑错位布置，高层建筑尺度控制，高层建筑选择流线形平面及合理朝向
高层建筑位于低层建筑下风向	高、低层建筑间形成强烈湍流，高、低层建筑间风速加快	高层建筑迎风面布置裙房，保持高、低层建筑之间的距离
高层建筑与低层建筑平行布置	低层建筑位于高层建筑角流区，高、低层建筑间风速过快	高层建筑选择流线形平面及合理朝向，高、低层建筑间布置绿化

2. 基于风环境改善的建筑群布局优化

（1）建筑群体布局与通风优化

　　合理的建筑群体布局能有效提高通风效果。在设计中，应根据当地的主导风向或盛行风向等进行合理布局，当采用错位、并列等多种方式组合时，由于建筑对气流的相互引导作用，可以减少建筑风影对后面建筑的影响，将更多的新鲜空气导入，并改善建筑群中外部空间的通风效果。同时，建筑朝向与主导风向呈一定角度，可以减少涡流区，改善建筑群的风环境，为缓解城市的热岛效应提供良好条件。

　　为了减轻高层建筑周边不良气流的影响，阿伦斯提出了以下优化设计方法：避免板式高层建筑布置在盛行风的上风向；防止将重要的人行道和行人出入口布置在高层建筑迎风面；利用环形多棱角的建筑和水平出跳构件，削弱或减少下沉气流，以及在人行道上种植茂密的树木以吸收不良气流等措施。

　　同时，适当利用高层建筑布局，可以改变垂直主导风向街区微气候环境；在形态设计方面，通过建筑边角圆润化处理，可以削弱"角隅效应"，并可通过形体的扭转和切割，或采用迎风面为外凸的平面形式，化解迎风面的漩涡；利用低层架空的立面布局，减小"建筑物风影区"优化设计；同时，可以通过形态优化和风能利用的策略，利用导风构件和轴流风机转化风能资源。

基于风环境优化的建筑群设计手法包括如下内容。

首先，优化群体布局，即在地块开发强度不变的条件下，将一部分建筑布置到适当的位置，以降低由于布置不当对风环境产生的不良影响。它包括竖向分区调整与平面布局优化，如对高层建筑位置的优化、对建筑群组合模式的优化等。同时，还可以进行通道与洞口的优化风环境设计。即通过围合建筑的开口位置调整，或改变不同的洞口率，或通过高层建筑裙房的不同形态设计来实现不同的围合效果，进而改变建筑群的风环境。另外，在城市设计中，高层建筑的布局受到日照间距和建筑朝向等限制较大，但高层建筑裙房在形态布局上则具有较大的灵活性。因此，可以通过改变裙房形态和布局，底层架空或增加街坊周边的开口率，优化建筑群的风环境。

在街区中，建筑之间的高度差不同，将使建筑群内部的通风效果各异。可以说，建筑之间的高度差比建筑平均高度对通风影响更大。当一个地块建筑密度相同时，内部有高层建筑的通风效果完全不同于仅仅是低层建筑的通风效果。

在城市中，上、下风向的建筑群竖向高度的大小变化，将改变建筑群顶部的水平方向气流的运动形式。通常，寒冷地区的高层建筑迎风面的下沉气流和侧面的高速紊流会产生不良影响，如卷起灰尘和树叶，令人感觉寒风刺骨并影响路人的行走等。同时，对建筑自身也会带来一些问题，如产生噪声、导致迎风面和背风面楼层的雨水渗漏。高速紊流还会破坏植物、导致烟团和排风道的气流下沉，而无法排出有害气体[①]。

由于高层建筑体型高大，它比起其他建筑对城市风环境的影响更大。在城市中，由于未考虑竖向空间的整体布局，盲目建设高层建筑，可能带来一系列的城市问题，如高层建筑形成成排的风墙，不仅对周边日照和光环境等造成不利影响，而且会阻挡城市中自然风的流通。

但是，如认识了气流的运动规律，可通过合理改变建筑间的高度差，利用高层建筑作为竖向的导风槽，改变气流方向，使顶部新鲜气流向下运动，将达到改善地面人行高度通风效果的目的。例如，在湿热地区，当地块内高层建筑远高于周边建筑时，高层建筑的下降气流可以为低矮建筑群创造更好的通风条件，降低交通造成的空气污染并提高微气候的舒适度。因此，城市规划中，可以巧妙结合不同的气候区，利用建筑的高度差，达到改善城市微气候的目的。

在建筑组群布局方面，除在重要地段布置高层、超高层建筑外，采用低层和小尺度居住建筑为主，保证居住建筑朝向良好的条件下，避免在垂直于夏季盛行风的方向设置大型而密集的建筑群，尽量使建筑与盛行风有一定的偏角，并将偏角控制在30°以内，适当提高迎风面的建筑开口率，并使建筑之间的间隙与夏季盛行风的风向呈直角布置，以提高通风效率。

[①] （美）吉沃尼. 建筑设计和城市设计中的气候因素 [M]. 汪芳，等，译. 北京：中国建筑工业出版社，2011.

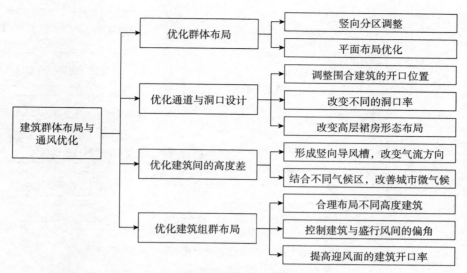

图 6-23　建筑群体布局与通风优化

　　我国南方城市夏季湿热，因此，高、低层建筑应分区布置，形成大开大合式布局。这种布局方式使得某一区域内建筑高度基本相同，城市冠层比较平滑，对风速影响较小。但这种布局方式应结合城市主导风向布置，否则其通风效果将大打折扣。而对于我国北方城市，冬季防风是主要考虑因素，因此，应采用高、低层建筑混合且均匀布局方式，由于这种布局方式使城市冠层的粗糙度较高，风吹过时可以显著降低风速（图6-23）。

　　（2）基于气流组织的构件与细部设计

　　在这方面，可以通过下列方法进行气流组织。

　　①减少高层建筑下沉气流的设计策略。

　　利用高层建筑迎风面水平方向凸出阻挡下行风。例如，将建筑物设计成由下往上逐渐退台的形式或利用阳台等水平构件，再使迎风面与低矮建筑群呈一定角度。可有效减少下行风对地面行人的影响。同时，在高层建筑底部设置裙房，它可以阻挡来自上空的下沉气流。另外，建筑采用从下往上逐渐收分的体形。这样既可以避免下沉气流，又能减小下风向风影区。

　　②减弱边角风影响的设计策略。

　　使建筑边角圆润化。圆润的边角可以平滑引导气流，避免边角风现象出现；同时，在边角处设置挡风板，当边角风不可避免时，可在建筑物边角处设置挡风板以阻挡边角风。

　　③对城市中的构筑物和公共设施的合理设置也可优化城市风环境，如自行车棚、公交站亭、雕塑等。这些构筑物和公共设施虽然对风环境影响较小，但是其布局和形式比较灵活自由，且多在人行高度处，因此充分利用城市构筑物和公共设施对改善城市风环境也是十分有利的（图6-24）。

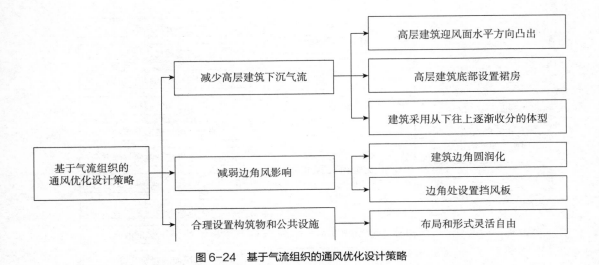

图 6-24　基于气流组织的通风优化设计策略

6.3　天津市典型旧居住区风环境分析及优化策略

6.3.1　华苑居住区风环境分析及优化策略

1.环境概况及空间布局特点分析

（1）天津华苑居住区概况

华苑居住区位于天津市西青区，该区位于天津市西南部。华苑居住区的用地范围北至迎水道，南至秀川路，东至简阳路，西至外环西路，研究范围面积约260m²（图6-25）。

华苑居住区是天津市最大安居工程之一，占地167hm²，规划建筑面积181万m²，其中住宅建筑面积160万m²，公建21万m²。居住区由道路分隔成为10个小区，规划安置居民8万人。

居华里、安华里是华苑居住区的第九、十小区，位于华苑居住区东南端，西邻外环线绿化带，南接滨水西道；地处

图 6-25　华苑居住区范围及空间肌理示意
（资料来源：作者结合Google截图绘制）

天津市全年主导风向上风位，地理环境优越。小区在设计和施工中大量采用了新技术和新材料，是天津市国家安居工程中科技含量最高的住宅建设工程之一。小区的住宅设计采用高层住宅、复式住宅、跃层式住宅、台阶式住宅和里弄式住宅等五种住宅类型[①]。

碧华里小区位于华苑居住区中心，占地约17hm²。它是国家首批小康示范工程。碧华里小区居住环境优美，为园林式整体布局，小区分为公建区、高层住宅区和多层住宅区6个区域。按中心绿地、组团和楼间绿地三个层级设置绿化，并采用集中与分散相结合的方式，形成系统的绿化体系。小区绿化结合了天津地区的气候特点，强调多层次、立体化植物配置。小区主入口处布置有长100m、宽15m的开放空间。小区内26幢住宅楼，由路网自然分隔，构成5个住宅组团。碧华里小区的绿地以大面积的草坪为主，总面积为64797m²，空间开阔，组团绿化各具特色，这些均为小区微气候创造了良好的条件（表6-23）[②]。

华苑居住区周边道路情况　　　　　　　　　表6-23

	道路走向	路缘石线宽度（cm）	道路形式	道路横断面形式
迎水道	西南—东北	30	双向四车道加非机动车道	四幅路
秀川路	南北向	40	双向三车道加高架路双向四车道	双幅路
简阳路	西北—东南	70	双向四车道，高架东南—西北向五车道，西北—东南向四车道	四幅路
外环西路	西北—东南	40	双向五车道	双幅路

（2）天津华苑居住区空间布局特点

建筑类型与布局特点：华苑居住区以居住建筑为主，由13个居住小区组成；小学5座，中学2座；沿迎水道、宾水西道为商业建筑（图6-26）。

建筑高度：天华里小区沿外环线为25层建筑，碧华里中心为18层建筑，宾水西道南侧为11层建筑，华苑新城沿港宁路为11层建筑，久华里、地华里小区沿迎水道为11层建筑，其余部分多为6层建筑（图6-27）。

建筑形态特点：华苑居住区建筑形态极为丰富，包含了点式、行列式、周边式等多种样式。其中，点式建筑以高层住宅为主，如碧华里小区等；行列式建筑多为住宅建筑及教育建筑，基本形式包括正行列式（久华里小区）、山墙错落式（居华里小区）、单元错接式（天华里小区）、曲线式（地华里小区）；周边式建筑多为沿街坊或院落周边布置的居住建筑，基本形式包括单周边式（莹华里小区）、E式（长华里小区）、C式（日华里小区）等（表6-24）。

① 方苑. 天津的华宛精神——华苑居华里、安华里试点小区工程建设情况综述 [J]. 中国房地产，1996（11）：58-61.

② 碧华里——天津华苑居住区的华彩乐章［N］. 中国建设报，2000，2.

图 6-26　华苑居住区功能组团分布示意 1
（资料来源：作者结合Google截图绘制）

图 6-27　华苑居住区功能组团分布示意 2
（资料来源：作者结合Google截图绘制）

建筑形态及典型示意　　　　　　表6-24

建筑形式		基本形式	实例
点式	点式		
行列式	正行列式		
	山墙错落		
	单元拼接		
	曲线式		

续表

建筑形式	基本形式		实例
周边式	单周边式	⊏⊐⊏⊐	
	E式	E	
	C式	C	

2．CFD模拟及风环境特点分析

（1）冬季风速、风压模拟及分析

冬季居住区内部风环境应该稳定且通风良好，通过对华苑居住区风环境进行风速、风压模拟，可以分析风速过高或过低区域（橘红色最高，深蓝色最低，模拟区间0～9m/s，风速低于1m/s时通风能力较弱，不利于散热除污，而高于5m/s时风速过大会给人带来不适，并不利于冬季防寒）为不良风环境区域（图6-28）。

通过冬季风速模拟可以看出，建筑表面不良风速区存在以下特点：垂直于主导风向布局的行列式住宅，建筑表面易形成较大面积低风速区域；E形住宅建筑组团内侧空间，较易形成大面积低风速和空气龄过长的区域；风道两侧建筑角部或顶部易形成风速过高区域；高层建筑角部和顶部（尤其是迎风面高层建筑）表面易形成风速过高区域；而与主导风向呈30°以上夹角的行列式住宅组团、错落布局或多种朝向布局的板式（条状）住宅组团、点式与板式结合布局的住宅组团、沿风道一侧界面较为开放的住宅组团的不良风速区域较小（图6-29、图6-30）。

图6-28　华苑居住区冬季建筑表面风速模拟

图 6-29　华苑居住区冬季建筑表面不良风速分布对比分析

图 6-30　华苑居住区冬季风速模拟

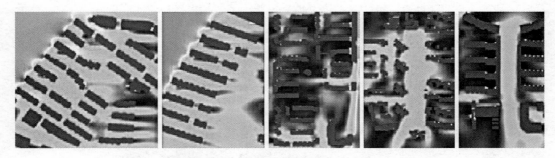

图 6-31　华苑居住区冬季通风良好区和不良风速区分布对比分析

　　从建筑外部空间来看，建筑排列方向顺应主导风向的组团通风能力较强，围合式组团则产生较多低风速区域；居住区内开放空间呈带状并顺应主导风时，会形成通风廊道；而其他位于建筑组团下风向的开放空间，会形成较大面积低风速区（图6-31）。

　　（2）夏季风速、风压模拟及分析

　　夏季居住区通风需求主要体现在：应促进街区内部和建筑室内外通风，降温解污，缓解热岛效应等方面。通过对华苑居住区夏季风环境进行风速和风压的模拟，总结居住区夏季不良风环境分布规律。在风速模拟图中，深蓝色区域风速较低，橘红色区域风速较高，区间为0～3m/s。图中蓝色区域风速小于1m/s，不利于通风，尤其是深蓝色区域风速趋于零

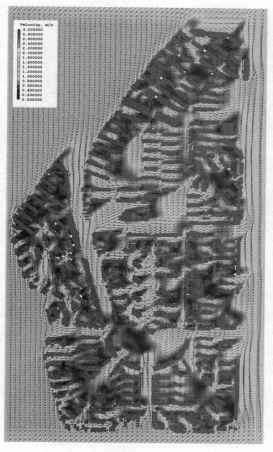

图6-32 华苑居住区夏季风速模拟

图6-33 华苑居住区夏季风压模拟

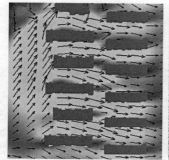

图6-34 华苑居住区夏季板式住宅建筑排列角度对风环境影响示意

（图6-32、图6-33）。

　　从风速模拟图可以看出，板式住宅组团的建筑排列角度对风环境影响较大，当建筑排列方向与主导风向垂直或夹角较大时，产生的低风速区域较多；当建筑排列方向与主导风向夹角小于60°时，建筑组团的通风效果较好（图6-34）。

　　此外，不良风速区还有以下分布规律：三面或四面围合式建筑组团内部易形成低风速

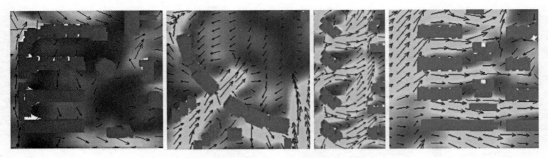

图 6-35　华苑居住区夏季不良风速区分布对比分析

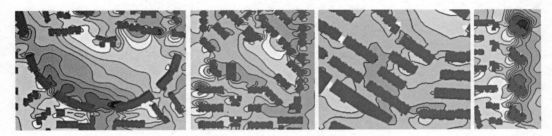

图 6-36　华苑居住区夏季不良风压区分布对比分析

区；迎风面的建筑界面连续度越高、建筑面宽越大，越易形成较大面积风影区；错落式布局和点式与板式结合的多种建筑平面布局模式，低风速区域比例较低（图6-35）。

在风压模拟图中，橘红色代表建筑表面最高正风压，深蓝色为最高负风压，绿色为趋于零，区间为-2～2Pa。当建筑表面风压值小于1Pa时不利于建筑室内外通风。通过风压模拟图可以看出，华苑居住区夏季建筑表面不良风压分布有以下特征：开敞空间前后建筑表面正负风压值较高，无开敞空间的建筑组团内部建筑表面易产生风压过低区；高层建筑前后风压值较高；点式与板式结合布局和错落式布局模式下，建筑表面不良风压区相对较小（图6-36）。

6.3.2　鞍山西道北居住区风环境分析及优化策略

1．环境概况与空间布局特点分析

（1）鞍山西道北居住区概况

鞍山西道北居住区位于天津市南开区，范围北至南京路—长江道、南至鞍山西道、东至卫津路、西至白堤路，面积约186hm²（图6-37，表6-25）。研究范围位于南开区中部，东部通过南京路与劝业场商业区相

图 6-37　鞍山西道北居住区范围及空间肌理示意

连，南部毗邻天津大学，西北部通过长江道与长虹生态园相连，北部、西部皆为居住区。

鞍山西道周边道路情况

表6-25

	道路走向	路缘石线宽度（m）	道路形式	道路横断面形式
南京路—长江道	东西向	45	双向五车道加非机动车道	四幅路
鞍山西道	东西向	30	双向三车道加非机动车道	四幅路
卫津路	南北向	30	双向四车道加非机动车道	四幅路
白堤路	南北向	24	双向四车道	双幅路
西湖道	东西向	24	双向四车道	双幅路
南丰路	南北向	30	双向四车道	双幅路

（2）鞍山西道北居住区空间布局特点

建筑类型如下。

①基地沿南京路—长江道南侧主要以金融办公及居住类建筑为主，如环球置地广场、新天地大厦、玉泉北里小区，北侧毗邻天津市高级人民法院、家乐福超市。

②基地沿鞍山西道北侧主要以商业办公及教育类建筑为主，如1895大厦、和通大厦、天津中医药大学，南侧毗邻天津大学。

③基地沿卫津路西侧主要以居住及商业建筑为主，如天津大学教职工宿舍、师北里、中恺国际广场；东侧以商业建筑为主。

④基地其他部分主要以居住建筑为主，如龙井里小区、花港里西区、翠峰里小区、云居里小区（图6-38）。

建筑高度：高层建筑集中沿鞍山西道、卫津路、南京路—长江道、西湖道—双峰道分布。其中，最高建筑为环球置地广场，位于南京路与卫津路交叉口，高度为160m。多层建筑主要为居住小区、教学楼、小商店（图6-39）。

建筑形式：鞍山西道北居住区建筑形态多样，包含了点式、行列式、周边式等多种样式。点式建筑以高层住宅及商务办公建筑为主，如环球置地广场、中恺国际广场、新天地大厦等；行列式建筑多为住宅建筑及教育建筑，基本形式包括正行列式（师北里社区）、山墙

图 6-38 鞍山西道北居住区功能分布示意

图 6-39 鞍山西道北居住区建筑高度分区示意

错落（清新园）、单元错接（西湖村大街小区）、曲线式（学湖里小区）；周边式建筑多为沿
街坊或院落周边布置的居住建筑，基本形式包括单周边式（天津大学北五村教职工宿舍）、
E式（天荣公寓）、C式（玉泉里）（表6-26）。

鞍山西道居住区建筑形式及实例　　　　　　表6-26

建筑形式	基本形式		实例
点式	点式		
行列式	正行列式		
	山墙错落		
	单元拼接		
	曲线式		
周边式	单周边式		
	E式		
	C式		

2．CFD模拟及风环境特点分析

（1）冬季风速、风压模拟及分析

鞍山道北居住区冬季风速模拟，按上面提到的工况条件，模拟的结果为：该区的风速为0～8m/s，橘红色风速高于5m/s，为风速过高区域；深蓝色风速低于1m/s，为低风速区域（图6-40～图6-43）。

从风速模拟图可以看出，鞍山西道北居住区冬季不良风环境区域分布具有以下特点：居住区内部街道走向顺应主导风向（与主导风向夹角不超过45°）时，街道不易形成低风速区域，并在与其他街道或开敞空间交汇处形成高风速区；建筑排列方向与主导风向夹角较大的行列式街区，其街区建筑之间、街区背风方向都易形成低风速区域；E式、C式、围合式建筑组团内部较易出现低风速区域；建筑山墙之间形成的峡口空间易出现风速过高区域。

鞍山西道北居住区冬季风压模拟，风压值取25～25Pa，黄色至橘红色为高于6Pa区域，浅蓝至深蓝色为负压强值高于6Pa区域。冬季居住建筑前后风压压差不宜过大，否则造成室内风环境不舒适，也易形成风害；建筑表面风压也不宜过小（图中绿色区域正负风压值均小于3Pa），否则会导致室内通风不畅（图6-44）。

通过风压模拟图可以看出，

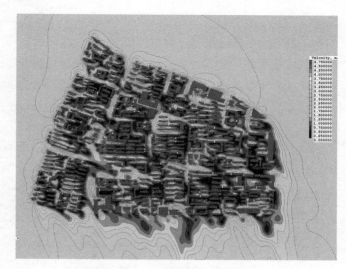

图6-40 鞍山西道北居住区冬季风速模拟

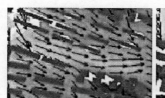

图6-41 鞍山西道北居住区冬季街道走向与风向夹角对风环境影响示意

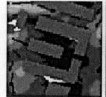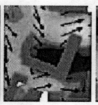

图6-42 冬季不同建筑组合对风环境影响示意　　　图6-43 冬季高风速分布区域示意

不良风压分布区域具有以下特征：建筑迎风面为开敞空间，则建筑表面风压较大，建筑前后风压压差较大；高层建筑前后风压压差一般较大；顺应主导风向的街道，其街区迎风面界面风压较大；行列式街区中前后建筑间距较近的建筑表面风压易出现过小情况（图6-45）。

（2）夏季风速、风压模拟及分析

居住区夏季通风需求主要为积极引导气流进入建筑组群内部，提升室内外通风效率，缓解热岛效应。通过对鞍山西道北居住区夏季风速进行模

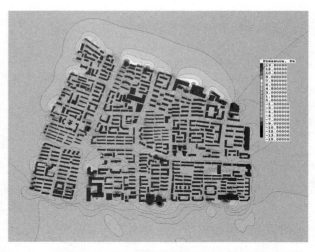

图 6-44　鞍山西道北居住区冬季风压模拟

拟（风速模拟图中橘红色为最高风速，深蓝色为最低风速，区间为0～4m/s），可以总结出不良风速区分布规律（当风速低于1m/s时，属于风速过低，不利于通风散热）（图6-46）。

从建筑表面风速图可以看出，迎风面建筑立面底部（包含高层建筑中部）易出现低风

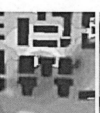

图 6-45　鞍山西道北居住区冬季不良风压分布示意

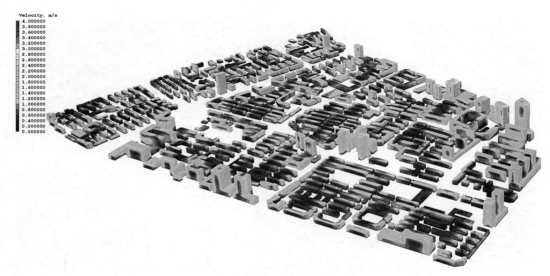

图 6-46　鞍山西道北居住区夏季建筑表面风速模拟

速区域；前后建筑间距较小的建筑表面风速较低；紧邻开敞空间或风道的建筑表面，形成低风速区域的比例较小，反之建筑群落内部的建筑表面易形成低风速区域（图6-47）。

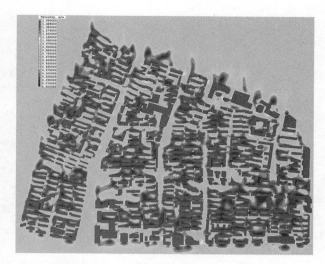

图6-47　鞍山西道北居住区夏季风速模拟

从风速模拟图可以总结出，建筑迎风面面宽越大、连续度越高，则越易形成大面积风影区；行列式居住区建筑间距越小、面宽越大，则建筑前后风影区会连绵在一起，形成大面积低风速区；朝向与主导风向呈一定夹角（一般不小于30°）的建筑群内部通风效果更好；呈错落式布局的建筑组群尤其是点式建筑组群，形成低风速区的比例较小（图6-48、图6-49）。

通过对鞍山西道北居住区进行建筑风压模拟（图中橘红色为正压最高，深绿色为负压最高，黄色和黄绿色为风压趋于零，区间为-4～5Pa），可以总结出不良建筑风压分布规律（风压小于1Pa不利于建筑室内外通风）。从建筑风压模拟图可以看出，建筑表面风压过低区域常出现在多层建筑前后表面、高层建筑表面高风压区周围区域，其中位于开敞空间附近建筑迎风面表面出现风压过低区域的比例较小，高层建筑迎风面高风压面积比例较大（图6-50）。

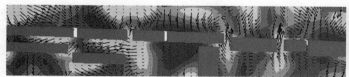

图6-48　鞍山西道北居住区夏季不良风速区分布示意

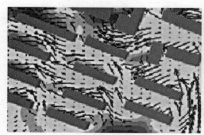

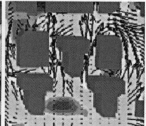

图6-49　鞍山西道北居住区夏季良好通风区域分布示意

图 6-50　鞍山西道北居住区夏季不良风压区分布示意

6.3.3　川府新村居住区风环境分析及优化策略

1．环境概况与空间布局特点分析

川府新村是国家"七五"规划确定的代表北方地区的试验住宅小区，其目的是根据北方地区的特点，依靠科技进步，引用新技术、新材料，推进建筑创新，改善住宅功能，创造优美环境，提高综合效益。

新村位于天津市区西郊，距市中心约5km。新村划分成四个居住组团和两个公共服务设施区，布局合理，交通便捷。新村中心位于小区的中部，长江道居住区生活轴线的西端，成为区内外居民主要的活动场所。

新村组织了四个各具特色的居住组团，每个组团具有明显的个性和归属感，创造了优美舒适的居住环境[①]。

田川里充分结合地形环境，单元相错拼接。住宅布置于组团中心周边，形成半公共的院落空间。

园川里由台阶式花园住宅构成，以花园式的住宅组织群体空间，庭院与里弄相结合，建筑造型丰富，体形高低错落，形成亲切的环境气氛。

易川里以大进深住宅组成半开敞的院落，其中布置点式住宅，组团空间活跃。

貌川里采用"麻花形"七层升板住宅，并联成一体，底层布置商业及自行车停车等功能。

2．CFD模拟及风环境特点分析

川府新村周边的住宅大都为行列式布局，除了北部部分高层和风模拟区域有少数板式小高层外，大部分为5～6层行列式布局的居住建筑（图6-51、图6-52）。

---

① 朱建达. 当代国内外住宅区规划实例选编 [M]. 北京：中国建筑工业出版社，1996.

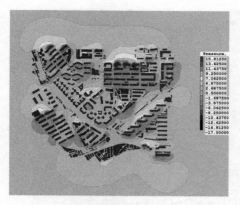

图 6-51　川府新村周边地区冬季风压模拟

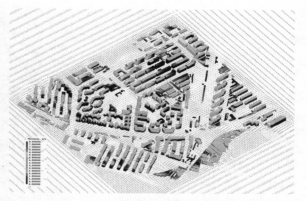

图 6-52　川府新村周边地区建筑表面风速云图

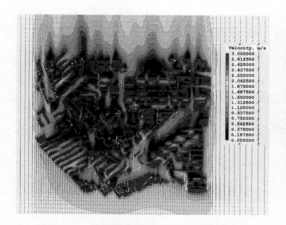

图 6-53　川府新村周边地区夏季风速模拟

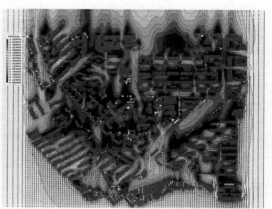

图 6-54　川府新村周边地区夏季风压

川府新村试点小区本身具有丰富多样的居住建筑，利用这些住宅组群围合成相对私密的院落，这些院落式的布局为降低冬季风速提供了极好的条件。在小区周边的道路为夏季与冬季的通风廊道。在小区内部，在行列式住宅的阻挡下，即使是在天津冬季室外最多风向的平均风速5.6m/s情况下[①]，大部分处于0.5～1.5m/s的区域，其中包括小区公共绿地等活动场所，使居民冬季的风环境相对舒适（图6-53、图6-54）。

但从夏季风环境分析图来看，在夏季平均风速1.7m/s情况下[②]，该小区77%的室外场地处于0.5m/s以下的风环境中，夏季室外微气候状况不佳，同时，部分处于小区中部的建筑其前后的风压强度小于0.5Pa，对防暑降温和节能降耗均不是十分有利（图6-55）。

对于围合式的建筑布局而言，为达到冬季御寒和夏季良好通风的目的，可采取在建筑

[①] 宋芳婷，诸群飞，吴如宏，等. 中国建筑热环境分析专用气象数据集 [C]// 全国暖通空调制冷 2006 学术年会资料集，2006.

[②] 中国气象局气象信息中心气象资料室，清华大学建筑技术科学系. 中国建筑热环境分析专用气象数据集 [M]. 北京：中国建筑工业出版社，2005.

规划布局中，在面对冬季主导风向的区域保持相对封闭，或在入口部分采用影壁、布置树木遮挡的方法，减缓风速过大的不良状况；而在夏季主导风向方位，可采用前低后高、前面点式后面板式的建筑群布局。同时，前排建筑采用底层架空的处理手法，达到改善人行高度风环境的目的。

通过上述CFD模拟与分析，可以将华苑、鞍山西道北和川府新村三个片区做一个整体的比较研究，从中总结这些居住区的风环境的优点与存在的问题（表6-27）。

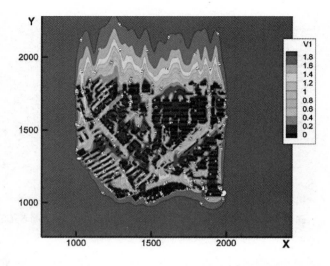

图6-55 运用TECPLOT分析的川府新村风环境图（蓝色为1.5m人行高度风速在0.5m/s以下的低风速区域）

基于CFD模拟的三个居住区的风环境比较分析　　　　　　表6-27

比较的内容	居住区名称	华苑居住区	鞍山西道北居住片区	川府新村居住片区
风速特点	夏季	夏季有微风，主要外部空间通风状况良好	大部分区域风环境比较舒适	夏季静风区面积相对较大，对降温不利
	冬季	冬季无高速寒风，大部分区域风速在0.5～5.0m/s区间，且满足	开放空间的风速与风速变化率相对较大，不利于行人	冬季风环境随方位不同状况不一，较佳；高速寒风区面积较小；但不同方位的外部空间风环境质量差别大
风压特点	夏季	建筑前后风压满足绿建要求	不同的位置建筑前后的风压差值变化幅度较小	夏季区内建筑前后风压比较小，对建筑内部通风不利
	冬季	冬季大部分建筑满足要求，有利于建筑防寒	沿街与区内高层区建筑前后的风压变化较大	冬季区内建筑前后风压随不同的方位变化幅度大，对建筑防寒与节能不利
不良风速区域与空气龄状况	夏季	区内单位面积内的漩涡数量少	区内中后部分空气龄略长	部分区域空气龄稍长
	冬季	区内空气龄小，有利于排污与防霾	公建高层区表现出比较复杂的风环境	风向多变，单位面积内的漩涡数量较大

6.4　旧城区风环境改善策略

6.4.1　旧城区街坊与建筑群空间的风环境改善策略

结合上述不良风环境分布规律及其成因分析，对海河两岸地段提出相应的空间优化布局策略，对高密度旧城区风环境研究和空间优化进行实践探索。

1．夏季平行、冬季垂直的主导风向协调式街道布局

为优化城区微气候环境，应根据天津中心城区夏季和冬季主导风向，在认识不同街道走向和建筑排列方式对风环境的影响规律的基础上，提出海河两岸地段建筑排列角度和街道走向的优化布局策略。在天津的夏季，应鼓励更多主导风（南风）穿越街道和街区峡谷，冬季应避免主导风（西北风）过多地穿越城区。因此，夏季为引入南风，主要街道的走向应与夏季主导风向平行，或与之夹角小于30°为宜；冬季则尽量与主导风（西北向）正交，或呈60°以上夹角。街道作为城市的次级通风廊道或微风道而言，应尽量平行于夏季主导风向而垂直于冬季主导风向，且需要保证足够宽度的断面面积。

2．南短北长的迎风面连续性与南北差异化的街区围合度

根据前述分析可知，街区迎风面连续度越高、迎风面长度越长，街区内部风速越小。因此，根据天津市中心城区冬夏两季主导风向特点（夏季南风、冬季西北风），街区南面和东面应较为开敞，街道界面连续度较低，使建筑与绿地广场等开放空间相间布局；街区北面和西面应保证街道界面有较高的连续度，但为确保冬季基本的通风效果和街区内部微风道的贯通性，街道界面也需要满足最低洞口率的要求。

围合式街区内部风环境相对稳定，但较易产生空气龄过长的区域，因此，围合式街区应该在现有空间的基础上，梳理内部微风道系统，避免建筑前后或左右间距过小导致内部气流不畅；同时，街区南向和东向对外界面应尽量增加开敞度，并在城市空间更新发展中逐步实施。

3．北高南低的竖向形态和错落式的高层建筑布局

根据上述分析可知，旧城区内建筑前后间距对其风环境影响较大，尤其是行列式街区。因此，在较为规整布局的状况下，当风向与建筑物迎风面垂直时，为保证后排建筑物的自然通风及下风向建筑的迎风面气流速度，建筑前后排间距达到上风向建筑高度的7倍以上才能不受风影区的影响。而在错落式布局的状况下，即使大大缩短前后排建筑间距，也能满足建筑的密度并保证建筑群通风效果，同时，又由于错落布局，能形成面积较大的开敞空间。因此，为提升建筑群的通风效率，对建筑群应尽量采用错落式布局。

旧城区内前后排建筑如果为高层与多层建筑相结合，其空间相对位置关系直接影响到风环境。考虑到天津市中心城区冬夏两季主导风向特征，应尽量将高层建筑布置在多层和低层建筑北侧，且低层建筑与高层建筑之间的距离不应低于低层建筑高度的2~3倍；如果高层建筑不得不布局在街区南部，则应尽量减小建筑面宽、增加建筑水平间距，从而减小高层建筑对整个街区风环境的不利影响。

如果是对于纯高层建筑街区，应在研究其风环境特点的基础上进行优化布局。根据前述分析，高层建筑街区易形成峡口风速过高区域、迎风建筑背后的大面积风影区、迎风建筑背后的建筑表面风速和风压过小等风环境问题。因此，在高层建筑街区中，应当尽量避免行列式和矩阵式的布局模式，防止成排的高层建筑对其后面建筑的遮挡。建议应采用错落式布局模式，使建筑群前后、左右交错布局，它不仅可增加每排建筑间的水平间距，还可以丰富空

间层次。如果由于客观原因必须采用行列式或矩阵式布局，则应适当增加并排建筑间的直线距离，并调整建筑朝向以有利于利用街区内横向的空间通道导入气流。

4. 小街廓、密路网、低密度与跌落式的海河建筑控制

在天津高密度旧城区如老城区和沿海河中心地区，建筑开发强度大、建筑高度大、密度高，该区域也是城市热岛效应比较明显的区域。在进行风环境优化时，应对这一区域的建筑密度进行合理控制，尤其是沿海河两岸的建筑密度应尽量减小，减少海河上气流风进入高密度中心区的障碍，同时，结合滨河地段天际线的优化，形成逐步向海河跌落的竖向空间布局。在街区与规划层面，应尽量保护小街廓、密路网的布局；在建筑形态方面，应避免过长板式高层建筑在沿河的布局，必须建设高层建筑的地段，应采用点式高层建筑或流线形的平面布局，以避免对高密度街区的通风影响（图6-56）。

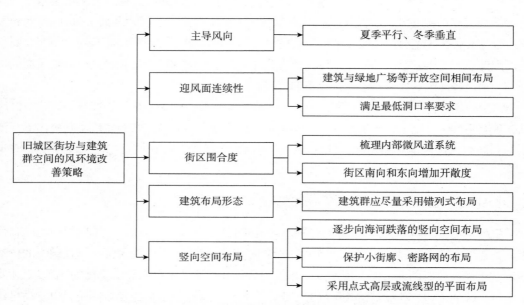

图6-56 旧城区街坊与建筑群空间的风环境改善策略

6.4.2 旧城区可持续更新时序设计与风环境改善策略

城市更新过程自城市诞生之日起，就一直陪伴城市发展的各时期，由于城市风汇区的更新建设不会停止，导致其使用功能和空间形态也会随之变化，并由此带来通风需求的变化。风环境系统建设的时序性研究正是基于这种通风需求的变化展开的。

风汇区的发展变化大致存在以下三种情形（表6-28）。

一是风汇区的用地性质不变，空间形态发生变化。主要案例是旧居住区更新改造。此类更新完成后，风汇区建成为新居住区，容积率和建筑高度都会提升，风阻系数增大，需要增加风汇区透风率，且人口密度增加，风汇区产生的热量和空气污染物增加，因此一方面需要完善风汇区内部微风道网络，增加居住区绿地面积，控制建筑间距以增强通风能力；另一方面对风汇区周围的城市风道改造升级，适当增加风道宽度，改变风道管壁连续度，适度增加开口比例，并于冬季主导风向界面增加防护林带。

二是风汇区的空间形态不变，用地性质发生变化。主要案例是工业仓储区建筑内部改造和环境提升，变为创意产业园、艺术家工作室、商贸市场等。此类更新完成后，风汇区空间形态不变，工业产热和工业废气消失，但人口密度和人的活动明显增加，风汇区通风需求由快速散热排污变为营造舒适的风环境，因此一方面需要减少风道冬季主导风向的管壁开口比例，另一方面增加风汇区内部和周边绿植，包括乔木和灌木多层次组合，起到滞缓强风、降温保湿的作用。

三是风汇区的用地性质和空间形态都发生了变化。主要案例是工业仓储区更新为居住区或商住混合区。此类更新完成后，由于风汇区容积率、建筑高度较大幅度提高，街区风阻系数增大，需要增加风汇区透风率；工业产热和工业废气被生活产热和生活废气取代，人口密度的增加使得提升风环境舒适度成为主要目标。因此，一方面需要减少风道冬季主导风向的管壁开口比例，另一方面控制风道两侧高层建筑间距，防止中高层和冠层区域形成局部风道峡口，并增加风道中和风汇区内部的绿植比例。

基于风汇区发展变化的风道建设策略应对　　　　　　　表6-28

风汇区发展变化类型	案例	风汇区主要变化	通风需求变化	风道建设策略变化
用地性质不变，空间形态变化	旧居住区更新改造	容积率和建筑高度都提升，风阻系数增大，人口密度增加，风汇区产生的热量和空气污染物增加	需增加街区透风率，通风需求提高	完善风汇区内部微风通道网络，增加绿地，改造升级周围城市风道，增加风道宽度和开口比例，改变风道管壁连续读
空间形态不变，用地性质变化	工业仓储区变为创意园区、商贸区	工业产热和工业废气消失，但人口密度和人的活动明显增加	由快速散热排污变为营造舒适的风环境	减少风道冬季主导风向的管壁开口比例，增加绿植比例，乔木和灌木多层次组合，滞缓强风、降温保湿
用地性质和空间形态都发生变化	工业仓储区变为住区或商住混合区	容积率、建筑高度提高，风阻系数增大，工业产热和废气被生活产热和废气取代，人口密度增加	提升风环境舒适度	减少风道冬季主导风向的管壁开口比例，控制风道两侧高层建筑间距，防止形成风道峡口，增加风道中绿植比例

6.5　小结

城市风环境规划设计是一个系统、复杂的科学问题，既与气象学、环境生态学、城市形态学和城市物理学等有紧密的联系，又与城市经济学、社会学和城市艺术学等众多学科有深刻的内在关联，因此，应在多学科交叉的基础上，应用先进技术，综合统一考虑风环境与城市其他要素的各系统之间的相互关系和相互协调问题，抓住主要矛盾，解决主要问题，不能采用强调单一要素而不顾及其他的规划做法。

笔者认为：风环境设计是减缓热岛效应、降低环境污染以及创造生态宜居环境的重要手段，也是实现城市低碳、生态与节能目标的重要环节，因此，必须迅速提升其在规划设计中的地位，制定与规划编制体系相适应的编制方法。笔者在大量阅读和整理了有关风环境研究的相关文献基础上，归纳了中外学者关于城市风环境的评价内容，并在参考国家与地方标准对风环境评价标准的基础上，采用了低碳规划的风环境研究视角，并提出城市风环境优化的相关评价标准。本章介绍了计算流体力学（CFD）模拟风环境的相关概念，分析了当前CFD各种应用软件的优缺点，并提出了相关参数的设定原则，为本章研究工作的展开奠定了理论基础。

本章从多学科交叉融合的研究视角，基于网络分析技术，在大量阅读相关文献的技术上，应用文献研究，以及理论演绎、多学科交叉、系统分析法并结合定量与定性分析等研究方法。本章研究建立了从宏观分析到微观研究，从机理认识到优化策略提出，从理论研究到结合实践探索这一系统的技术路线。由于城市风环境的复杂性与系统的关联性，笔者认为，必须充分利用物理模拟与数字模拟手段，认识和发现城市风环境与城市形态、城市空间结构等的耦合规律，不能单凭一般的感性认识手段进行规划设计。因此，笔者综合借鉴气象学、环境科学与计算流体力学的数字化模拟方法，如应用Envi5.0软件进行地表温度反演，基于Phoenics软件进行数值模拟，运用GIS和Tecplot等分析软件，结合天津城市建设进行实证研究。

本章总结了国内外城市形态与风环境关联性的研究动态，分析当前国内外研究热点与技术发展趋势。本章指出：城市风道规划及城市雾霾防控这两方面的科学问题已成为近期研究的焦点，不少学者借助各种数字技术，在城市风道结合城市气候图的应用，在减缓雾霾及大气污染研究方面取得城市微气候设计重要研究成果。

通过概述CFD风环境模拟技术发展状况，认为该技术已逐步取代风洞模拟技术，在城市风环境研究中得到越来越广泛应用的结论。本章总结了该领域研究中存在的问题，即在现有研究中，缺少从城市结构以及土地利用等角度，对城市风环境进行"多尺度、系统性、定量化"的研究成果；同时，在与既有规划体系相协调衔接与实施方面，仍存在大量研究的缺环，如缺乏基于宏观城市尺度以及从规划设计视角进行风环境优化方面的定量化研究成果，合并既往研究，出现"重物理概念而轻规划设计方法""重要素而轻系统""重风道建设而轻风道与风源、通风作用区相衔接"的结论；笔者指出，应从系统科学思维角度，整合集理论、方法和技术研究于一体，迅速开展对城市风环境优化的规划设计方法论的研究。

在风环境优化标准方面，本章提出，将"风速、风压、强风面积比、静风面积比、强风发生区域、舒适风面积比、静风发生区域、涡流个数、涡流影响范围、风速比"等作为评价城市风环境标准参量和标准的建议。笔者基于系统科学的思维方法，在借鉴景观生态学相关理论的基础上，建立了城市风环境的"源—流—汇"的内涵与理论框架，探讨了该系统的构成与协调原则和低碳规划策略。

本章提出，风环境设计必须紧密联系地理气候特点，根据不同气候分区，并针对不同的功能布局特点和考虑不同的通风需求，采用相应规划设计方法，应避免不顾地域环境特点和不分功能需求的规划做法。在规划设计中，必须针对不同风压和风速的特点，探讨风向、风频和风速与城市规划布局的关系，以达到城市气候环境优化的目的。本章以城市空间形态为切入点，剖析城市空间形态与风环境的耦合机制，针对不同气候条件下的城市特点，提出了基于不同气候区的气候特点的风环境低碳优化策略，这就是：避风防寒主导型、导风与避风兼顾型、导风驱热防沙型，以及导风除热与驱湿型风环境优化策略。

本章指出，城市风源、风道与风汇存在着紧密的生态位与生态链关系。在规划布局时，应充分考虑它们之间的相互作用和相互协调，这样才能更好地发挥城市通风系统的效率。从风源与风道布局来看，其协调性主要体现在两个方面：一是主要风源与风道相互位置的对应，即每条城市级风道都应有其对应的风源，使之达到方便气流从风源区进入城市风道网络的目的；二是确保风道与风源连接处的畅通，防止城市建设在该处形成屏障或堵塞的峡口，风道口应在连接处形成比其一般区段宽敞的空间，便于引导风源气流进入的设计策略。为使风道系统更好地发挥其生态效能，更充分地满足风汇区的通风需求，城市风汇区和风道布局的相互协调应重视以下内容。

一是合理确定风汇区紧邻风道界面的连续度，如根据风环境舒适度评价标准，应用数字或物理模拟方法，研究城市主导风经过的街区风环境，得出最低标准下街区沿风道界面的连续度，并以此作为界面控制最低要求。

二是风道宽度需要满足其两侧风汇区通风需求，如通过模拟，得出满足最低风环境舒适度标准的风道宽度，作为风道宽度控制的最低标准。

三是风道下垫面特征须符合风汇区通风需求，如冬季主导风向上街区一侧的风道，其下垫面应由可以阻风的密林构成，而夏季主导风向上街区一侧的风道，其下垫面应为低矮绿植、广场或水面等。

四是风汇区内部微风道系统应该与其周围城市风道相协调，如将街坊内部风道与城市风道相连，并形成多通道、多空隙的开敞空间布局，便于将城市风道气流引入街区内部。

本章在认识城市不同风汇区热环境与风环境机理的基础上，从城市形态、城市结构解读，建立了结合城市风汇区特点的低碳规划研究与设计步骤。

从城市风汇区特点来看，本章提出，可按照城市形态、城市结构或城市功能去认识这些区域对通风的需求特点。例如，从城市发展布局视角看，可以分为团块式、组群式、带状和串珠式布局的风汇类型及通风需求特点；按照风汇区主导用地性质的差异，可以分为居住教育类、商业服务类、工业仓储类等；或按照风汇区空间形态的差异，分为低层低密度、低层高密度、高层高密度、高层低密度等类别，这些都是认识风汇区通风需求的重要依据。

通过对城市风汇区的研究，本章根据所处的地域特征，探索避风防寒、导风驱热或释污防霾主导型等风汇区空间布局特点的规划对策。

针对天津城市建设的现状，本章认为，天津宜采用冬季"防风与排污"和夏季"导风降热"相结合的"综合兼顾型"的风环境规划设计策略。在深入研究天津市中心城区城市形态与风环境的互动关系的基础上，提出天津市中心城区的"源—汇—流"系统的控制要素，应重视解决城市风源、城市风汇、城市通风廊道相互协调的关键性科学问题，并提出规划控制和引导建议。在空间布局上，应强化风源导入区、风道建设区的多层级的保护规划，需重点控制城市北部冬季主要风道入口与海河夏季入口风道的污染源控制问题。同时，应合理安排规划风道的建设时序，结合城市高度分区控制，为建设立体化风道提供规划控制的制度保障。

针对城市风道建设时序性问题，本章认为，风汇区的发展变化大致存在以下三种情形：一是风汇区的用地性质不变，空间形态发生变化。二是风汇区的空间形态不变，用地性质发生变化，主要案例是工业仓储区建筑内部改造和环境提升，变为创意产业园、艺术家工作室、商贸市场等。三是风汇区的用地性质和空间形态都发生了变化，主要案例是工业仓储区更新为居住区或商住混合区。此类更新完成后，由于风汇区容积率、建筑高度较大幅度提高，街区风阻系数增大，需要增加风汇区透风率，因此，本章提出应在"源—汇—流"理论引导下，结合城市功能和空间形态的变化及城市更新过程，进行城市风环境系统的可持续建设。

在街区与建筑群空间层面，提出了夏季平行、冬季垂直的主导风向协调式街道布局方法，南短北长的迎风面连续性与南北差异化的街区围合度，以及"北高南低的竖向形态和错落式的高层建筑布局"和"小街廓、密路网、低密度与跌落式的海河建筑控制"等城市风环境规划建议。

本章的创新点主要表现在：基于多学科融合原则和系统科学的概念，建构了系统的"源—汇—流"城市风环境的新理论框架，提出了基于热工气候区的风环境优化与规划应对策略；同时，结合城市形态与风环境的耦合规律，提出了低碳生态的城市风环境的系统规划设计方法；本章运用数字模拟方法，发现了天津风环建设存在的问题，为优化布局提出切合实际的规划建议，最后提取天津市典型居住模块，尝试提出了居住通风环境优化的设计模式语言，为低碳城市设计理论建立奠定了一定的基础。

[1] Roberts P and Sykes H（ed）. Urban Regeneration：a Handbook［M］. London：Sage Publications，2000.

[2] 于涛方，彭震，方澜. 从城市地理学角度论国外城市更新历程［J］. 人文地理. 2001,16（3）：41-43.

[3] 李建波，张京详. 中西方城市更新演化比较研究［J］. 城市问题，2003（5）：68-71.

[4] 王如渊. 西方国家城市更新研究综述［J］. 西华师范大学学报（哲社版），2004（2）：1-5.

[5] 沈玉麟. 外国城市建设史［M］. 北京：中国建筑工业出版社，1989.

[6] 阳建强，吴明伟. 现代城市更新［M］. 南京：东南大学出版社，1999.

[7] 王欣. 伦敦道克兰城市更新实践［J］. 城市问题，2004（5）：72-79.

[8] 董奇，戴晓玲. 英国"文化引导"型城市更新政策的实践和反思［J］. 城市规划，2007（4）：59-64.

[9] 孙立平. 中国进入利益博弈时代（上）［J］ 经济研究参考，2006（2）：8.

[10] 任绍斌. 城市更新中的利益冲突与规划协调［J］. 现代城市研究，2011（1）：12-16.

[11] 王桢桢. 城市更新的利益共同体模式［J］. 城市问题，2010（6）：85-90.

[12] 王春兰. 上海城市更新中利益冲突与博弈的分析［J］. 城市观察，2010（6）：130-141.

[13] 张其邦，马武定. 空间—时间—度：城市更新的基本问题研究［J］. 城市发展研究，2006（4）：46-52.

[14] 贺传皎，李江. 深圳城市更新地区规划标准编制探讨［J］. 城市规划，2011（4）：74-79.

[15] 刘昕. 城市更新单元制度探索与实践［J］. 规划师，2010（11）：66-69.

[16] 丁成日. 中国城市土地利用，房地产发展，城市政策［J］. 城市发展研究，2003（5）：58.

[17] 韦恩·奥图，唐·洛干. 美国都市建筑——城市设计的触媒［M］. 王劭方，译. 台湾：创兴出版社，1994.

[18] 金广君，陈旸. 论"触媒效应"下城市设计项目对周边环境的影响［J］. 规划师，2006（5）：74-77.

[19] 罗秋菊，卢仕智. 会展中心对城市房地产的触媒效应研究——以广州国际会展中心为例［J］. 人文地理，2010（4）：45-49.

[20] 陈旸，金广君，徐忠. 快速城市化下城市综合体的触媒效应特征探析［J］. 国际城市规划，2011（3）：97-104.

[21] 李衡. 触媒理论指导下的混合社区研究［D］. 天津：天津大学，2008：35-40.

[22] 蒋涤非. 城市形态活力论［M］. 东南大学出版社，2007.

[23] 肖斌. 土地储备与出让的相关问题研究［D］. 武汉：武汉大学 2005：4-5.

[24] 胥建华. 城市滨水区的更新开发与城市功能提升［D］. 广州：华东师范大学 2008：100-112.

[25] 严若谷，闫小培，周素红. 台湾城市更新单元规划和启示［J］. 国际城市规划，2012（1）：99-105.

[26] 刘昕. 城市更新单元制度探索与实践［J］. 规划师，2010（11）：66-69.

[27] 杨崴. 可持续性建筑存量演进模型研究［D］. 天津大学，2006.

[28] 宁艳杰. 城市生态住区基本理论构建及评价指标体系研究［D］. 北京：北京林业大学，2006.

[29] 龙腾锐，张智. 居住区环境质量综合评价体系研究［J］. 重庆建筑大学学报，2002（06）：35-38.

[30] 陈健. 可持续发展观下的建筑寿命研究［D］. 天津：天津大学，2007.

[31] 周正楠. 荷兰社会住宅的可持续更新——以罗森达尔"被动房"住宅项目为例［J］. 住宅科技，2009，29（12）：31-35.

[32] 李芳芳. 美国联邦政府城市法案与城市中心区的复兴（1949—1980）［D］. 华东师范大学，2006.

[33] 李莉. 美国公共住房政策的演变［D］. 厦门：厦门大学，2008.

[34] 张春子. 天津市绿色居住小区标准研究［D］. 天津大学，2012.

[35] 张丽，王绍斌，石铁矛，王福刚. 生态居住区评价指标体系研究［J］. 安徽农业科学，2008（28）：12485-12486+12491.

[36] ［英］大卫·路德林，尼古拉斯·福克.《营造21世纪的家园：可持续的城市邻里社区》［M］. 王健，单燕华，译. 北京：中国建筑工业出版社，2005.

[37] 侯宗周. 从天津看大城市地震后的恢复重建［J］. 中国减灾，1996（03）：21-24.

[38] 李欣. 天津市集居型多层旧住宅发展演变和改造方式研究［D］. 天津：天津大学，2006.

[39] 松村秀一. 建筑再生——存量建筑时代的建筑学入门［M］.范悦，周博，吴茵，苏媛 译. 大连：大连理工大学出版社，2014.

[40] 欧阳建涛. 中国城市住宅寿命周期研究［D］. 西安：西安建筑科技大学，2007.

[41] 杨崴. 基于统计分析和GIS的住宅建筑存量动态发展研究//全国高校建筑学学科专业指导委员会、建筑数字技术教学工作委员会. 计算性设计与分析——2013年全国建筑院系建筑数字技术教学研讨会论文集［C］. 全国高校建筑学学科专业指导委员会、建筑数字技术教学工作委员会：全国高校建筑学学科专业指导委员会建筑数字技术教学工作委员会，2013：4.

[42] 董磊. 基于资源节约的城市住宅建筑存量更新方法［D］. 天津：天津大学，2013.

[43] 吴良镛. 人居环境科学导论［M］. 北京：中国建筑工业出版社，2001.

[44] 韩燕凌. 生态住宅小区绿化系统的功能要求及其设计要点［J］. 华中建筑，2002（03）：63-64.

[45] 郭凤岐. 天津通志·城乡建设志［M］. 天津：天津社会科学院出版社，1996.

[46] 赵艳玲. 上海社区绿地植物群落固碳效益分析及高固碳植物群落优化［D］. 上海交通大学，2014.

[47]　GB 50220-95,《城市道路交通规划设计规范》[S].

[48]　雷勇，石惠娴，杨学军，朱洪光，裴晓梅. 基于模糊层次分析法的生态建筑综合评估模型［J］. 建筑学报，2010（S2）：50-54.

[49]　中共中央国务院关于进一步加强城市规划建设管理工作的若干意见. 人民日报，2016.02.22（006）.

[50]　东京都政府. 东京都防災都市づくり推進計. 2010.

[51]　大野秀敏. 东京2050[DB/OL]. 東京2050//12の都市ヴィジョン展運营事務局，http：//tokyo2050.com/ex1/04.html.

[52]　中央防災無線網——大規模災害発生時における基幹通信ネットワーク[R]. 内閣府，2013.

[53]　Nobuo Mishima, Naomi Miyamoto, Yoko Taguchi, Keiko Kitagawa. Analysis of current two-way evacuation routes based on residents' perceptions in a historic preservation area［J］. International Journal of Disaster Risk Reduction，2014（8）：10-19.

[54]　国土交通省. 都市安全課_参考資料[R]. http：//www.mlit.go.jp/index.html.

[55]　谭萍. 砌体结构加固方法［J］. 中外建筑，2008（4）：154-155.

[56]　张彤. 整体地区建筑［M］南京：东南大学出版社，2003.

[57]　傅崇兰. 对城市中"人与自然"关系的文化思考［J］. 绿叶，2009（9）：73-78.

[58]　李光，唐丽. 旧有建筑外立面改造中的现代建筑设计手法探析［J］. 中外建筑，2012（8）：32-34.

[59]　罗小未. 上海新天地广场——旧城改造的一种模式［J］. 时代建筑，2001（04）：24-29.

[60]　王玉岭，既有建筑结构加固改造技术手册［M］北京：中国建筑工业出版社，2010.

[61]　张来武. 以六次产业理论引领创新创业［J］. 中国软科学，2016（1）：1-5.

[62]　杨俊宴，张涛，谭瑛. 城市风环境研究的技术演进及其评价体系整合［J］. 南方建筑，2014，（3）：31-38.

[63]　范进. 城市密度对城市能源消耗影响的实证研究［J］. 中国经济问题，2011，（6）：16-22.

[64]　李军，荣颖. 武汉市城市风道构建及其设计控制引导［J］. 规划师，2014（08）：115-120.

[65]　王宇婧. 北京城市人行高度风环境CFD模拟的适用条件研究［D］. 北京：清华大学，2012.

[66]　钱杰. 基于CFD的建筑周围风环境评价体系建立与研究［J］. 浙江建筑，2014（1）：1-5.

[67]　王英童. 中新生态城城市风环境生态指标测评体系研究［D］. 天津：天津大学，2010.

[68]　苑蕾. 概念设计阶段基于风环境模拟的建筑优化设计研究［D］. 青岛：青岛理工大学2013.

[69]　刘朔. 高层建筑室外气流场的数值模拟研究［D］. 哈尔滨：哈尔滨工业大学，2007.

[70]　李云平. 寒地高层住区风环境模拟分析及设计策略研究［D］. 哈尔滨：哈尔滨工业大学，2007.

[71]　郑颖生. 基于改善高层高密度城市区域风环境的高层建筑布局研究［D］. 杭州：浙江大学，2007.

[72]　韩中庚. 自然灾害保险问题的数学模型［J］. 数学建模及其应用，2013（Z1）：46-53.

[73]　蒋新波，陈蔚，廖建军，等. 南方城市小区风环境模拟与分析［J］. 建筑节能，2012，（4）：15-18+22.

[74]　JGJ 286-2013，城市居住区热环境设计标准[S].

[75]　叶钟楠. 风环境导向的城市地块空间形态设计——以同济大学建筑与城市规划学院地块为例[A].

秦皇岛市人民政府、中国城市科学研究会、河北省住房和城乡建设厅. 2010城市发展与规划国际大会论文集［C］. 秦皇岛市人民政府、中国城市科学研究会、河北省住房和城乡建设厅：中国城市科学研究会，2010：5.

[76] 柳孝图，陈恩水，余德敏等. 城市热环境及其微热环境的改善［J］. 环境科学，1997（1）：55-59.

[77] 李军，黄俊. 炎热地区风环境与城市设计对策——以武汉市为例［J］. 室内设计，2012（6）：54-59.

[78] 运迎霞，曾穗平，田健. 城市结构低碳转型的热岛效应缓减策略研究［J］. 天津大学学报（社会科学版），2015（3）：193-198.

[79] Alcoforado M O, Andrade H, Lopes A，et al.Application of Climatic Guidelines to Urban Planning：The Example of Lisbon（Portugal）［J］.LANDSCAPE URBAN PLAN, 2009, 90（1-2）：56-65.

[80] （美）吉沃尼. 建筑设计和城市设计中的气候因素［M］. 汪芳，等，译. 北京：中国建筑工业出版社，2010.

[81] 王玲. 基于气候设计的哈尔滨市高层建筑布局规划策略研究［D］. 哈尔滨：哈尔滨工业大学，2010.

[82] 徐祥德. 城市环境气象学引论［M］. 北京：气象出版社，2002.

[83] 胡恩威. 香港风格［M］. 香港：Cup Publishing Ltd., 2005.

[84] 陈宇青. 结合气候的设计思路［D］. 华中科技大学，2005.

[85] 柯咏东，桑建国. 小型绿化带对城市建筑物周围风场影响的数值模拟［J］. 北京大学学报（自然科学版）网络版（预印本），2007（4）：24-30.

[86] 李军. 城市风道及其建设控制设计引导［J］. 城市问题，2014（9）：42-47.

[87] 董禹，董慰，王非. 基于被动设计理念的城市微气候设计策略［A］. 中国城市科学研究会、广西壮族自治区住房和城乡建设厅、广西壮族自治区桂林市人民政府、中国城市规划学会. 2012城市发展与规划大会论文集［C］. 中国城市科学研究会、广西壮族自治区住房和城乡建设厅、广西壮族自治区桂林市人民政府、中国城市规划学会：中国城市科学研究会，2012：7.

[88] 时光. 引入风环境设计理念的住区规划模式研究［D］. 西安：长安大学，2010.

[89] 方苑. 天津的华苑精神——华苑居华里、安华里试点小区工程建设情况综述［J］. 中国房地产，1996（11）：58-61.

[90] 碧华里. 天津华苑居住区的华彩乐章[N]. 中国建设报，2000-8-16.

[91] 朱建达. 当代国内外住宅区规划实例选编［M］. 北京：中国建筑工业出版社，1996.

[92] 宋芳婷. 中国建筑热环境分析专用气象数据集//中国建筑学会暖通空调分会、中国制冷学会空调热泵专业委员会. 全国暖通空调制冷2006学术年会资料集［C］. 中国建筑学会暖通空调分会、中国制冷学会空调热泵专业委员会：中国制冷学会，2006：1.